IPv6
部署与应用

陈佳阳 程满玲 黄洋 陈旻 赵冰化 编著

人民邮电出版社

北京

图书在版编目（CIP）数据

IPv6部署与应用 / 陈佳阳等编著. -- 北京：人民
邮电出版社，2024.2
ISBN 978-7-115-61208-3

Ⅰ. ①I… Ⅱ. ①陈… Ⅲ. ①计算机网络—通信协议
Ⅳ. ①TN915.04

中国国家版本馆CIP数据核字(2023)第031318号

内 容 提 要

本书首先给出了互联网协议第六版（IPv6）的概念及技术演进历程，介绍了我国推进 IPv6 规模部署的重要政策文件。然后介绍了 IPv6 技术特点，明确了我国正处于 IPv4 和 IPv6 共存的过渡阶段，分析了过渡阶段的主要技术、适用场景和选择模式。接着根据《推进互联网协议第六版（IPv6）规模部署行动计划》提出的要求和目标，为运营商、企业和政府部门推进 IPv6 的规模部署及应用提供了详细的解决方案，从技术原理、实施步骤、演进策略和重点环节等多维度进行分析，对于实际的 IPv6 改造工程具有重要的指导意义。最后探讨了 IPv6 在工业互联网领域和城市建设中的应用。

本书面向希望系统了解 IPv6 技术演进的通信网络相关从业人员，也可以作为高等院校通信专业师生的参考书。

◆ 编　　著　陈佳阳　程满玲　黄　洋　陈　旻　赵冰化
　责任编辑　王海月
　责任印制　马振武
◆ 人民邮电出版社出版发行　　北京市丰台区成寿寺路 11 号
　邮编　100164　　电子邮件　315@ptpress.com.cn
　网址　https://www.ptpress.com.cn
　固安县铭成印刷有限公司印刷
◆ 开本：787×1092　1/16
　印张：17　　　　　　　　　2024 年 2 月第 1 版
　字数：245 千字　　　　　　2024 年 2 月河北第 1 次印刷

定价：99.80 元

读者服务热线：**(010)81055493**　印装质量热线：**(010)81055316**
反盗版热线：**(010)81055315**

2017 年，中共中央办公厅、国务院办公厅印发了《推进互联网协议第六版（IPv6）规模部署行动计划》；近几年来，我国加大力度推动 IPv6 的规模部署和融合创新，并发布了《IPv6 流量提升三年专项行动计划（2021—2023 年）》《关于开展 IPv6 技术创新和融合应用试点工作的通知》《深入推进 IPv6 规模部署和应用 2022 年工作安排》等政策文件，开展了 IPv6 试点城市和试点项目建设等工作。在此背景下，本书应运而生。本书在《互联网协议第六版（IPv6）部署方案及设计》一书的基础上，更新了 IPv6 技术在国内外的发展现状，增加了对近年来我国提出的《IPv6 流量提升三年专项行动计划（2021—2023 年）》《关于开展 IPv6 技术创新和融合应用工作的通知》等相关政策的分析和解读内容，结合近年来广受关注的 SRv6 技术，新增了 SRv6 的技术原理及其在运营商、政务外网等建设中的应用内容，同时新增了城市 IPv6 应用创新及产业生态内容，探讨《关于开展 IPv6 技术创新和融合应用试点工作的通知》背景下 IPv6 技术在城市建设中的应用情况，以及政府推动 IPv6 产业发展过程中的政策方针和技术实现方式。

本书具有一定的理论性、实用性和指导性，在介绍了 IPv6 基础原理后，指出中国的 IPv6 技术在演进的过程中必将经历 IPv4 和 IPv6 共存的过渡时期，密切结合运营商、企业及政府的信息化应用、基础网络现状、改造成本等提出了各场景下的 IPv6 演进策略；同时，重点介绍了目前主流的 IPv6 过渡时期的技术实现方式，综合考虑业务端到端模型架构、改造成本、后期平滑演进等诸多因素，提供了合适的 IPv6 过渡技术选择及部署方案，为运营商、企业及政府在进行 IPv6 改造时提供参考和可操作的方法。

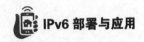

本书由湖北邮电规划设计有限公司陈佳阳，中共武汉市委网络安全和信息化委员会办公室程满玲，湖北省应急管理厅黄洋、陈旻、赵冰化共同编写。在本书的撰写过程中，湖北邮电规划设计有限公司的文军总经理、王庆总工程师给予了热切关心和悉心指导，他们为本书内容的组织和写作方向提供了极有价值的指导和建议，在此表示衷心感谢。

由于作者学识有限，书中难免存在不当之处，敬请广大读者不吝赐教。

作者

2024 年 3 月

目 录
CONTENTS

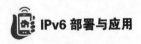

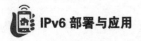

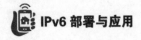

第 1 章

01

概述

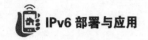

2017 年 11 月，中共中央办公厅、国务院办公厅联合印发了《推进互联网协议第六版（IPv6）规模部署行动计划》（以下简称《行动计划》），自此我国正式吹响了 IPv6 加速跑的号角。此后，《中华人民共和国国民经济和社会发展第十四个五年规划和 2035 年远景目标纲要》明确指出，要加快建设新型基础设施，全面推进 IPv6 商用部署。2021 年 7 月，工业和信息化部联合中共中央网络安全和信息化委员会办公室发布《IPv6 流量提升三年专项行动计划（2021—2023 年）》，明确提出要加快 IPv6 分段路由（SRv6）等"IPv6+"网络技术创新、技术研发及标准研究的进度，扩大现网试点并逐步实现规模部署。2022 年 4 月，中共中央网络安全和信息化委员会办公室、国家发展和改革委员会、工业和信息化部联合印发《深入推进 IPv6 规模部署和应用 2022 年工作安排》，明确提出到 2022 年年末，物联网 IPv6 连接数达到 1.8 亿，固定网络 IPv6 流量占比达到 13%，移动网络 IPv6 流量占比达到 45%。相关政策密集出台，在这些政策的指导和推动下，我国 IPv6+ 发展提速。据了解，我国 IPv6 网络基础设施规模全球领先，已申请的 IPv6 地址资源位居全球第一。据公开统计数据，截至 2023 年 9 月底，我国获得 IPv6 地址的用户数从 2017 年年底的 0.74 亿跃升至 7.63 亿。IPv6 自第一次被提出以来，已经经过了几十年的发展。上一次我国大规模推进 IPv6 的部署工作是在 2012 年，当时由国家发展和改革委员会、工业和信息化部、教育部、科学技术部、中国科学院、中国工程院、国家自然科学基金会研究制定了《关于下一代互联网"十二五"发展建设的意见》，之后数年，教育网、运营商开始启用 IPv6 技术。在实际推广过程中由于技术和产品并不十分成熟，同时也因为运营商在 IP 网络中逐步启动网络地址转换（NAT）技术来缓解 IPv4 地址逐渐枯竭带来的压力，我国 IPv6 的推广进展相对缓慢。随着移动互联网、物联网、工业互联网等技术突飞猛进的发展，需求从原来人与人的通信延伸到人与物乃至物与物的通信，传统 IPv4 地址的数量有限、溯源、安全等问题再一次成为制约技术发展的瓶颈，因此国家相关部门加快了推进 IPv6 规模部署及应用创新的步伐。

| 1.1 IPv6 的概念 |

互联网协议第六版（IPv6）是因特网工程任务组（IETF）设计的用于替代 IPv4 的下一代 IP。要想明确什么是 IPv6，需要先了解 IP 地址的概念，IP 地址就是指在一个 IP 网络上所有的设备都拥有的独一无二的地址，其实网络通信的原理在宏观上和我们传统的邮递方式一致，邮递员从 A 市的甲处拿到货物，然后送到 B 市的乙处，在这个过程中如何保证邮递员可以跋山涉水准确地将货物送到乙处呢，这主要依赖邮件上注明的收件人地址（×× 省 ×× 市 ×× 区 ×× 街道 ×× 小区 ×× 楼 ×× 号），同样的道理，在网络中 A 终端要给 B 终端发一条 IP 信息，网络中的各节点路由器设备接收到 IP 信息后知道 B 终端的位置，这依据的就是网络中 B 终端的 IP 地址，每个 IP 信息包都必须包含目的设备的 IP 地址，才可以准确地到达目的地。在同一个 IP 网络中，可以分配多个 IP 地址给同一个网络设备，但是同一个 IP 地址不能重复分配给两个或两个以上的网络设备。现阶段我们正在应用的主流网络互联协议是 20 世纪 70 年代设计的一种名为 IPv4 的 32 位地址，IPv4 是通过编码的方式用 32 位二进制数来表示网络中不同的主机，理论上它可标识的主机数达到 $2^{32}-1$ 个（不包括虚拟子网），总数量约为 43 亿，近年来随着移动互联网、物联网的迅猛发展，网络终端数量呈爆炸式增长，原来 IPv4 的地址数量变得紧张起来。在这种背景下，IPv6 应运而生，IPv6 的地址长度在 IPv4 的 32 位基础上增加到 128 位，是 IPv4 地址长度的 4 倍，采用十六进制表示。IPv6 可以支持的地址数为 2^{128} 个，即 340 282 366 920 938 463 463 374 607 431 768 211 456 个，IPv6 的地址数量号称可以满足为全世界的每一粒沙子分配一个地址。

| 1.2 IPv6 出现的必然性 |

首先，IP 地址代表了一种有限的资源，因此 IPv6 出现的根本原因是 IPv4 地址资源的枯竭。在 IPv4 中，32 位的地址结构大约提供了 43 亿个地址，其中有 12%

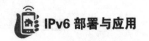

的 D 类和 E 类地址不能作为全球唯一的单播地址被分配使用，还有 2% 是不能使用的特殊地址。2007 年 4 月，整个 IPv4 地址空间还剩余 18% 没有被因特网编号分配机构（IANA）所分配；到 2009 年 11 月，只剩余 6% 没有被分配；2012 年顶级 IPv4 地址耗尽；2019 年 11 月 25 日，欧洲网络信息中心从可用池进行最后的 IPv4 分配，表示区域性 IPv4 地址库存也已耗尽，全球约 43 亿个 IPv4 地址已全部分配完毕，这意味着没有更多的 IPv4 地址可分配给互联网服务提供商和其他大型网络基础设施提供商。

在早期的 IPv4 的制定过程中，未充分考虑网络中主机数量的大规模增长，导致其本身存在网络地址资源浪费的问题。采用 A、B、C 这 3 类编码方式后，虽然从管理上获取了一定的便利，但在无形中造成了上千万地址的浪费，特别是 B 类地址，对于大多数机构来说，一个 B 类网络可供标识的地址为 65 534 个，而当机构内主机数量大于 254 的时候，采用一个 C 类地址（254 个地址）无法满足需求，采用多个 C 类地址又会因为路由选择表的增加导致网络整体性能下降，在这种情况下，依旧选择 B 类地址就会浪费大约 6 万个地址。同时，在国际上 IPv4 地址分配及使用极不均衡，美国的一些大学和公司占用了大量的 IP 地址，例如，MIT、IBM 和 AT&T 分别占用了 1600 多万个、1700 多万个和 1900 多万个 IP 地址。总体上，美国以不足世界人口总数的 5% 的人口掌握了全球 IPv4 地址总数的 40%，其中很大一部分 IPv4 地址被闲置了。但是中国、日本及欧洲很多互联网发展迅速的国家被分配的 IP 地址有限，这导致互联网地址耗尽和路由表膨胀。

虽然目前的 IPv4 地址已经耗尽，但全球接入互联网的人口只占 14% 左右，随着社会的发展和人口数量的增加，会有更多的人需要通过配置 IP 地址接入互联网。另外，早期占用互联网地址的主要设备基本是国家机构或科技企业，后来转变为个人计算机（PC）。自从 2007 年苹果公司推出 iPhone 手机后，智能手机和移动互联网技术开始了突飞猛进的发展，对地址的需求也从平均一家一台计算机，发展到一人一部手机，再到一人多部手机、平板电脑等都需要配置 IP 地址。近年来，随着物联网技术逐渐成熟，社会公共服务、工业制造领域也开始向信息化和互联网化发展，智慧城市、数字政府、工业互联网等信息化建设也都是在此背景下被推出的。因此，对 IP 地址的需求开始从传统的以人为单位计量转变为以物为单位计量，例如，公共场所的摄像头，自动贩卖机，共享单车，带有联网功能的电视、空调、微波炉等智能设备，制造企业的机械化装备，车间厂房的各类温度、湿度、粉尘传感器等；企业在商务贸易中的全球化业务扩张也使网络设备增多，虚拟化技术中单个物理系统需要通过配置多个 IP 地址来实现多虚拟系统的功能……IPv4 显然已经无法满足这些需求。

正是由于上述多种因素，IETF 才设计了 IPv6，它作为下一代互联网协议将逐步取代 IPv4。其最主要的特点就是地址空间几乎无限。IPv6 的地址长度在 IPv4 地址长度的基础上增加到 4 倍，可用地址数增加到 2^{96} 倍，可以很好地解决 IPv4 地址不足的问题。目前各国都处于由 IPv4 向 IPv6 过渡的阶段。

| 1.3　IPv6 的发展历史 |

1992 年年初，一些关于互联网地址系统的建议在 IETF 中被提出，并于 1992 年年底形成白皮书。1993 年 9 月，IETF 建立了一个临时的 Ad-Hoc 下一代 IP（IPng）领域来专门解决下一代 IP 的问题。这个新领域由 Allison Mankin 和 Scott Bradner 领导，由 15 名不同工作背景的工程师组成。IETF 于 1994 年 7 月 25 日采纳了 IPng 模型，并形成几个 IPng 工作组。

从 1996 年开始，一系列用于定义 IPv6 的 RFC（Request For Comments）被发表出来，最初的版本为 RFC 1883。由于 IPv4 和 IPv6 地址格式等不同，因此在很长一段时间里，互联网出现了 IPv4 和 IPv6 共存的局面。在 IPv4 和 IPv6 共存的网络中，对于仅有 IPv4 地址或仅有 IPv6 地址的端系统，两者是无法直接通信的，此时可依靠中间网关或者使用其他过渡机制实现通信。

2003 年 1 月 22 日，IETF 发布了 IPv6 测试性网络，即 6Bone 网络。它是 IETF 用于测试 IPv6 网络而进行的一个 IPng 工程项目，该工程项目的目的是测试如何将 IPv4 向 IPv6 迁移。作为 IPv6 问题测试的平台，6Bone 网络具有协议实现、IPv4 向 IPv6 迁移等功能。6Bone 操作建立在 IPv6 试验地址分配的基础上，并采用

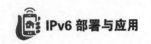

3FFE::/16 的 IPv6 前缀，为 IPv6 产品及网络的测试和试商用部署提供测试环境。

在创建后的 6 年时间内，6Bone 的规模差不多扩展到包括中国在内的近 60 个国家和地区，连接了近千个站点。6Bone 网络被设计成为一个类似于全球性层次化的 IPv6 网络，与实际的互联网类似，它包括伪顶级提供商、伪次级提供商和伪站点级组织机构。伪顶级提供商负责连接全球范围的组织机构，它们之间通过 IPv6 的 BGP-4 扩展来尽力通信；伪次级提供商也通过 BGP-4 连接到伪顶级提供商；伪站点级组织机构通过默认路由或 BGP-4 连接到伪次级提供商。6Bone 最初开始于虚拟网络，它使用 IPv6-over-IPv4 隧道过渡技术。因此，它是一个基于 IPv4 互联网且支持 IPv6 传输的网络，后来逐渐建立了纯 IPv6 链接。

从 2011 年开始，主要用在个人计算机和服务器上的操作系统基本上都支持高质量 IPv6 配置产品。例如，Microsoft Windows 从 Windows 2000 起就开始支持 IPv6，到 Windows XP 时已经进入了产品完备阶段。而 Windows Vista 及以后的版本，如 Windows 7、Windows 8、Windows 10 等操作系统也已经完全支持 IPv6，并进行了改进以提高支持度。代号为 Panther 的 Mac OS X 10.3、Linux 2.6、FreeBSD 和 Solaris 同样支持 IPv6 的成熟产品。一些应用也基于 IPv6 实现，如 BitTorrent 点到点文件传输协议等，其避免了使用 NAT 的 IPv4 私有网络无法正常使用的普遍问题。

2012 年 6 月 6 日，国际互联网协会举行了世界 IPv6 启动纪念日，这一天，全球 IPv6 网络正式启动。多家知名网站，如 Google、Facebook 和 Yahoo 等，于当天格林尼治标准时 0 时（北京时间 8 时）开始永久性支持 IPv6 访问。

1.3.1 国际 IPv6 的发展历史

1.美国

美国作为 IPv4 的发源地，在地址资源和商业应用方面都占据了先天的优势。1992 年，美国政府主导的"下一代互联网计划"研究和 1996 年美国国家科学基金会设立的"下一代因特网"研究计划中均包括 IPv6 研究计划。研究和开发 IPv6 的主要组织 IETF 等都在美国。但是，由于美国掌握了全世界 74 % 的 IP 地址，在地址资源的分配与管理上也拥有一套更为完善的制度，因此美国从自身的角度考虑既没有地址短缺的忧虑，又不愿意改动花费亿万美元构建的 IPv4 商业网络体系，所以很长一段时间以来，美国政府对 IPv6 的发展态度基本上是不温不火，主要是几个民间组织在跟踪研究。

美国的 Internet2 组织负责促进包括 IPv6 在内的下一代互联网的部署和采用，它是一个由一百多所大学领导的集团，与业界及政府合作开发和部署先进的网络应用与技术。其主要目标是：为美国研究机构创建一个前沿网络；开创新的互联网应用；保证新的网络服务与应用迅速转移到广泛的互联网社团。能源科学网（ESnet）是美国一个国家级的研究教育网，其主要工作是帮助世界上的研究教育网推出 IPv6 服务，旨在提供商用 IPv6 过渡服务。

自 2003 年开始，出于对国家网络安全保护的需要，美国政府逐步开始对 IPv6 给予极大的关注。在过去的近 20 年中，美国管理和预算办公室（OMB）发出 3 份"过渡到 IPv6"的备忘录，分别是布什政府时期发布的（M-05-22）《互联网协议版本 6（IPv6）过渡规划》[*Transition Planning for Internet Protocol version 6（IPv6）*]、奥巴马政府时期发布的《向 IPv6 过渡》（*Transition to IPv6*）和特朗普政府时期发布的（M-21-07）《全面过渡到 IPv6》[*Completing the Transition to Internet Protocol version 6（IPv6）*]。其中，2005 年发布的《互联网协议版本 6（IPv6）过渡规划》要求各机构在 2008 年 6 月 30 日前在其骨干网上启用 IPv6，该政策概述了部署和采购要求，对 IPv6 技术的商业开发推广起到了重要的催化作用；2010 年发布的《向 IPv6 过渡》，要求联邦机构为公共互联网服务器和与公共服务器通信的内部应用程序部署"原生 IPv6"（指在系统或服务器中直接支持 IPv6，而无须通过 IPv4 进行基本通信）。具体而言，它要求各机构在 2012 财政年度结束前，将面向公众/外部的服务器和服务[如网络、电子邮件、DNS（域名系统）、ISP（因特网服务提供者）]升级为实际使用原生 IPv6，并在 2014 财政年度结束前，将与公共互联网服务器通信的内部客户端应用程序和企业支撑性网络升级为实际使用原生 IPv6；2020 年 11 月 19 日签发的《全面过渡到 IPv6》备忘录，旨在推进联邦机构的 IPv6 全面升级，该备忘录从基础设施、采购要求、USGv6 计划、

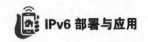

网络安全等角度介绍了联邦政府对部署 IPv6 业务的指导，其战略意图是让联邦政府使用纯 IPv6（IPv6-only）提供信息服务、运营网络和访问其他服务。该备忘录特别指出，同时支持 IPv4 和 IPv6 的双栈方案，但由于运维过于复杂，长远来看其并不十分必要。选择纯 IPv6 部署能够降低复杂性和运营成本，现在看来已日趋明朗化。该备忘录为美国联邦政府网络的纯 IPv6 升级设置了行动计划和时间表，要求 2023 年前至少实现 20% 的纯 IPv6 网络升级，2024 年前至少实现 50% 的纯 IPv6 网络升级，2025 年前至少实现 80% 的纯 IPv6 网络升级，无法升级的基础设施将被逐年淘汰。

2. 欧洲国家

欧洲国家政府在推广 IPv6 方面发挥了重要的作用，制定统一政策，对支持 IPv6 的产品实行减税和市场资讯方面的扶持。在 IPv4 地址方面，由于欧洲没有像亚洲那样面临非常大的压力，因此，欧洲起初对于发展 IPv6 并没有太高的积极性。2000 年，欧洲开始进行 IPv6 的研究，当时欧洲移动通信事业相当发达，在全球属于第三代移动通信技术（3G）的领跑者，在 3G 网络中引入 IPv6 是水到渠成的事情，因此欧洲采用的基本策略是"先移动，后固定"。制定 3G 标准的 3GPP 组织于 2000 年 5 月确定以 IPv6 为基础构筑下一代移动互联网。

英国于 2021 年发布关于"互联网未来"的报告。该报告提出 IPv6 技术作为构筑未来互联网的三大关键技术之一，将撑起未来互联网发展的"筋骨"。目前英国正在加快 IPv6 开发和产品化进程，政府在网络过渡、用户规模、业务应用、终端升级、技术突破和产业带动等方面提出了明确目标及完善的政策导向，同时启动各种 IPv6 实验项目，扎实推进 IPv6 的技术发展。

法国作为较早部署 IPv6 的国家，已推出了向 IPv6 过渡的时间表，早在 2011 年法国政府部委网络已经使用 IPv6，同时法国政府成立专门机构，负责管理部委间通信系统的运营和维护。2020 年 11 月，法国发布了《2020 年法国 IPv6 过渡指标》的数据报告，要求拥有 5G 牌照的运营商必须在 2020 年年底让其移动网络兼容 IPv6。在相关政策的引导下，法国 IPv6 的部署规模从过去的 12% 增加到 47%。

比利时作为全球 IPv6 发展的黑马，2020 年 IPv6 用户普及率占比曾一度位居世界第一。作为一个人口并不多的国家，比利时拥有庞大的 IPv6 用户基础，其主要原因是比利时搭上了欧盟的"顺风车"。欧盟从 2000 年开始 IPv6 的研究，并为此投入约一亿欧元资金，由于比利时首都布鲁塞尔是欧盟总部所在地，其借着欧盟的大力投资，顺势发展为全世界 IPv6 部署率最高的国家之一。此外，比利时还成立了 IPv6 理事会，旨在通过分享 IPv6 相关应用经验和技术，增强人们对 IPv6 的认识和重视。同时，比利时作为欧洲高度发达的国家，其 IPv6 的移动通信业务发展也相当迅速。

德国在 IPv6 的推动上很早就展现了其积极的态度，根据 APNIC（亚太互联网络信息中心）的 IPv6 数据，德国从 2012 年开始推动 IPv6 的部署，到 2020 年，IPv6 的用户占比已接近 50%。德国于 2007 年成立了 IPv6 委员会；德国政府在 2013 年推出了关于公共管理 IPv6 过渡的指南，以促进 IPv6 产品的公共采购，同时还规定互联网服务提供商只能采用支持 IPv6 的组件。此外，2010—2013 年，德国还发布了一系列在联邦和州层面推广 IPv6 的指南。

3. 日本

日本是发展 IPv6 最早的国家之一，也是发展 IPv6 速度最快的国家之一。由于错过了 20 世纪互联网与移动通信的发展机会，日本政府决心利用 3G 和 IPv6 的发展契机奋起直追，使日本重新回到通信、电子领域全球先进国家的行列。日本政府对 IPv6 的发展极为重视，甚至把 IPv6 技术的发展作为政府"超高速网络建设和竞争"的一项基本政策，并在 2001 年 3 月的"E-Japan 重点计划"中提出了于 2005 年实现互联网向 IPv6 过渡的目标。日本政府自 1992 年起就开始进行 IPv6 的研发和标准化工作，并且取得了相当丰硕的成果，目前在研发和应用方面都居于世界前列。

日本的 IPv6 组织有很多，其中，互联网及广域网的官产学研联合研究开发组织 WIDE 是世界上最早的 IPv6 研究机构，该组织于 1988 年由政府组织成立。起初，WIDE 的目的只是建立大规模广域分散网络环境，后来开展 IPv6 的研究、进行 IPv6 的开发和标准的制定工作，并逐步成为一个国际性的研究组织。现在，WIDE 已经达到 100 多个国际公司、40 多个教育科研组织的规模。另外，日本 IPv6 推进会也是一个非常重要的官产学研相结合的组织，该组织于 2001 年成立，目的在于推动

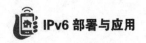

IPv6 的产业化。

日本运营商是第一个开始向国内提供 IPv6 商业服务的。NTT（日本电报电话公司）在 1999 年 9 月正式成为第一个商用业务提供商，并于 2002 年 4 月首次在日本推出付费的商用 IPv6 网关业务；KDDI 的 FTTH（光纤到户）自 2014 年 9 月以来全面支持 IPv6。到目前为止，NTT Com、Japan Telecom 和 KDDI 等日本的主要运营商和 ISP 绝大多数都已经提供 IPv6 商业化接入服务。

在日本政府的大力支持下，日本企业对 IPv6 产品的研发与生产也获得了突飞猛进的发展，日立、NEC、富士通等是世界上最早实现 IPv6 硬件支持的网络设备厂商。此外，日本的 IPv6 终端设备研制速度也相当快，索尼、东芝、日立、松下等主要信息终端厂商的产品都已支持 IPv6。

4.印度

印度是目前 IPv6 用户数最多的国家，稳居全球第一，根据 APNIC Labs 2021 年 8 月数据统计，印度 IPv6 用户数约 4.55 亿，比全球 IPv4 用户数的 40% 还要多，同时 IPv6 用户年增长率高达 27%。印度政府早在 2010 年就出台《国家 IPv6 部署蓝图（第一版）》，2013 年 3 月出台《国家 IPv6 部署蓝图（第二版）》，针对服务提供商、内容和应用程序提供商、设备制造商、政府组织、政府项目的公共接口、云计算、数据中心等提供了相关的政策指南，在此基础上，印度政府 IPv6 工作组定期更新 IPv6 过渡时间表，并于 2016 年和 2020 年进行了两次修订。总体上，印度政府部门对 IPv6 的部署分为 3 个阶段：第一阶段，组织的总部和主要办事处能够支持 IPv6，并实现安全的全球连通性；第二阶段，组织的区域办事处和其他办事处支持 IPv6，并实现全球的连通性；第三阶段，主要是应用程序的转换，最大限度地利用 IPv6 功能，提高其稳定性和安全性。

1.3.2 国内 IPv6 的发展历史

IPv6 在中国的发展获得了政府极大的支持，在过去的 20 多年时间里政府持续推动 IPv6 的技术发展和应用落地。作为 IPv6 研究工作启动较早的组织之一，

CERNET 于 1998 年建立了国内第一个 IPv6 试验床——CERNETv6，并接入 6Bone 网络，标志着中国 IPv6 研究工作进入了实质阶段。随后，中国政府又开展了一系列的 IPv6 研究项目和相关工作。1999 年，国家自然科学基金重大联合研究项目"中国高速互联研究试验网 NSFCNET"启动，该项目连接了清华大学、北京大学、北京航空航天大学、北京邮电大学、中国科学院、国家自然科学基金委员会，并与国际下一代互联网连接。中国教育和科研计算机网如图 1-1 所示。

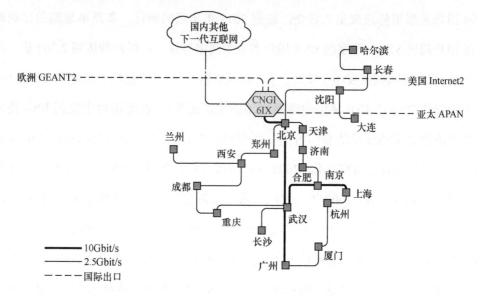

图1-1 中国教育和科研计算机网

在接下来的几年，下一代互联网的研究和开发被推上一个新的战略高度。国家自然科学基金、国家"863 计划"均设立了大量相关的基础研究项目和关键技术开发项目，其中在国家发展计划委员会的支持下，以"下一代互联网中日 IPv6 合作项目"为先导，开启了中国下一代互联网 IPv6 的工业性示范工程时代；2002 年，信息产业部"下一代 IP 电信实验网"（6TNet）项目启动，科学技术部 863 信息领域专项"高性能宽带信息网"（3TNet）启动；2003 年，信息产业部颁发首个 IPv6 核心路由器入网试用批文；2003 年 8 月，国家发展和改革委员会批复了中国下一代互联网示范工程（CNGI）示范网络核心网建设项目可行性研究报告。CNGI 的启动是中国政府高度重视下一代互联网 IPv6 技术研究的标志性事件和项目，是从政府层面推动下一代

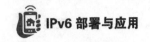

互联网研究与建设的基础项目，对全面推动中国下一代互联网研究及建设有重要意义，在当时，CNGI-CERNET2 作为全球最大的纯 IPv6 网络，引起了世界各国的高度关注。此后基于 CNGI-CERNET2，中国开展了大规模的下一代互联网关键技术研究，在 2008 年北京奥运会上，CNGI-CERNET2 项目成果也得到了广泛应用。然而，令人遗憾的是，在 CNGI-CERNET2 正式开通后的 8 年中，中国 IPv6 用户数保持在 500 万停滞不前。与之形成鲜明对比的是，在全球顶级 IPv4 地址池被分配完毕后，IPv6 国际发展形势迎来重大转变，根据 2017 年年底的统计，普及率最高的比利时 IPv6 用户超过 57%，印度的 IPv6 用户普及率居世界第二，用户数达到 2.207 亿。在多年中，虽然我国陆续发布了《关于下一代互联网"十二五"发展建设的意见》和《关于全面推进 IPv6 在 LTE 网络中部署应用的实施意见》，但是国内主要的 IPv6 技术研究及应用更多的还是依靠国内电信运营商，如 2001 年，中国电信启动"IPv6 总体技术方案"项目的研究工作；2002 年，中国电信在北京、上海、广东和湖南进行 IPv6 试验与测试工作；2003 年，重庆网通信息港建设"IPv6 城域示范网项目"。随着《关于下一代互联网"十二五"发展建设的意见》和《关于全面推进 IPv6 在 LTE 网络中部署应用的实施意见》的发布，国内三大电信运营商（中国电信、中国移动、中国联通）进一步扩大对基础通信承载网（包括 IP 承载网、移动承载网、软交换核心网等）和相应的业务运营支撑系统的 IPv6 改造规模。

自 2017 年印发《行动计划》以来，我国 IPv6 规模部署不断加速。截至 2023 年 5 月底，我国 IPv6 活跃用户数达 7.631 亿，占网民总数的 71.51%。IPv6 终端活跃连接数达 16.779 亿，移动网络 IPv6 流量占比达 52.95%，固定网络 IPv6 流量占比达 15.57%，政府门户网站 IPv6 支持率达 91.15%，主要移动互联网应用 IPv6 支持率达 99%。丰富的 IP 地址资源为相关领域的快速发展提供了良好的支撑。

《中华人民共和国国民经济和社会发展第十四个五年规划和 2035 年远景目标纲要》（以下简称《纲要》）提出，"数字经济核心产业"增加值占 GDP 的比重指标到 2025 年达到 10%。为此，国家出台多项政策鼓励 IPv6、物联网、新基建等的发展，从而促进生产生活和社会管理方式向智能化、精细化、网络化方向转变，这对提高国民经济和社会生活信息化水平、提升社会管理和公共服务水平、带动相关学科发展和技术创新能力增强、推动产业结构调整和发展方式转变具有重要意义。

在《纲要》发布后，多个部委陆续发布各自领域的"十四五"发展规划，包括《"十四五"数字经济发展规划》《"十四五"智能制造发展规划》《"十四五"国家信息化规划》《"十四五"推进国家政务信息化规划》《"十四五"信息通信行业发展规划》等相关政策文件（国家 IPv6 相关政策路线发展如图 1-2 所示）。信息化、数字化、智能化、绿色节能等关键词贯穿各个政策，国家鼓励通过信息技术来促进生产生活和社会管理方式向智能化、精细化、网络化方向转变。中央各大部委相关政策如表 1-1 所示。

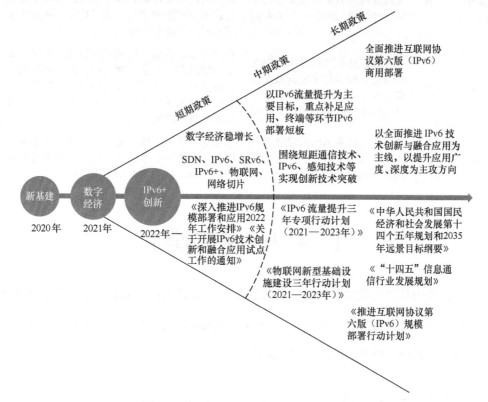

图1-2　国家IPv6相关政策路线发展

表1-1　中央各大部委相关政策

时间	文件	说明
2022 年 4 月	中共中央网络安全和信息化委员会办公室等三部门印发《深入推进 IPv6 规模部署和应用 2022 年工作安排》	到 2022 年年底，IPv6 活跃用户数达到 7 亿，物联网 IPv6 连接数达到 1.8 亿，固定网络 IPv6 流量占比达到 13%，移动网络 IPv6 流量占比达到 45%

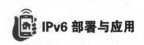

续表

时间	文件	说明
2021 年 11 月	工业和信息化部印发关于《"十四五"信息通信行业发展规划》的通知	推动 IPv6 与人工智能、云计算、工业互联网、物联网等融合发展,支持在金融、能源、交通、教育、政务等重点行业开展"IPv6+"创新技术试点及规模应用
2021 年 11 月	中共中央网络安全和信息化委员会办公室等 12 部门联合印发《关于开展 IPv6 技术创新和融合应用试点工作的通知》	确定了 22 个综合试点城市和 96 个试点项目
2021 年 9 月	工业和信息化部等八部门印发《物联网新型基础设施建设三年行动计划(2021—2023 年)》	在社会治理、行业应用、民生消费三大领域重点推进 12 个行业的物联网部署。明确提出,物联网以感知技术和网络通信技术为主要手段,围绕短距离通信技术、IPv6、感知技术等实现创新技术突破
2021 年 7 月	工业和信息化部联合中共中央网络安全和信息化委员会办公室发布《IPv6 流量提升三年专项行动计划(2021—2023 年)》	在网络基础设施、应用基础设施、终端、安全等领域和商业互联网应用、工业互联网、智能家居系统平台、"IPv6+"网络技术创新等方面部署,推进各关键环节实现 IPv6 流量提升和高质量发展
2021 年 3 月	《中华人民共和国国民经济和社会发展第十四个五年规划和2035 年远景目标纲要》	系统布局新型基础设施,加快 5G、工业互联网、大数据中心等建设。强调全面推进互联网协议第六版(IPv6)商用部署

| 1.4 国内重要政策 |

从政策引导到研发经费扶持,中国政府在 IPv6 技术的研究和发展中起到了至关重要的作用。在目前阶段影响中国 IPv6 技术发展的最具指导意义的文件是《推进互联网协议第六版(IPv6)规模部署行动计划》。

1.4.1 政策解读

2017 年 11 月,中共中央办公厅、国务院办公厅印发了《推进互联网协议第六版(IPv6)规模部署行动计划》,并发出通知,要求各地区各部门结合实际认真贯彻落实。《行动计划》提出,大力发展基于 IPv6 的下一代互联网有助于提升我国网络信息技术自主创新能力和产业高端发展水平,高效支撑移动互联网、物联网、工业互联网、云计算、大数据、人工智能等快速发展，不断催生新技术、新业态，促进网络应用进一步繁荣，打造先进开放的下一代互联网技术产业生态。

1. 重要意义

在《行动计划》描述的推动 IPv6 规模部署的重要意义中，有 3 个重点方面，分别是互联网演进升级的必然趋势、技术产业创新发展的重大契机和网络安全能力强化的迫切需要。其中，互联网演进升级是个老生常谈的问题，IPv4 的地址耗尽，从互联网发展的角度来看，用 IPv6 提供充足的网络地址和广阔的创新空间，也是各国下一代互联网商业应用的解决方案。在技术产业创新发展方面，首次将 IPv6 技术的应用与移动互联网、物联网、工业互联网、人工智能等领域结合起来。众所周知，中国移动互联网在过去数十年，用户数量和技术应用方面都得到了质的飞跃。在制造业领域，一直强调工业、制造业和信息化的融合，为机器赋予生命，通过智能化的控制，用机器制造机器。同样，越来越多的共享单车、无人贩卖机、传感器、摄像头等物联网应用、产品被广泛使用。因此，IP 地址需求从最早的人均不到一台互联网主机，扩大到一人多部移动互联网终端，甚至各类工业设备、物联网感知终端对 IP 地址的需求也不断增加，都成为推进 IPv6 规模部署的重大契机。在网络安全方面，从党的十八届三中全会以来，中国政府采取了一系列重大举措来加大网络安全和信息化发展的力度，体现了中国全面深化改革、加强顶层设计的意志，显示出中央在保障网络安全、维护国家利益、推动信息化发展方面的决心；在此背景下，IPv6 为解决网络安全问题提供了新平台，为提高网络安全管理效率和创新网络安全机制提供了新思路，显著增强了网络安全态势感知和快速处置能力。本书后面将进一步对 IPv6 技术的安全性进行论述。

2. 总体要求

总体要求主要包含指导思想、基本原则、主要目标和发展路径 4 个部分。在基本原则中提出对于 IPv6 的规模部署主要由政府引导、企业主导。加强政府的统筹协调、政策扶持和应用引领，优化发展环境，充分发挥企业在 IPv6 发展中的主体地位作用，激发市场需求和企业发展的内生动力。对比之前数十年 IPv6 在中国的推进和研究进程，

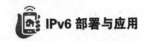

《行动计划》除了促进通过 IPv6 解决 IPv4 地址耗尽问题，满足公众用户互联网访问的需求之外，更加注重从经济社会各领域以及企业自身需求出发，推行基于 IPv6 的技术创新及规模部署；政府也从传统的直接投入经费，改变自身定位，通过统筹协调、政策扶持等方式创造技术发展环境，鼓励企业结合自身需求融合创新，发挥其主导作用。这里的企业也不仅仅指涉及 IPv6 技术的研发制造企业本身（例如，从事 IPv6 技术改造的基础网络设备制造商、软件产品集成商等），也是指社会各领域的传统行业、企业。

在总体要求中，一个重点内容就是"主要目标"，《行动计划》将 IPv6 在中国的规模部署设定了 3 个时间点：2018 年年末、2020 年年末和 2025 年年末。其中，第一阶段是到 2018 年年末，市场驱动的良性发展环境基本形成，IPv6 活跃用户数达到 2 亿，在互联网用户中的占比不低于 20%，并在以下领域全面支持 IPv6：国内用户量排名前 50 位的商业网站及应用、省部级以上政府和中央企业外网网站系统、中央和省级新闻及广播电视媒体网站系统、工业互联网等新兴领域的网络与应用；域名托管服务企业、顶级域运营机构、域名注册服务机构的域名服务器，超大型互联网数据中心（IDC），排名前 5 位的内容分发网络（CDN），排名前 10 位云服务平台的 50% 云产品；互联网骨干网、骨干网网间互联体系、城域网和接入网、广电骨干网、LTE 网络及业务、新增网络设备、固定网络终端、移动终端。简单来说就是，政府、企业（主要指中央企业）的 Web 网站、主流的商业云平台及政务云、运营商的基础承载网络和各类新增终端要全面支持 IPv6，在《行动计划》发布后，各类中央企业和省政府官网都进行了相应的 IPv6 改造，按照要求用户可以通过 IPv6 的终端设备进行上述网站的访问。大型中央企业的官网改造工作在各省市区主要由工业和信息化主管部门主导相关的工作。第二阶段是到 2020 年年末，市场驱动的良性发展环境日臻完善，IPv6 活跃用户数超过 5 亿，在互联网用户中的占比超过 50%，新增网络地址不再使用私有 IPv4 地址，并在以下领域全面支持 IPv6：国内用户量排名前 100 位的商业网站及应用、市地级以上政府外网网站系统、市地级以上新闻及广播电视媒体网站系统；大型互联网数据中心、排名前 10 位的内容分发网络、排名前 10 位云服务平台的全部云产品；广电网络、5G 网络及业务、各类新增移动和固定终端、国际出入口。在这个阶段，IPv6 的部署要求从省级政府拓展到市级，从中央企业拓展到主流的商业网站，并提出了新增网络地址不再使用私有 IPv4 地址，这与传统的网络建设模式相比发生了重大的改变。第三阶段是到 2025 年年末，我国 IPv6 网络规模、用户规模、流量规模位居世界第一位，网络、应用、终端全面支持 IPv6，全面完成向下一代互联网的平滑演进升级，形成全球领先的下一代互联网技术产业体系。这个阶段标志着我国互联网的发展将从 IPv4 和 IPv6 共存阶段演进到全网 IPv6 的阶段。

3. 重点任务、实施步骤和保障措施

在重点任务中，《行动计划》在互联网应用、网络基础设施、应用基础设施、网络安全和 IPv6 技术创新等各方面提出了具体的实施步骤，并在每个步骤中落实了相关的主体单位、组织（政府、中央企业、运营商、云服务提供商等）的责任；在实施步骤中，针对上述重点任务领域，《行动计划》具体明确了 2017—2018 年、2018—2019 年和 2019—2020 年的时间进度要求和任务分解。在保障措施中，《行动计划》提出了加强组织领导、优化发展环境、强化规范管理和深化国际合作。

1.4.2 政策带来的影响

1. 全面告别内网IP

现在不少用户所使用的通常是运营商网络地址转换（NAT）过的内网 IP，而运营商往往不会为内网 IP 提供全面的端口映射，这让内网 IP 在游戏联机、P2P 下载、设备互联等方面的体验被公网 IP 超越。通过 IPv6，近乎无穷的公网 IP 地址可以被使用，这在一定程度上解决游戏联机总搜不到人、BT 下载找不到节点、远程控制计算机必须借助第三方软件等问题。NAT 技术原理如图 1-3 所示。

2. 让物联网有容身之地

IP 地址需求的突然膨胀和移动互联网的爆发是密不可分的。在以前，只有部分家庭普及了计算机，43 亿个 IP 地址基本上应付得来；但当人手一部智能手机的时候，IPv4 就显得有点捉襟见肘了。近年来，可以联网的设备，如电视机、洗衣机、冰箱、电饭煲等智能家居数量猛增；而在未来，还会有更多传统物品接入互联网，随着芯

片工艺的发展，芯片越做越小，接入互联网的设备也将越来越多。

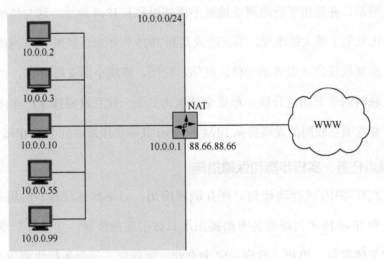

图1-3   NAT技术原理

由图 1-4 可以看出，移动互联网出现的意义绝不仅仅是让你可以在路上玩手机，万物互联才是移动互联网馈赠给整个社会的更宝贵的礼物。面对正在浩浩荡荡发展的物联网，IPv4 只能望洋兴叹。尽管可以通过 NAT 为物联网设备提供 IP 地址，但这只会让网络更加错综复杂，增加不必要的维护成本。想要为物联网的每个设备都分配公网 IP，需要对现有的 IPv4 网络进行升级改造。IPv6 的推进，能为物联网构筑足够宽敞的容身之地。虽然还谈不上 IPv6 普及后身边的一切就突然会变得智能起来，但是其能够提供一定的技术保障。

图1-4   近乎无穷的IPv6地址

3. 每个人都有"IP身份证"

要实现每个人都有"IP 身份证",可能性也非常大。《行动计划》提到,要"严格落实 IPv6 网络地址编码规划方案,加强 IPv6 地址备案管理,协同推进 IPv6 部署与网络实名制,落实技术接口要求,增强 IPv6 地址精准定位、侦查打击和快速处置能力"。之所以能够借助 IPv6 的部署推行网络实名制,是因为 IPv6 的地址足够多。由图 1-5 可知,IPv6 的地址数量远远大于 IPv4 的地址数量。

图1-5　IPv6庞大的地址数量

前面提到,IPv4 无法提供充足的 IP 地址,这让运营商不得不通过 NAT 提供内网地址。虽然公网 IP 地址也是可以申请的,但个人用户所使用的公网 IP 地址往往不固定,为你分配的到底是哪个 IP 地址,要视实际情况而定,IPv4 没有这么多公网 IP 地址可以一对一分配给用户。无论如何,在 IPv4 的体系中,IP 地址和个人用户是难以一一对应的;但在 IPv6 的体系中,IP 地址数量显然不会成为问题。

4. 更精准的内容推送

如果每个 IPv6 地址都可以对应到具体的用户,一方面,可以为更加彻底的网络实名制打下基础;另一方面,可以提高管理效率,也能为用户提供更精准的内容推送。根据某个用户需要的服务和内容,网络可以直接向特定的 IP 地址推送,这种服务到门牌号的体验或许会成为未来的常态。

5. 更高效的信息传输

在 IPv4 中,由于缺乏公网 IP 地址,人们不得不大量使用 NAT 来连接设备,这让网络模型变得越来越复杂。IPv6 的海量 IP 地址大大改善了这种情况,可以进行

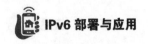
更高效的信息点对点传输。同时，IPv6 的报头更加精简，转发效率更高。IPv4 和 IPv6 的报头格式对比如图 1-6 所示。

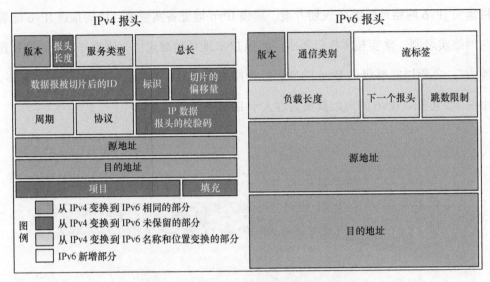

图1-6　IPv4和IPv6的报头格式对比

1.4.3　后续政策文件

1.《IPv6流量提升三年专项行动计划（2021—2023年）》

在《行动计划》印发后，工业和信息化部在接下来的 3 年连续组织开展 IPv6 规模部署专项行动，推动我国 IPv6 网络"高速公路"全面建成，并于 2021 年 7 月，联合中共中央网络安全和信息化委员会办公室发布了《IPv6 流量提升三年专项行动计划（2021—2023 年）》（以下简称《专项行动计划》）。《专项行动计划》重点围绕 IPv6 流量提升总体目标，明确了 2021—2023 年的重点发展任务，这标志着我国 IPv6 发展经过网络就绪、端到端贯通等关键阶段后，正式步入"流量提升"时代。

在《行动计划》提出后的三年间，由工业和信息化部牵头，开展"IPv6 网络就绪""IPv6 端到端贯通能力提升"系列专项工作，重点围绕网络性能优化、应用基础设施提速、行业应用改造、终端能力支持等核心问题狠抓落实，取得了显著成效。2023 年 6 月统计，我国已获得 IPv6 地址的用户数从 2017 年年底的 0.74 亿增长到 16.78 亿；骨干网、移动核心网、城域网、互联网骨干直联点等网络基础设施全面支持 IPv6 并承载 IPv6 业务；超过 50% 的云服务可用域支持 IPv6，内容分发网络（CDN）IPv6 业务加速能力已覆盖全国主要城市；市场主流移动终端均已支持 IPv6，中国电信、中国移动、中国联通等基础电信运营企业也已完成全部具备条件的存量家庭网关的 IPv6 升级改造；LTE 核心网、固网的 IPv6 流量超过 10 Tbit/s，可以说我国的 IPv6 网络"高速公路"已经全面建成。

但同时我国 IPv6 流量占比与世界领先国家相比还有较大的差距，还存在商业互联网应用 IPv6 浓度较低、家庭终端 IPv6 支持能力不足、应用基础设施 IPv6 服务性能有待增强等问题。因此，印发《专项行动计划》目的就是引导行业各方协同深化 IPv6 规模部署工作，补齐我国 IPv6 发展的短板，促进 IPv6 流量规模持续提升，加速推进互联网向 IPv6 平滑演进升级。

《专项行动计划》在注重政策延续性的同时，还注重 IPv6 整个技术环节的协同性，除在传统的网络基础设施、应用基础设施、终端、安全等方面继续提出新的要求外，还在商业互联网应用、工业互联网、智能家居系统平台、"IPv6+"网络技术创新等方面做了部署，力求协同推进各关键环节，实现 IPv6 流量提升和高质量发展。在我国 IPv6 发展从"通路"走向"通车"的关键阶段，《专项行动计划》聚焦 IPv6 流量提升总目标，从网络和应用基础设施服务性能、主要商业互联网应用 IPv6 浓度、支持 IPv6 的终端设备占比等方面提出了量化目标。

此外，《专项行动计划》首次提出了加大"IPv6+"网络技术创新力度。"IPv6+"是基于 IPv6 的下一代互联网技术创新体系，包括以 SRv6、网络切片、随流检测、BIERv6 和 APN6 等内容为代表的协议创新，以网络分析、自动调优等网络智能化为代表的技术创新，以及以 5G 承载和云网融合为重点应用场景的业务创新。《专项行动计划》按照"推共识、制标准、立标杆、做推广"的推进策略，逐步有序地推进"IPv6+"网络和技术创新。一是充分发挥政府引导的作用，明确提出要加快 IPv6 分段路由（SRv6）等"IPv6+"网络技术创新、技术研发及标准研究的进度，扩大现网试点并逐步实现规模部署。二是加快技术标准的研制，规范 IPv6 应用创新的研发和推广，明确提出要在"IPv6+"新技术领域加强行业标准研制，并积极推进相关国

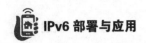

家标准建设。三是扩大"IPv6+"应用试点，通过组织开展 IPv6 规模部署优秀案例征集、IPv6 创新大赛等活动，激发市场主体 IPv6 应用创新活力，形成可复制、可推广的应用模式。

2.《关于开展IPv6技术创新和融合应用试点工作的通知》

2021 年 11 月，中共中央网络安全和信息化委员会办公室、国家发展和改革委员会、工业和信息化部、教育部、科学技术部、公安部、财政部、住房和城乡建设部、水利部、中国人民银行、国务院国有资产监督管理委员会、国家广播电视总局印发《关于开展 IPv6 技术创新和融合应用试点工作的通知》（以下简称《通知》），联合组织开展 IPv6 技术创新和融合应用试点工作，聚焦重点领域、优先方向和瓶颈问题，探索 IPv6 全链条、全业务、全场景部署和创新应用，以点促面，整体提升 IPv6 规模部署和应用水平。《通知》明确试点分为试点项目和试点城市两类，其中试点项目主要聚焦 IPv6 技术创新与产业发展、IPv6 单栈部署应用、IPv6 与 5G 建设应用同步实施、物联网 IPv6 部署应用、工业互联网 IPv6 升级改造、智慧家庭 IPv6 应用、IPv6 网络安全保障能力建设、重点行业 IPv6 融合应用 8 个方面。从根本上来说，上述研究的目的在于通过终端对 IPv6 进行支持，扩大 IPv6 的使用需求，在广泛的物联中寻求应用场景；另外城市试点项目主要是在政府信息化建设中通过加大政策支持和引导力度，来推动区域内网络、平台、应用、终端及各行业全面支持 IPv6，加快实现网络设施优化升级，应用设施整体提升，商业应用深度改造，终端设备广泛支持，行业应用全面落地，网络安全保障能力提升。

2022 年 4 月，中共中央网络安全和信息化委员会办公室等 12 部门确定 IPv6 技术创新和融合应用试点名单。名单中共有 22 个综合试点城市和 96 个试点项目，IPv6 技术创新和融合应用综合试点城市及试点项目名单如表 1-2、表 1-3 所示。

表1-2 IPv6技术创新和融合应用综合试点城市名单

序号	申报城市
1	天津市滨海新区
2	河北省雄安新区

续表

序号	申报城市
3	辽宁省大连市
4	黑龙江省哈尔滨市
5	上海市
6	江苏省无锡市
7	江苏省南京市
8	浙江省金华市
9	安徽省合肥市
10	安徽省滁州市
11	江西省鹰潭市
12	河南省洛阳市
13	河南省南阳市
14	湖北省武汉市
15	湖南省长沙市
16	湖南省株洲市
17	广东省深圳市
18	重庆市
19	云南省玉溪市
20	甘肃省天水市
21	宁夏回族自治区石嘴山市
22	新疆生产建设兵团第四师可克达拉市

表1-3 IPv6技术创新和融合应用试点项目名单

序号	牵头申报单位	主要试点方向
1	中国教育和科研计算机网网络中心	IPv6 技术创新与产业发展
2	中国广播电视网络集团有限公司	IPv6 技术创新与产业发展
3	中国广电河北网络股份有限公司	IPv6 技术创新与产业发展
4	中国电信股份有限公司广东分公司	IPv6 技术创新与产业发展
5	中国电信股份有限公司云南分公司	IPv6 技术创新与产业发展
6	中国电信股份有限公司江苏分公司	IPv6 技术创新与产业发展
7	中国电信股份有限公司浙江分公司	IPv6 技术创新与产业发展
8	中国移动通信有限公司研究院	IPv6 技术创新与产业发展
9	中国移动通信集团广东有限公司	IPv6 技术创新与产业发展

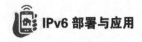

续表

序号	牵头申报单位	主要试点方向
10	中国移动通信集团云南有限公司	IPv6 技术创新与产业发展
11	中国移动通信集团湖北有限公司	IPv6 技术创新与产业发展
12	中国联合网络通信集团有限公司	IPv6 技术创新与产业发展
13	中国联合网络通信有限公司北京市分公司	IPv6 技术创新与产业发展
14	广西广播电视信息网络股份有限公司	IPv6 技术创新与产业发展
15	中国铁路哈尔滨局集团有限公司	IPv6 技术创新与产业发展
16	水利部信息中心	IPv6 技术创新与产业发展
17	北京百度网讯科技有限公司	IPv6 技术创新与产业发展
18	支付宝（杭州）信息技术有限公司	IPv6 技术创新与产业发展
19	和中通信科技有限公司	IPv6 技术创新与产业发展
20	中国电信集团有限公司	IPv6 单栈部署应用
21	中国电信股份有限公司天津分公司	IPv6 单栈部署应用
22	中国移动通信集团有限公司	IPv6 单栈部署应用
23	中国联合网络通信有限公司北京市分公司	IPv6 单栈部署应用
24	中国联合网络通信有限公司辽宁省分公司	IPv6 单栈部署应用
25	网络通信与安全紫金山实验室	IPv6 单栈部署应用
26	华中科技大学	IPv6 单栈部署应用
27	招商局集团有限公司	IPv6 单栈部署应用
28	湖北省大数据中心	IPv6 单栈部署应用
29	中国移动通信集团山东有限公司	IPv6 与 5G 建设应用同步实施
30	中国移动通信集团四川有限公司	IPv6 与 5G 建设应用同步实施
31	中国移动通信集团四川有限公司广元分公司	IPv6 与 5G 建设应用同步实施
32	中国联合网络通信有限公司湖北省分公司	IPv6 与 5G 建设应用同步实施
33	东方有线网络有限公司	IPv6 与 5G 建设应用同步实施
34	四川农业大学	IPv6 与 5G 建设应用同步实施
35	西安交通大学	IPv6 与 5G 建设应用同步实施
36	交通银行股份有限公司	IPv6 与 5G 建设应用同步实施
37	江苏亨通光电股份有限公司	IPv6 与 5G 建设应用同步实施
38	安徽叉车集团有限责任公司	IPv6 与 5G 建设应用同步实施
39	克拉玛依职业技术学院	IPv6 与 5G 建设应用同步实施
40	福州大学	IPv6 与 5G 建设应用同步实施

续表

序号	牵头申报单位	主要试点方向
41	上海大学	物联网 IPv6 部署应用
42	山东省水利综合事业服务中心	物联网 IPv6 部署应用
43	中南大学	物联网 IPv6 部署应用
44	江苏洋河酒厂股份有限公司	物联网 IPv6 部署应用
45	沈阳市浑南区综合事务信息服务中心	物联网 IPv6 部署应用
46	南开大学	物联网 IPv6 部署应用
47	南京航空航天大学	物联网 IPv6 部署应用
48	南京鼓楼医院	物联网 IPv6 部署应用
49	信通院（江西）科技创新研究院有限公司	物联网 IPv6 部署应用
50	珠江水利委员会珠江水利科学研究院	物联网 IPv6 部署应用
51	浙江省新型互联网交换中心有限责任公司	物联网 IPv6 部署应用
52	海南师范大学	物联网 IPv6 部署应用
53	中国石油天然气集团有限公司	工业互联网 IPv6 升级改造
54	中国电信股份有限公司湖南分公司	工业互联网 IPv6 升级改造
55	中能融合智慧科技有限公司	工业互联网 IPv6 升级改造
56	东风通信技术有限公司	工业互联网 IPv6 升级改造
57	安徽海螺信息技术工程有限责任公司	工业互联网 IPv6 升级改造
58	厦门海翼工业互联网有限公司	工业互联网 IPv6 升级改造
59	中国广电新疆生产建设兵团网络有限公司	智慧家庭 IPv6 应用
60	中国联合网络通信有限公司辽宁省分公司	智慧家庭 IPv6 应用
61	河北雄安睿哲新科技有限公司	智慧家庭 IPv6 应用
62	中国人民公安大学	IPv6 网络安全保障能力建设
63	中国电信股份有限公司深圳分公司	IPv6 网络安全保障能力建设
64	中国电信集团系统集成有限责任公司	IPv6 网络安全保障能力建设
65	中国移动通信集团河北有限公司	IPv6 网络安全保障能力建设
66	中国移动通信集团浙江有限公司	IPv6 网络安全保障能力建设
67	中国联合网络通信有限公司广东省分公司	IPv6 网络安全保障能力建设
68	中国福利会国际和平妇幼保健院	IPv6 网络安全保障能力建设
69	国家计算机网络应急技术处理协调中心	IPv6 网络安全保障能力建设
70	国家计算机网络应急技术处理协调中心海南分中心	IPv6 网络安全保障能力建设
71	河北师范大学	IPv6 网络安全保障能力建设

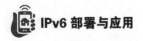

序号	牵头申报单位	主要试点方向
72	清华大学	IPv6 网络安全保障能力建设
73	山西省农村信用社联合社	重点行业 IPv6 融合应用
74	广东省教育厅事务中心	重点行业 IPv6 融合应用
75	广西壮族自治区大数据发展局	重点行业 IPv6 融合应用
76	中国广电宁夏网络有限公司	重点行业 IPv6 融合应用
77	中国电信股份有限公司青海分公司	重点行业 IPv6 融合应用
78	中国农业银行股份有限公司	重点行业 IPv6 融合应用
79	中国移动通信集团陕西有限公司	重点行业 IPv6 融合应用
80	水利部海河水利委员会水利信息网络中心	重点行业 IPv6 融合应用
81	北京大学	重点行业 IPv6 融合应用
82	华泰证券股份有限公司	重点行业 IPv6 融合应用
83	兵团日报社	重点行业 IPv6 融合应用
84	青海省水文水资源测报中心	重点行业 IPv6 融合应用
85	国家计算机网络应急技术处理协调中心北京分中心	重点行业 IPv6 融合应用
86	河北省财政厅一体化系统运维中心	重点行业 IPv6 融合应用
87	河南广播电视台	重点行业 IPv6 融合应用
88	南昌大学	重点行业 IPv6 融合应用
89	唐山广播电视台	重点行业 IPv6 融合应用
90	黄河水利委员会信息中心	重点行业 IPv6 融合应用
91	深圳证券交易所	重点行业 IPv6 融合应用
92	新疆维吾尔自治区信息中心	重点行业 IPv6 融合应用
93	滨州市大数据局	重点行业 IPv6 融合应用
94	福建东南网传媒股份有限公司	重点行业 IPv6 融合应用
95	嘉兴网能信息科技有限公司	重点行业 IPv6 融合应用
96	赛尔新技术（北京）有限公司	重点行业 IPv6 融合应用

由 IPv6 技术创新和融合应用试点项目名单可以看出，相较于 10 年前主要由运营商推动的 IPv6 技术发展，现阶段有更多的科技公司、高等院校和研究机构参与到 IPv6 技术及应用创新中，这为加快我国 IPv6 关键技术创新、应用创新、服务创新、管理创新增添了更多活力。同时，高等院校、科技企业、运营商、研究机构的参与有利于"产、学、研、用"的良性循环，进一步完善我国"IPv6+"技术产业生态体系架构。

| 1.5 IPv6 技术现状及发展趋势 |

1.5.1 国际 IPv6 技术现状及发展趋势

随着信息通信技术的飞速发展，全球迈向了一个新时代。人工智能、5G、云计算、物联网等塑造未来的技术百花齐放。在过去 10 年里，全球五大地区性互联网注册管理机构的 IPv4 地址资源都已基本枯竭，制约着 5G、云计算、物联网等应用的海量连接，技术发展也受到制约。同时，2019 年年底，线下消费受阻使得数字经济在全球范围内逆势崛起，借助大数据、人工智能、云计算等数字技术，远程医疗、云课堂、云办公、网上展会等线上服务不断涌现。应用场景的不断拓展和深入也促进各项技术与产业的深度融合，实现技术和经济的正循环。在此背景下，世界各国已充分认识到 IPv6 作为全球数字化升级的核心和底层基础的重要性，各国政府纷纷出台国家发展战略性文件来积极推进 IPv6 的大规模商用部署。全球各行业也已经开始应用 IPv6 技术，各大电信运营商、互联网内容提供商、设备制造商都在积极拥抱 IPv6 和 IPv6+ 技术浪潮。

1. IPv6标准研究

在 IPv6 标准研究方面，IETF 国际标准组织自 2020 年来一共推出了 19 项 IPv6 相关标准，主要集中在 3 个方面，分别是应用在物联网领域的低功耗网络 IPv6 报头压缩及组网标准、IPv6 过渡中标准的完善和 IPv6 网络创新，以 "RFC 8754 *IPv6 Segment Routing Header*（SRH）" 为代表。IPv6 标准研发和创制同 IPv6 发展部署息息相关，在加快 IPv6 过渡的同时，一方面保持持续创新，提升 IPv6 网络价值，另一方面积极在万物互联的场景下不断拓展 IPv6 应用，为下一代互联网 IPv6 可持续发展建设完善的生态链。

2. IPv6全球综合部署情况

国外权威机构统计数据显示，IPv6 的部署在全球推进迅速，截止到 2022 年 11 月，综合 IPv6 部署率（根据各个国家地区的网络、IPv6 网站及 IPv6 用户等数据按照一

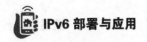

定权值计算得出的 IPv6 部署综合情况）在 30% 及以上的国家或地区，占了世界地图面积一半以上。欧洲、美洲、亚洲、大洋洲等区域一些代表性国家和地区 IPv6 部署总体都超过了 40%，非洲国家 IPv6 部署率整体依然比较落后。根据 APNIC Labs 国家 / 地区 IPv6 能力统计，截至 2022 年 11 月，有 26 个国家 / 地区 IPv6 部署率突破了 40%；有 37 个国家 / 地区 IPv6 部署率为 30% ～ 40%；有 51 个国家 / 地区 IPv6 部署率为 20% ～ 30%，如图 1-7 所示。

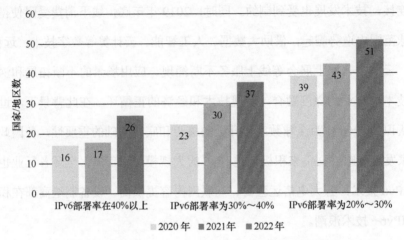

图1-7 截至2022年11月国家/地区IPv6能力统计

3. 全球IPv6用户发展情况

在用户数量方面，同样参考 APNIC Labs 数据，截至 2022 年 12 月，全球 IPv6 用户数排名前五的国家 / 地区依次是中国（7.18 亿）、印度（4.95 亿）、美国（1.55 亿）、巴西（0.69 亿）、日本（0.59 亿）。中国和印度的 IPv6 用户数量在 2022 年依然处于高速增长阶段，在一年时间内分别增加了 1.1 亿和 5000 万；美国 IPv6 用户数同比上升了 24%；巴西、日本 IPv6 用户数也处于稳定增长阶段，如表 1-4 所示。根据 Google 网站监测，截至 2022 年 10 月，使用 IPv6 访问网站的用户数占总用户的比例已超过 41.3%；使用 IPv6 访问 Facebook 的用户数占总用户的比例也已超过 36.1%。

表1-4　截至2022年12月，全球部分国家/地区IPv6用户数量

区域	国家	IPv6 用户数量
北美洲	美国	1.55 亿
	加拿大	0.13 亿
	墨西哥	0.44 亿
南美洲	巴西	0.69 亿
欧洲	英国	0.31 亿
	法国	0.29 亿
	德国	0.47 亿
	比利时	0.072 亿
	俄罗斯	0.26 亿
亚洲	中国	7.18 亿
	日本	0.59 亿
	韩国	0.087 亿
	印度	4.95 亿
	沙特阿拉伯	0.21 亿
大洋洲	澳大利亚	0.12 亿
	新西兰	0.014 亿
非洲	苏丹	0.002 亿
	南非	0.016 7 亿
	埃及	0.08 亿

4. 全球网络及域名IPv6部署情况

在网络方面，活跃的 BGP（边界网关协议）路由条目达到了 173 450 个，同比增长了约 28%，在全球已分配的前缀中，有流量的前缀达到了 15 959 个，占已分配前缀的 4.4%；已宣告的数量为 168 231，占已分配前缀的 45.8%；已宣告且聚合前缀的有 89 053 个，占已分配前缀的 24.3%；未宣告的有 109 752 个，占已分配前缀的 29.9%，如表 1-5 所示。

表1-5　全球BGP路由条目增长趋势

类别	2021 年数量	2022 年数量	同比增长
有流量的前缀	14 997	15 959	6.341%
已宣告	137 161	168 231	22.65%

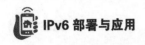
续表

类别	2021 年数量	2022 年数量	同比增长
已宣告且聚合前缀	67 428	89 053	32.07%
未宣告	82 399	109 752	33.20%
已分配	286 988	367 036	27.89%

在域名系统方面，截至 2021 年 8 月，在全球 1485 个顶级域中，有 1464 个支持 IPv6，占总量的 98.6%，在这 1485 个顶级域中，有 1461 个权威服务器支持 IPv6，占顶级域总量的 98.4%。另外，经测试，全球共有至少 23 012 168 个拥有 AAAA 记录（IPv6 Address Record）的域名，占总域名量的 8.5%，比 2020 年增加了 0.3%。在 Alexa 排名前 100 万位的网站中，共有 234 205（23.4%）个网址在 AAAA 记录中提供 IPv6 地址，比 2020 年提高了 1.5%。同时，全球共有约 56 000 个网址可以通过 IPv6 起始的域名提供 IPv6 访问，比 2020 年增加了约 5000 个。

各国移动运营商从 2009 年开始专注于将 IPv6 整合到它们的网络中。在推动 IPv6 使用方面，移动运营商相比有线服务提供商具有的一个优势就是它们对移动用户使用的软件系统（如苹果 iOS 系统和 Android 系统）和硬件有更大的影响力和控制权。此外，移动设备的快速更新会加快 IPv6 手机的部署速度。

移动运营商：在美国，Verizon Wireless 作为相当大的移动运营商，十多年来一直致力于骨干网和 4G 网络的 IPv6 部署；T-Mobile 是全球最大的移动运营商之一，拥有约 2.3 亿用户，多年来在 IPv6 方面的持续研究和建设，使得 T-Mobile 的 IPv6 部署率超过 91%，位居世界第一；AT&T 是美国较大的移动运营商，到 2021 年 IPv6 部署率也达到 83%。在南美洲，巴西最大的运营商 Vivo 于 2015 年 10 月开始推行 IPv6，6 年间将 IPv6 部署从 0 增长至接近 70%。在欧洲，近些年 IPv6 部署率排名靠前的是德国和希腊，德国电信运营商 Deutsche Telekom AG，在 2014—2021 年将 IPv6 部署率提升到了 70%；瑞典主要移动运营商 Cosmote 拥有 790 万移动用户，2016 年开始启动 IPv6 部署，5 年内峰值部署率达到了 85%。在亚洲，印度电信运营商 Reliance Jio 的 IPv6 部署率达到了 90%；日本运营商 SoftBank 在 6 年内将 IPv6 部署率提升到 53%。

宽带运营商：在北美，Comcast 作为一家有线电视、宽带网络及 IP 电话的综合服务供应商，拥有 3000 多万用户。Comcast 从 2000 年之前就开始着手 IPv6 的部署。它们在升级核心骨干网、调制解调器终端系统及其他支持 IPv6 的较新 CPE 设备方面投入了大量的精力，因此它们的 IPv6 流量增加显著，有超过 73% 的用户使用 IPv6。此外，美国运营商 AT&T 的 IPv6 部署率达到了 80%；在加拿大，拥有近 1100 万用户的罗杰斯通信，在 2016 年的短短几个月内通过为更多的用户开启 IPv6，大幅将更多的客户流量转移到 IPv6，1 年内其 IPv6 的部署率达到 60%；比利时的有线电视运营商 Nethys 从 2013 年开始启动 IPv6 的部署，至 2020 年其部署率已达到 80%；英国最大的电信运营商 BT，从 2018 年开始，经过 2 年的时间将 IPv6 的部署率从 40% 提升至 80%，英国天空广播公司同样从 2016 年开始在短短 5 个月内通过开启 IPv6 的端到端服务，IPv6 部署率从 10% 飙升至 70%。

5. 互联网服务IPv6支持情况

据统计，截至 2022 年 11 月，全球所有支持 IPv6 访问的网站已接近 21.5%，和 2021 年相比提高了 2.1%。排名前 100 万位的网站有 29.1% 支持 IPv6 访问，比 2021 年提高了 3.7%。排名前 10 000 位的网站支持 IPv6 访问的占 41.4%，比 2020 年提高了 5.4%。根据相关调研，目前不支持 IPv6 的互联网服务的主要原因包括两方面：部署环境（云平台、IDC 等因素）和安全（DDoS 防御不支持、继续使用 NAT 安全保障）。Vyncke 网站统计了各个国家 Alexa 排名前 50 位的网站对 IPv6 的支持情况。目前，全球排名前 50 位的网站中约有 27 个网站支持 IPv6，在排名前 50 位的国家中，只有 10 个国家的排名前 50 位的网站支持度超过了 50%。

App 支持 IP 在全球下载量排名前 10 位的移动应用中，有 8 款支持 IPv6，其中 TikTok 和 Zoom 目前暂不支持，如表 1-6 所示。

表1-6　全球TOP App支持IPv6情况

App 名称	IPv6 支持情况
TikTok	暂不支持
WhatsApp	支持

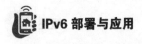

App 名称	IPv6 支持情况
Facebook	支持
Instagram	支持
Zoom	暂不支持
Messenger	支持
Snapchat	支持
Telegram	支持
Google	支持
Skype	支持
LinkedIn	支持
Kik	支持
Dropbox	支持
YouTube	支持
Wikipedia	支持
Netflix	支持

目前，移动互联网终端操作系统 iOS 和 Android 共占有 90% 以上全球市场。苹果 App Store 在 2016 年 6 月 1 日发布公告，所有提交上架申请的 App 必须支持 IPv6-only 网络，也即从那刻起所有 App Store 的 App 均支持 IPv6。Android 的应用商店推动稍慢，国内的腾讯、华为、小米的应用商店，国外的 Google Play、Apps Lib、Apps Zoom 等暂未要求上架 App 必须支持 IPv6。在 App 方面，截至 2021 年 8 月底国内 TOP 100 App 除了 360 搜索暂不支持 IPv6，其他 App 都支持或部分支持 IPv6，国外谷歌旗下所有 App（Gmail、Chrome、Youtube 等）已全部支持 IPv6。在软件方面（主要包括操作系统和应用软件），操作系统作为各种应用的基础，基本都能够支持 IPv6，但是在是否默认安装 IPv6 协议栈、是否支持 DHCPv6、是否支持 DNS 自动发现机制等方面，不同操作系统间还存在较大差异。目前各国常见的 34 款操作系统中，已经有 31 款系统支持 IPv6，其中 81% 左右都默认安装 IPv6 协议栈，65% 左右支持 DHCPv6。在应用软件方面，因为有了支持 IPv6 的操作系统作为基础，应用软件也逐渐开始支持 IPv6 以满足广大用户的需求，其中浏览器软件，如 IE 系

列、Chrome、Firefox 和 Opera 等都支持 IPv6；下载软件和邮件客户端软件，如 File Zilla3、Smart FTP4 及 Outlook 等都支持 IPv6；开发类应用软件也逐渐适应市场需要，开始支持 IPv6，Apache 是世界使用排名第一的 Web 服务器软件，由于其跨平台和安全性被广泛使用，Apache2 支持 IPv6，为网站部署 IPv6 提供了基础。Ruby、Python 都是面向对象的程序设计语言，Ruby 1.9.2 版本增加了支持 IPv6 的 Socket API，Python 从 2.4 版本开始支持 IPv6。在数据库软件方面，各类网站和应用需要数据库的支撑，所以目前流行的数据库软件对 IPv6 操作的支持逐渐成熟，Sybase、SQL Server、Oracle、FoxPro 等都已经能够支持 IPv6。

6. CDN、云服务IPv6支持情况

全球 IPv6 测试中心对全球排名前 10 位的 CDN 供应商的 IPv6 支持情况进行了统计，包括我国的阿里云 CDN 在内，全球排名前 10 位的 CDN 目前已经全部支持 IPv6；同样，全球 IPv6 测试中心对全球排名前 10 位的云服务供应商的 IPv6 的支持情况也进行了统计，微软、亚马逊、谷歌云、IBM 等 9 家都已支持 IPv6，目前仅仅 Workday 仍不支持 IPv6，虽然 Workday 作为财务和人力资源企业云应用程序的领先提供商，在全球范围内为超过 9500 家组织提供 SaaS，但其云平台可供访问的 IP 地址中没有 IPv6 地址。

7. 网络设备IPv6支持情况

随着全球范围内的IPv6部署发展，网络设备主流厂商都在致力于研发IPv6产品，包括路由器、交换机、接入服务器、防火墙、VPN（虚拟专用网）网关、域名服务器等，基本涵盖了所有的网络产品。根据 IPv6 Ready Logo（IPv6 Ready Logo 测试认证是由全球 IPv6 论坛发起的一个国际通用测试认证项目）统计，截至 2021 年 8 月，全球已颁发 2745 个 IPv6 Ready Logo 认证，并且呈稳定增长趋势，其中中国的数量排名第一，达到 1066 个；其次是美国，数量达到 886 个；再次是日本，数量达到 462 个；最后是韩国，数量达到 172 个。从设备的类别来看，仅路由器、交换机、网络安全等的申请已超过 1200 个，占了绝大多数，主要集中在中国，在这三类设备中占比超过 78%，其中路由器申请占全球同类申请的 60%、交换机占 44%，网关、接入设

备和大部分安全设备的申请都占全球同类申请数量 70% 以上；美国在 IP 电话、磁带库、协议栈、操作系统、存储、服务器方面占比较大，其中操作系统、磁带库、存储设备的申请占全球同类型申请的 70% 以上；日本在打印机、相机等终端类设备和协议栈类型申请比例均超过全球超过 40%。

安全设备：包括入侵检测系统（IDS）、入侵防御系统（IPS）、入侵检测和防御（IDP）系统、Web 应用防火墙（WAF）及其他安全设备。在 Logo 统计数量排名前 10 位的厂商中，有 8 家中国厂商，其中天融信以 26 个 Logo 位居第一，奇安信和启明星辰获得的 Logo 数量也均超过了 20。

服务器设备：包括存储设备、磁带库设备及普通服务器设备。目前全球共有 6 家厂商的设备获得了 IPv6 Ready Logo 认证，其中美国有 5 家，日本有 1 家。

路由器设备：在 Logo 统计数量排名前 10 位的厂商中，中国、日本各有 4 家，美国有 2 家。中国厂商友讯以 95 个 Logo 位居第一，联普科技、新华三和华为分别排在第三、第四和第十位。

交换机设备：在 Logo 数量排名前 10 位的厂商中，有 5 家中国厂商、4 家美国厂商、1 家韩国厂商。友讯以 66 个 Logo 位居第一，新华三以 43 个 Logo 位居第三。

办公设备：包括打印机、扫描仪等设备，目前对 IPv6 支持方面以日美厂商为主。在 Logo 数量排名前 10 位的厂商中，有 6 家日本厂商、2 家美国厂商、1 家韩国厂商。

软件系统：包括嵌入式系统和应用系统等软件。目前全球共有 6 家厂商的软件系统获得了 IPv6 Ready Logo 认证，其中美国有 5 家，日本有 1 家。

从统计数据来看，全球 IPv6 用户数量和部署率逐年稳步上升，相应的网络、域名系统、网站对 IPv6 的支持度都有所提升。总体来看，网络和 IPv6 用户数增幅很大，而网站内容对 IPv6 支持度比较低，每年升级过渡的速度也比较慢，后续需要更多的网站支持 IPv6，以解决 IPv6 被访资源匮乏的问题；基础设施如云服务和 CDN 对 IPv6 的支持程度较好，目前排名靠前的服务商如亚马逊、微软和阿里云等率先支持 IPv6，为网站及应用支持 IPv6 奠定了基础，提供了有力的保障。在网络硬件产品方面，以路由器、交换机、协议栈设备为主的硬件通过 IPv6 Ready Logo 认证的设备较多，其中我国认证种类总量位居世界第一，家庭网关类终端产品随着固网 IPv6 用户数的增长，其 IPv6 认证数量在近年来也迎来了大增长；此外，全球 IPv6 论坛推出 IPv6 Ready Logo、IPv6 Enabled Logo、IPv6 Education Logo 认证分别在网络产品、网站应用、网络人才方面提供支撑，并积极推动向纯 IPv6 过渡。

1.5.2 国内 IPv6 技术现状及发展趋势

根据国家 IPv6 发展监测平台统计，截至 2022 年 11 月，我国 IPv6 互联网活跃用户总数达到 7.172 亿，IPv6 互联网活跃用户占比达到 68.23%，比 2021 年增长了 11%，详见图 1-8。IPv6 终端活跃连接数（固定和移动终端）达到 16.325 亿，占比达到 73.63%。

图1-8　IPv6互联网活跃用户统计

在网站和应用方面，政府、中央企业及重点新闻媒体门户网站已基本实现对 IPv6 的支持，截至 2022 年 11 月，中央部委及省级政府网站 IPv6 支持率达到了 94.69%，中央企业门户网站的 IPv6 支持率为 95.79%，人民网、新华网等中央重点新闻媒体门户网站的 IPv6 支持率达到了 100%。主流的互联网门户网站如腾讯、新浪、今日头条、网易等都具备 IPv6 的用户访问能力，互联网企业门户 IPv6 支持率为 71.74%，各银行等金融机构门户网站 IPv6 支持率为 100%，国内主要双一流大学门户网站也都基本完成了 IPv6 改造，支持率为 94.16%；全国 TOP 100 的移动互联网应用（新闻、社交、视频、电商、游戏、生活等）包括今日头条、微信、豆瓣、

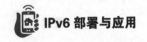

爱奇艺、哔哩哔哩等已全面实现 IPv6 终端用户访问，IPv6 支持率达到了 99%（目前仅 360 搜索一家不具备 IPv6 访问能力）。

截至 2022 年 11 月，我国城域网固网 IPv6 流量占比为 12.61%，移动网络 IPv6 流量占比达到 44.8%，相比 2021 年增长了约 20%；IPv6 地址申请量为 60 029 块 / 32，全球占比达到 16.48%，其中 IPv6 地址激活占比为 9.5%，全球排名第二。各国 IPv6 地址拥有量统计如图 1-9 所示。

图1-9 各国IPv6地址拥有量统计（截至2022年11月）

同时，在中央网络安全和信息化委员会办公室、国家发展和改革委员会、工业和信息化部联合印发的《深入推进 IPv6 规模部署和应用 2022 年工作安排》（以下简称《工作安排》）中，除对 IPv6 活跃用户数、终端活跃连接数、固定网络 IPv6 流量占比、移动网络 IPv6 流量占比提出量化指标要求外，还对网络和应用基础设施承载能力及服务质量持续提升提出要求，要求数据中心、内容分发网络、云平台和域名解析系统等应用基础设施深度支持 IPv6 服务，新出厂家庭无线路由器全面支持 IPv6，并默认开启 IPv6 地址分配功能。

1.6 相关技术简介

1.6.1 NAT 技术

NAT（网络地址转换）是一个 IETF 标准，它允许一个整体机构以一个公用 IP

地址出现在互联网上。它是一种把内部私有
网络地址（IP 地址）翻译成合法 IP 地址的
技术，如图 1-10 所示。因此我们可以认为，
NAT 在一定程度上能够有效地解决公网地址
不足的问题。

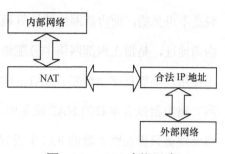

图1-10　NAT功能示意

　　NAT 的基本工作原理是，当私有网络主
机和公共网络主机通信的 IP 包经过 NAT 网关时，IP 包中的源 IP 地址或目的 IP 地址
在私有 IP 和 NAT 的公共 IP 之间进行转换。我们对 NAT 技术并不陌生，随着智能终
端、平板电脑、智能家居等联网终端的普及，家庭中需要配置 IP 地址的设备越来越多，
运营商为每个用户分配了一个公共 IP 地址，用户的家庭网关就是通过 NAT 技术给家
里的各类上网终端分配私网地址的。如图 1-11 所示，NAT 网关有两个网络端口，其
中公共网络端口的 IP 地址是统一分配的公共 IP 地址，为 202.20.65.5；私有网络端口
的 IP 地址是保留地址，为 192.168.1.1。私有网络中的主机 192.168.1.2 向公共网络
中的主机 202.20.65.4 发送了 1 个 IP 包（Dst=202.20.65.4，Src=192.168.1.2）。

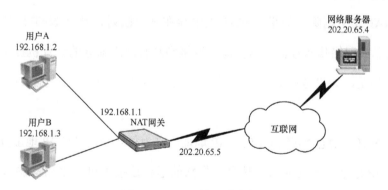

图1-11　NAT的工作原理

　　NAT 在局域网内部网络中使用内部地址，而当内部节点要与外部网络进行通信
时，就在网关（可以理解为出口，打个比方就像院子的门一样）处将内部地址替换
成公用地址，从而在外部网络上正常使用，NAT 可以使多台计算机共享互联网连接。
通过这种方法，局域网可以只申请一个合法 IP 地址，就把整个局域网中的计算机接
入互联网中。这时，NAT 屏蔽了内部网络，所有内部网络的计算机对于外部网络来

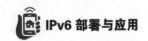

说是不可见的，而内部网络的计算机用户通常不会意识到 NAT 的存在。这里提到的内部地址，是指在内部网络中分配给节点的私有 IP 地址，这个地址只能在内部网络中使用，不能被路由转发。NAT 的功能通常被集成到防火墙、ISDN（综合业务数字网）路由器或者单独的 NAT 设备中。例如，Cisco 路由器中已经加入这一功能，网络管理员只需在路由器的 iOS 中设置 NAT 功能，就可以实现对内部网络的屏蔽；防火墙将 Web 服务器的内部地址 192.168.1.1 映射为外部地址 202.96.23.11，外部访问 202.96.23.11 地址实际上就是访问 192.168.1.1 地址。此外，对于资金有限的小型企业来说，通过软件也可以实现这一功能。Windows 98 SE、Windows 2000 都具有这一功能。

NAT 有 3 种类型：静态 NAT（Static NAT）、动态 NAT（Pooled NAT）、网络地址和端口翻译（NAPT）。

静态 NAT：通过手动设置，互联网用户进行的通信能够映射到某个特定的私有网络地址和端口。如果想让连接在互联网上的计算机能够使用某个私有网络上的服务器（如网站服务器）和应用程序（如游戏），那么静态映射是必需的。静态映射不会从 NAT 表中删除。如果在 NAT 表中存在某个映射，那么 NAT 只是单向地从互联网向私有网络传送数据，这样能为连接到私有网络部分的计算机提供某种程度的保护。但是，如果考虑到互联网的安全性，NAT 就要配合全功能的防火墙一起使用。

动态 NAT：动态 NAT 只是转换 IP 地址，它为每一个内部的 IP 地址分配一个临时的外部 IP 地址，主要应用于拨号，频繁的远程连接也可以采用动态 NAT。当远程用户进行连接时，动态 NAT 就会给该用户分配一个 IP 地址；当用户断开连接时，这个 IP 地址就会被释放而留待以后使用。动态 NAT 方式适用于机构申请到的全局 IP 地址较少而内部网络主机较多的情况。内部网络主机 IP 与全局 IP 地址是多对一的关系。当数据包进出内部网络时，具有 NAT 功能的设备对 IP 数据包的处理与静态 NAT 一样，只是 NAT 表中的记录是动态的，若内部网络主机在一定时间内没有和外部网络通信，有关它的 IP 地址映射关系将会被删除，并且会把该全局 IP 地址分配给新的 IP 数据包使用，形成新的 NAT 表映射记录。

　　NAPT：NAPT 则是把内部地址映射到外部网络的一个 IP 地址的不同端口上。它可以将中小型的网络隐藏在一个合法的 IP 地址中。NAPT 与动态 NAT 不同，它不仅会将内部连接映射到外部网络中的一个单独的 IP 地址上，还在该地址上加上一个由 NAT 设备选定的端口号。

　　正因为 NAT 技术可以从一定程度上解决地址不足的问题，所以我国在 IPv4 地址资源逐渐枯竭的相当长一段时间内选择采用 NAT 技术转换私有 IP 地址来应对 IPv4 地址不足的问题，最终对私有 IP 地址产生了依赖，延缓了 IPv6 规模部署及应用的进程。NAT 技术也有缺陷，例如，末端用户无法直接点对点连接会导致 P2P 应用在通过 NAT 后无法运行。

　　打个简单的比方，如图 1-12 所示，在互联网上设备之间的通信好比快递员送邮件，全球互联网是道路，最初设计的时候门牌号只有 4 位数，最多只有 10 000 个，用来标识每一幢房子（IPv4 协议），快递员拿到包裹后根据包裹上面的目的地址信息（用户 IP 地址）将货物（数据包）送达。但是，

图1-12　NAT技术的出现暂时缓解了IP地址
不足的问题

这条路越来越复杂，门牌号很快就不够用了。这时候大家想了一个办法，把一些房子围成一个小区，一个小区可以有 10 幢房子，用楼号在小区内部区分房子，这几幢房子在这条路上共用同一个门牌号（NAT 技术），快递员把货物送到小区后，小区的物业（网关）再把具体房子地址告诉快递人员。但这只暂时缓解了门牌号不够用的问题，后来有人提出把门牌号位数增加到 40 位（IPv6），这样就能彻底解决门牌号不够用的问题了。将 4 位数门牌号换成 40 位数门牌号不仅需要把每幢房子上标号的铁牌换掉，还需要告诉自来水公司、电力公司、天然气公司、快递公司、外卖公司等怎么通过新的门牌号找到用户。但是，由于 IPv4 和 IPv6 两个协议差别过

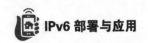

大，全面换用 IPv6 需要对骨干网到终端的所有设备及相应的网络支撑系统都进行升级，成本非常高，而借助 NAT 技术的 IPv4 协议能满足绝大部分用户的使用需求。所以在推行 IPv6 技术的初期，因投入过大，带来的收益又不高，无论是硬件厂商还是 ISP 都没有足够的动力换用 IPv6 协议，IPv6 的推广进度也就比较缓慢。

1.6.2　双协议栈技术

双协议栈（Dual Stack）是目前运营商进行 IPv6 改造过程中的一种主流技术，指在一台设备上同时启用 IPv4 协议栈和 IPv6 协议栈。这样这台设备既能和 IPv4 网络通信，又能和 IPv6 网络通信。如果这台设备是一个路由器，那么这台路由器的不同接口上分别配置了 IPv4 地址和 IPv6 地址，并很可能分别连接了 IPv4 网络和 IPv6 网络；如果这台设备是一台计算机，那么它将同时拥有 IPv4 地址和 IPv6 地址，并具备同时处理这两个协议地址的功能。采用双协议栈是使 IPv6 节点保持与纯 IPv4 节点兼容最直接的方式，针对的对象是通信端节点（包括主机、路由器）。这种方式针对 IPv4 和 IPv6 提供了完全的兼容，但是对 IP 地址耗尽的问题帮助有限，是一种 IPv4 到 IPv6 的过渡技术。由于需要双路由基础设施，这种方式反而增加了网络的复杂度。

在网络运行双协议栈的时候，网络中的主机或路由器设备接收数据包、发送数据包的工作方式如下。

接收数据包。双栈节点与其他类型的多栈节点的工作方式相同。链路层接收到数据段，拆开并检查包头。如果 IPv4/IPv6 包头中的第一个字段，即 IP 数据包的版本号是 4，该数据包就由 IPv4 的协议栈来处理；如果版本号是 6，则由 IPv6 的协议栈处理；如果建立了自动隧道机制，则采用相应的技术将数据包重新整合为 IPv6 数据包，由 IPv6 的协议栈来处理。

发送数据包。由于双栈主机同时支持 IPv4 和 IPv6 两种协议，因此，其在网络通信中需要根据情况确定使用哪种协议栈，这就需要制定双协议栈的工作方式。在网络通信过程中，目的地址是路由选择的主要参数，因而根据应用程序所使用的目的地址的协议类型对双协议栈的工作方式做出以下约定。

（1）若应用程序使用的目的地址为 IPv4 地址，则使用 IPv4 协议。

（2）若应用程序使用的目的地址为 IPv6 地址，且为本地在线网络，则使用 IPv6 协议。

（3）若应用程序使用的目的地址为 IPv4 兼容的 IPv6 地址，且非本地在线网络，则使用 IPv4 协议，此时的 IPv6 将封装在 IPv4 中。

（4）若应用程序使用的目的地址是非 IPv4 兼容的 IPv6 地址，且非本地在线网络，则使用 IPv6 协议，类似约定（2）。

（5）若应用程序使用域名作为目标地址，则先从域名服务器得到相应的 IPv4/IPv6 地址，然后根据地址情况进行相应的处理。

随着 IPv6 网络规模的不断扩大，以上工作方式必将有相应的修改和补充，这将取决于过渡的进程与 IPv6 网络的不断演进情况。

1.6.3　隧道技术

隧道技术通过互联网络基础设施在网络之间传递数据。隧道传递的数据可以是不同协议的数据帧或包，隧道协议将其他协议的数据帧或包重新封装在新的包头中发送，被封装的数据包在隧道的两个端点之间通过公共互联网络进行路由，一旦到达网络终点，数据将被解包并转发到最终目的地。在整个传递过程中，被封装的数据包在公共互联网络上传递时所经过的逻辑路径称为隧道。

隧道技术作为另一种 IPv4 到 IPv6 过渡的技术，可以将 IPv6 数据包封装在 IPv4 中，使 IPv6 数据包穿过 IPv4 网络进行通信。对于采用隧道技术的设备来说，在隧道的入口处，将 IPv6 的数据包封装进 IPv4，IPv4 数据包的源地址和目的地址分别是隧道入口和隧道出口的 IPv4 地址；在隧道的出口处，将 IPv6 数据包取出后转发到目的节点。隧道技术只要求在隧道的出口和入口处进行数据报文头的封装和解封装操作，对其他部分并无要求，相对容易实现。但是，隧道技术不能实现 IPv4 主机与 IPv6 主机的直接通信。为了更容易地理解隧道技术，还是以快递为例进行说明，准备发件用户 A 所在小区和目的地用户 B 所在小区已经用了新的楼栋门牌号码，但是出小区后的所有街道还是采用老式的门牌和道路号码，用户 A 寄出包裹时将用户

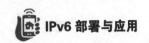

B 的门牌号作为目的地址，当包裹出小区时，小区物业在包裹外层再加上一个盒子，把用户 B 所在小区的老式门牌号码作为目的地址并寄出包裹；用户 B 所在小区物业收到包裹后，拆开外层包装，看到里面包裹及用户 B 所在的楼号，再把包裹送给用户 B 完成一次交互。

IPv6-over-IPv4 场景下主要采用 GRE（通用路由封装）隧道技术和手动隧道技术。

1. IPv6-over-IPv4 GRE隧道技术

使用标准的 GRE 隧道技术，可在 IPv4 的 GRE 隧道上承载 IPv6 数据报文。GRE 隧道是两点之间的链路，每条链路都是一条单独的隧道。GRE 隧道将 IPv6 作为乘客协议，将 GRE 作为承载协议。所配置的 IPv6 地址是在隧道接口上配置的，而所配置的 IPv4 地址是隧道的源地址和目的地址（也是隧道的起点和终点）。

GRE 隧道主要用于两个边缘路由器或终端系统与边缘路由器之间定期安全通信的稳定连接。边缘路由器与终端系统必须实现双协议栈。

2. IPv6-over-IPv4手动隧道技术

手动隧道也是通过 IPv4 骨干网连接的两个 IPv6 域的永久链路，用于两个边缘路由器或者终端系统与边缘路由器之间安全通信的稳定连接。手动隧道的转发机制与 GRE 隧道一样，但它与 GRE 隧道的封装格式不同，手动隧道直接将 IPv6 报文封装到 IPv4 报文中，将 IPv6 报文作为 IPv4 报文的净载荷。

1.6.4 IPSec

每当谈到 IPv6 的安全性，一定会提到 IPSec——互联网络层安全协议，它是一个协议包，通过对 IP 的分组进行加密和认证来保护 IP 的网络传输协议族。IPSec 主要由以下协议组成：认证头（AH），为 IP 数据包提供无连接数据完整性、消息认证及防重放攻击保护；封装安全载荷（ESP），提供机密性、数据源认证、无连接完整性、防重放和有限的传输流（Traffic-Flow）机密性；安全关联（SA），提供算法、数据包，以及 AH、ESP 操作所需的参数。

IPv6 是 IETF 为 IP 分组通信制定的新的因特网标准，IPSec 在 RFC 6434 以前是其中必选的内容，但在 IPv4 中则一直只是可选的。这样做的目的是，随着 IPv6 的规模部署，IPSec 可以得到更为广泛的应用。在 IPv6 中增加 IPSec 协议就是为了保证数据安全连接。作为下一代互联网开发的安全协议——IPSec 是 TCP（传输控制协议）/IP 协议族 IP 层唯一的安全协议，同时适用于 IPv4 和 IPv6，IPSec 在 IP 层提供了 IP 报文的机密性、完整性、IP 报文源地址认证及有限的抗重放攻击能力。

IPSec 的安全特性主要有不可否认性、反重放性、数据完整性和数据可靠性。

1. 不可否认性

不可否认性可以证实消息发送方是唯一可能的发送者，发送者不能否认发送过消息。它采用公钥技术的一个特征，当使用公钥技术时，发送方用私钥产生一个数字签名并随消息一起发送，接收方用发送方的公钥来验证数字签名。由于理论上只有发送方才拥有唯一的私钥，也只有发送方才可能产生该数字签名，因此，只要数字签名通过验证，发送方就不能否认曾经发送过该消息。但不可否认性不是基于认证的共享密钥技术的特征，因为在基于认证的共享密钥技术中，发送方和接收方掌握相同的密钥。

2. 反重放性

反重放性确保每个 IP 数据包的唯一性，保证信息被截取复制后，不能再被重新利用、重新传输到目的地址。该特性可以防止攻击者截取、破译信息后，再利用相同的信息包冒取非法访问权（即使这种冒取行为发生在数月之后）。

3. 数据完整性

数据完整性指传输过程中防止数据被篡改，确保发送数据和接收数据的一致性。IPSec 利用 Hash 函数为每个数据包产生一个加密检查摘要，接收方在打开数据包前先计算检查和，若数据包遭篡改导致检查和不相符，数据包即被丢弃。

4. 数据可靠性

在传输前对数据进行加密，可以保证在传输过程中，即使数据包遭到截取，信息也无法被读出。该特性在 IPSec 中为可选项，与 IPSec 策略的具体设置相关。

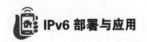
1.6.5　SRv6

SRv6 简单来讲即 SR（分段路由）+IPv6，是新一代 IP 承载协议，SRv6 具有良好的可编程性和扩展性，为各类业务提供差异化的网络承载能力，特别是配合 SDN 技术可以在云网业务中有良好的表现。

2013 年，思科在基于源路由概念的基础上首次提出了 SR（Segment Routing），作为 SDN 的主流网络架构，将报文转发路径分割为分段（Segment），并用 SID（Segment Identifier）来标识，通过对段和网络节点进行有序排列（Segment List），建立一个转发路径标签。传输过程中，Segment Routing 将 Segment List 编码在头部，随包传输，网络节点接收到数据包后，对 Segment List 进行解析，如果 Segment List 的顶部标识是本节点，则弹出标识；如果不是本节点，则将数据包发到下一节点。

SR 技术支持 MPLS（多协议标签交换）和 IPv6 两种转发平面，其中基于 MPLS 转发平面的 Segment Routing 称为 SR-MPLS，SR-MPLS 并没有改变 MPLS 向 IP 报文头插入标签的实现方式，每个段都被编码到一个 MPLS 标签中，如果有多个段或段列表，则使用 MPLS 标签栈。MPLS 标签栈也用于 MPLS VPN，它将多个标签一起用于具有不同用途的数据包中。在传统的 MPLS 中，标签分发是通过 LDP（标签分发协议）或 RSVP-TE（基于流量工程扩展的资源预留协议）完成的，SR 不需要此协议。只需要设备通过 IGP（内部网关协议）对 SR 进行扩展来实现标签分发和同步，或者由控制器统一负责 SR 标签的分配，并下发和同步给设备。

随着 IPv6 的出现，SR 与 IPv6 相融合就产生了 SRv6，SRv6 用 IPv6 作为转发平面，在这种类型的 SR 中，数据通过该转发平面发送。有别于传统 MPLS 标签信息扩展性不足，SRv6 可携带更多的信息，为业务提供差异化的网络承载能力。SRv6 采用 128 位的 IPv6 地址作为 SID。作为 IPv6 的原生应用之一，128 位 SID 可以实现网络编程能力，在 SDN 中配合业务编排器，SRv6 能够通过预先规划特定路径及路径中节点的 Function 动作来实现网络路径拉通及业务定义功能，为云网融合、端到端业务提供保障。

第 2 章

02

IPv6 技术

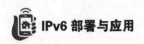

| 2.1 IPv6 特性 |

2.1.1 IPv6 报文格式

1. IPv6报文基本头格式

IPv6 报文基本头格式如图 2-1 所示。

版本	流量级别	流标签	
载荷长度		下一个报头	跳数限制
源地址			
目的地址			

图2-1　IPv6报文基本头格式

（1）版本：4 bit，值为 6 则表示 IPv6 报文。

（2）流量级别：8 bit，类似于 IPv4 中的 TOS（服务类型）域。

（3）流标签：20 bit，IPv6 中新增的标签。流标签可用来标记特定流的报文，以便在网络层区分不同的报文。转发路径上的路由器可以根据流标签来区分流并进行处理。由于流标签在 IPv6 报文头中携带，转发路由器可以不必根据报文内容来识别不同的流，目的节点也同样可以根据流标签识别流，同时由于流标签在报文头中，因此使用 IPSec 后仍然可以根据流标签进行 QoS 处理。

（4）载荷长度：16 bit，以字节为单位的 IPv6 载荷长度，表示 IPv6 报文基本头以后部分的长度（包括所有扩展头部分）。

（5）下一个报头：8 bit，用来标识当前头（基本头或扩展头）后下一个头的类型。下一个报头字段内定义的扩展头类型与 IPv4 中的协议字段值类似。IPv6 定义的扩展头由基本头或扩展头中的扩展头域连接成一条链。这一机制下处理扩展头更高效，转发路由器只处理必须处理的选项头，提高了转发效率。

（6）跳数限制：8 bit，与 IPv4 中的 TTL（生存时间）字段类似。每个转发此报文的节点使此域的值减 1，如果此域的值减到 0，则丢弃。

（7）源地址：128 bit，报文的源地址。

（8）目的地址：128 bit，报文的目的地址。

2. IPv6 报文扩展头格式

IPv6 报文扩展头格式如图 2-2 所示。

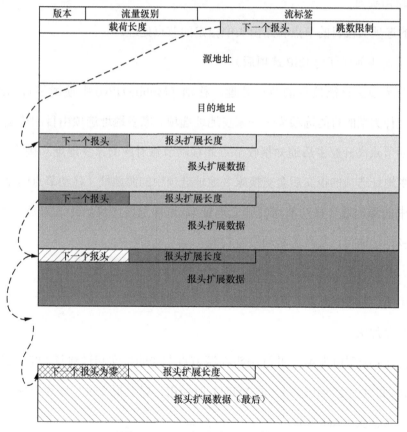

图2-2　IPv6报文扩展头格式

IPv6 选项字段是由形成链式结构的扩展头支持的。IPv6 基本头后面可以有 0 个或多个扩展头。各种 IPv6 扩展头如下。

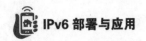

（1）逐跳选项头

逐跳选项头：类型值为 0（在 IPv6 基本头中定义）。此选项头由转发路径的所有节点处理。目前在路由告警（RSVP 和 MLDv1）与 Jumbo 帧处理中使用了逐跳选项头，因为路由告警需要通知到转发路径中的所有节点，因此，需要使用逐跳选项头。Jumbo 帧是长度可能超过 65 535 字节的报文，传输这种报文需要保证转发路径中的所有节点都能正常处理。

（2）目的选项头

目的选项头：类型值为 60，只可能出现在以下两个位置。

① 路由头前

目的选项头被目的节点和路由头中指定的节点处理。

② 上层头前（任何 ESP 选项后）

目的选项头只能被目的节点处理。移动（Mobile）IPv6 中使用了目的选项头，新增加一种类型的目的选项头——家乡地址选项。家乡地址选项由目的选项头携带，用于移动节点离开家乡后通知接收节点此移动节点对应的家乡地址。接收节点收到带有家乡地址选项的报文后会交换家乡地址选项中的源地址（移动节点的家乡地址）和报文中的源地址（移动节点的转交地址），这样上层协议始终认为是在和移动节点的家乡地址通信，实现了移动漫游功能。

（3）路由头

路由头：类型值为 43，用于源路由选项和移动 IPv6。

（4）分片头

分片头：类型值为 44，此选项头在源节点发送的报文超过路径 MTU（最大传输单元）（源和目的之间传输路径的 MTU）时使用，以对报文进行分片处理。

（5）验证头（AH 头）

验证头：类型值为 51，用于 IPSec，提供报文验证、完整性检查。

（6）封装安全载荷头（ESP 头）

封装安全载荷头：类型值为 50，用于 IPSec，提供报文验证、完整性检查和加密。

（7）上层头

上层头的值表示承载在 IPv6 头部之后的数据报中上层协议类型，如 TCP（值为6）/UDP（值为 17）/ICMP（值为 58）等。

目的选项头最多出现两次（一次在路由头前，另一次在上层头前），其他选项头最多出现一次。但 IPv6 节点必须能够处理选项头（逐跳选项头除外，它固定只能紧随基本头之后）的任意出现位置和任意出现次数，以保证互通性。

3. ICMPv6 报文格式

ICMPv6（第 6 版互联网控制报文协议）功能与 ICMPv4 的功能类似。如图 2-3 所示，ICMPv6 用于 IPv6 节点报告报文处理过程中发生的错误及实现其他层的功能，如诊断功能（ICMPv6"Ping"）。ICMPv6 是 IPv6 的一部分，每个 IPv6 节点都必须实现 ICMPv6 功能。

类型	编码	校验和
信息体		

图2-3　ICMPv6报文格式

ICMPv6 报文主要分为两类：差错报文和信息报文。

（1）差错报文

① 目的地不可达报文。

② 数据包过大报错报文（用于路径 MTU 发现协议）。

③ 传输超时报文（相当于 IPv4 TTL 等于 0 时触发的 ICMP 报文）。

④ 参数错误报文。

（2）信息报文

① 回显请求报文。

② 回显应答报文。

2.1.2　IPv6 地址结构定义

1. IPv6地址表示

IPv6 地址长度为 128 bit，使用由冒号分隔的 16 bit 的十六进制数表示。16 bit 的

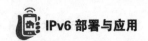

十六进制数对大小写不敏感。例如，FEDC:BA98:7654:3210:FEDC:BA98:7654:3210 中的字母全换为小写，地址不变。另外，对于中间比特连续为 0 的情况，还提供了简易表示方法——把连续出现的 0 组省略掉，用 "::" 代替（注意 "::" 只能出现一次，否则不能确定到底有多少省略的 0），如下。

① 1080:0:0:0:0:8:800:200C:417A 等价于 1080::8:800:200C:417A。

② FF01:0:0:0:0:0:0:101 等价于 FF01::101。

③ 0:0:0:0:0:0:0:1 等价于 ::1。

④ 0:0:0:0:0:0:0:0 等价于 ::。

2. IPv6地址前缀表示

与 IPv4 类似，IPv6 的子网前缀与链路关联。多个子网前缀可分配给同一链路。IPv6 地址前缀表示为 ipv6-address/prefix-length。其中，ipv6-address 为十六进制表示的 128 bit 地址；prefix-length 为十进制表示的地址前缀长度。

3. IPv6地址类型

RFC 2373 为 IPv6 定义了多种地址类型，IPv6 地址大致分为单播地址、泛播地址和多播地址。与 IPv4 相比，IPv6 取消了广播地址类型，用更丰富的多播地址代替，同时增加了泛播地址类型。

（1）IPv6 单播地址

IPv6 单播地址标识了一个接口，由于每个接口属于一个节点，因此每个节点的任何接口上的单播地址都可以标识这个节点。发往单播地址的报文由此地址标识的接口接收。每个接口上至少要有一个链路本地单播地址，另外还可分配任何类型（单播、泛播和多播）或范围的 IPv6 地址。

所有格式前缀不是多播格式前缀（1111 1111）的 IPv6 地址都是泛播和 IPv6 单播地址。IPv6 单播地址和 IPv4 单播地址一样可聚合。目前定义了多种 IPv6 单播地址格式，包括可聚合全球单播地址、NSAP（网络服务接入点）地址、IPX（互联网分组交换协议）层次地址、站点本地地址、链路本地地址和具有 IPv4 能力的主机地址（嵌入 IPv4 地址的 IPv6 地址）。广泛使用的是可聚合全球单播地址、站点本地地址和链路本地地址。

如图 2-4 所示，IPv6 单播地址由子网前缀和接口 ID 两部分组成。子网前缀由 IANA、ISP 和各组织分配。接口 ID 目前定义为 64 bit，可以由本地链路标识生成或采用随机算法生成以保证唯一性。

图2-4　IPv6单播地址格式

（2）IPv6 泛播地址

IPv6 泛播地址格式和 IPv6 单播地址格式相同，用来标识一组接口的地址。一般这些接口属于不同的节点，发往泛播地址的报文被送到这些接口和其最近的接口（由使用的路由协议判断哪个是最近的）中。IPv6 泛播地址的用途之一是标识属于同一提供因特网服务的组织的一组路由器。这些地址可在 IPv6 路由头中作为中间转发路由器，以使报文能够通过一组特定的路由器进行转发。IPv6 泛播地址的另一个用途是标识特定子网的一组路由器，报文只要被其中一个路由器接收即可。其中有些泛播地址是已经定义好的，如子网路由器泛播地址。

子网路由器泛播地址中的"子网前缀"域用来标识特定链路，如图 2-5 所示。发送到子网路由器泛播地址的报文会被送到子网中的一个路由器。所有路由器都必须支持子网泛播地址。在节点需要与远端子网上所有路由器中的一个路由器进行通信（不关心具体是哪一个）时使用子网路由器泛播地址。例如，一个移动节点需要和它的"家乡"子网上的所有移动代理中的一个路由器进行通信。

图2-5　子网路由器泛播地址格式

（3）IPv6 多播地址

IPv6 多播地址用来标识一组接口，一般这些接口属于不同的节点。一个节点可能属于 0 到多个多播组。发往多播地址的报文被多播地址标识的所有接口接收，如

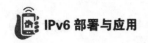

图 2-6 所示。注意：IPv6 多播中不使用跳数限制域（相当于 IPv4 的 TTL）。

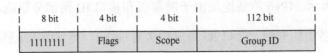

图2-6　IPv6多播地址格式

其中，Flags 占用 4bit；11111111 占用 8 bit，标识此地址为多播地址；Scope 用来标记此多播组的应用范围；Group ID 标识多播组（可能是永久的，也可能是临时的，范围由 Scope 定义）。

目前 IPv6 永久分配的多播地址如表 2-1 所示。

表2-1　IPv6永久分配的多播地址

保留的多播地址	FF00:: ~ FF0F::	共 16 个地址
所有节点的多播地址	FF01:0:0:0:0:0:0:1	节点本地
	FF02:0:0:0:0:0:0:1	链路本地
	FF01:0:0:0:0:0:0:2	节点本地
所有路由器的多播地址	FF02:0:0:0:0:0:0:2	链路本地
	FF05:0:0:0:0:0:0:2	站点本地
被请求节点的多播地址	FF02:0:0:0:0:1:FFXX:XXXX	

上述地址由被请求节点的单播或泛播地址形成：取被请求节点单播或泛播地址的低 24 bit，在前面增加前缀 FF02:0:0:0:0:1:FF00::/104。例如，和 IPv6 地址 4037:: 01:800:200E:8C6C 对应的被请求节点的多播地址是 FF02::1:FF0E:8C6C。此地址用在 IPv6 邻居发现协议和邻居请求报文中，由于只有后 24 bit 单播地址相同的节点才会接收目的地址作为此地址的报文，因此减少了通信流量 [和 IPv4 ARP（地址解析协议）相比]。

（4）IPv6 中特殊的地址

IPv6 中还规定了以下几种特殊的地址。

未指定的 IPv6 地址：格式为 0::0。未指定的 IPv6 地址不能分配给任何接口，未分配 IPv6 地址的节点表示其没有 IPv6 地址。例如，一个节点启动后没有 IPv6 地址，发送报文时填充源地址全 0 表示自身没有 IP 地址。未指定的 IPv6 地址不能在 IPv6 报文头或路由头中作为目的地址出现。

IPv6 环回地址：格式为 ::1。此地址与 IPv4 中的 127.0.0.1 类似，一般在节点发报文给自身时使用，不能分配给物理接口。IPv6 环回地址不能作为源地址使用，目的地址为 IPv6 环回地址的报文不能发送到源节点外，也不能被 IPv6 路由器转发。

（5）IPv4 与 IPv6 的兼容性

在 IPv6 地址框架内使用 IPv4 地址主要通过以下两种地址来实现。

IPv4 兼容的 IPv6 地址：如图 2-7 所示，这种地址在低 32 bit 携带 IPv4 地址，前 96 bit 全为 0，目的地址为这种地址的报文会被自动 IPv4 隧道封装（隧道的端点则使用 IPv6 报文中的 IPv4 地址作为目的地址），由于使用这种地址不能解决地址耗尽的问题，其已经逐渐被废弃。

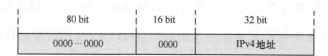

80 bit	16 bit	32 bit
0000…0000	0000	IPv4 地址

图2-7　IPv4兼容的IPv6地址格式

IPv4 映射的 IPv6 地址：如图 2-8 所示，这种地址前 80 bit 全为 0，中间 16 bit 全为 1，最后 32 bit 为 IPv4 地址。这种地址通过 IPv6 地址表示只支持 IPv4 的节点。在支持双栈的 IPv6 节点上，当 IPv6 应用发送的目的报文是这种地址时，实际上发出的报文为 IPv4 报文（目的地址是"IPv4 映射的 IPv6 地址"中的 IPv4 地址）。

80 bit	16 bit	32 bit
0000…0000	FFFF	IPv4 地址

图2-8　IPv4映射的IPv6地址格式

（6）节点和路由器必须支持的 IPv6 地址

节点必须支持的 IPv6 地址包括自身接口的链路本地地址、分配的单播地址、环回地址、所有节点的多播地址、每个分配的单播或多播地址对应的被请求节点的多播地址、此主机所属的其他多播组地址。

路由器必须支持的 IPv6 地址包括节点必须支持的 IPv6 地址、接口配置为路由器接口的子网路由器的泛播地址、任何其他路由器配置的泛播地址、所有路由器的多播地址、此路由器所属的其他多播组地址。

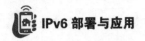

2.1.3 IPv6 地址分配

1. 全球单播地址空间分配

因特网编号分配机构（IANA）负责 IPv6 地址空间的分配。目前 IANA 从整个可聚合全球单播地址空间（格式前缀为 001）中取 2001::/16 进行分配。

RFC 2450 中描述了推荐的地址分配方式，如图 2-9 所示。

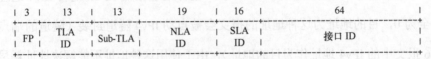

图2-9　单播的推荐地址分配方式

其中，FP（格式前缀）对于可聚合全局单播固定为 001。TLA ID（顶级聚合标识符）域由 IANA 分配给指定的注册机构。Sub-TLA（次顶级聚合标识符）域由向 IANA 注册的机构为满足一定条件的组织分配，这些组织一般是具有一定规模的 ISP。NLA ID（下一级聚合标识符）域由地址注册机构或其下分配了 Sub-TLA 的组织分配。SLA ID（站点级聚合标识符）域一般由组织或企业内部进行子网划分使用。IANA 指定的注册机构从地址空间 2001::/16 分配 /23 前缀，具体如下。

全球 IPv6 地址分配示意如图 2-10 所示。

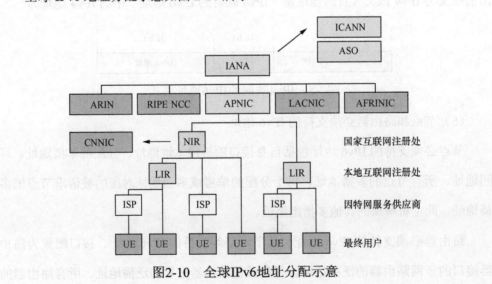

图2-10　全球IPv6地址分配示意

（1）2001:0200::/23 到 2001:0C00::/23 分配给亚太互联网络信息中心（APNIC）。

（2）2001:0400::/23 分配给美洲网络信息中心（ARIN）。

（3）2001:0600::/23 到 2001:0800::/23 分配给欧洲 IP 资源网络协调中心（RIPE NCC）。

这些注册机构将从 IANA 得到的 /32 前缀的地址空间分配给 IPv6 ISP，IPv6 ISP 再从 /32 前缀中分配 /48 前缀给每个用户。/48 前缀的地址空间还可以进一步分为 /64 前缀的子网。这样每个用户最多可以有 65 535 个子网。为了限制 IPv4 地址分配初期的不合理安排，每个 ISP 必须同时满足下列条件才能获得 /32 前缀。

（1）部署外部路由协议。

（2）至少与 3 个 ISP 相连。

（3）至少有 40 个用户或至少在 12 个月内显示有意提供 IPv6 服务。

2. IPv6实验网络地址分配（6Bone）

6Bone 网络是全球范围的 IPv6 实验网络，使用 3FFE:0000::/16 前缀地址。每个伪顶级聚合分配 3FFE:0800::/28 范围内的 /28 前缀，最多支持 2048 个伪顶级聚合。处于末端的站点从上游提供者得到 /48 前缀，每个站点内还可细分为多个 /64 前缀。6Bone 网络按层次化结构分配地址，地址空间由 IANA 定义分配，分配方式在 RFC 2921（6Bone 伪顶级聚合和网络层聚合格式）中定义。

| 2.2 IPv6 基本功能 |

IPv6 的基本功能包括邻居发现、路由器发现、无状态地址自动配置、重定向、IPv6 路径 MTU 发现及 IPv6 域名解析。其中，路由器发现和无状态地址自动配置是 IPv6 新引入的特性，邻居发现则类似于 IPv4 中的 ARP 功能，但进行了改进和增强。这些功能共同构成 IPv6 网络的基础架构，以实现更先进、灵活和高效的网络通信。

2.2.1 IPv6 邻居发现协议

IPv6 邻居发现协议使用 ICMPv6 消息和被请求节点的多播地址来得到同一网络

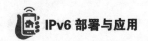

（本地链路）上某个邻居的链路层地址，验证邻居的可达性，找到邻居路由器。每个 IPv6 节点都必须加入与单播和泛播地址对应的多播组。

1. 邻居发现

邻居发现功能和 IPv4 中的 ARP 功能类似，通过邻居请求和邻居通告机制实现。

（1）邻居请求

当一个节点需要得到同一本地链路上另外一个节点的链路本地地址时，就会发送邻居请求报文。此报文类似于 IPv4 中的 ARP 请求报文，但其使用多播地址而不使用广播地址，只有当被请求节点的最后 24 位与多播地址的最后 24 位相匹配时，该节点才会收到此邻居请求报文，这降低了广播风暴的可能性。源节点使用目的节点的 IPv6 地址的最后 24 位形成相应的多播地址，然后在相应链路上发送 ICMPv6 类型为 135 的报文。目的节点在响应报文中填充其链路地址。为了发送邻居请求报文，源节点必须首先知道目的节点的 IPv6 地址。邻居请求报文也用来在邻居的链路层地址已知时验证邻居的可达性。

（2）邻居通告

IPv6 邻居通告报文是对 IPv6 邻居请求报文的响应。如图 2-11 所示，收到邻居请求报文后，目的节点通过在本地链路上发送 ICMPv6 类型为 136 的邻居通告报文进行响应。收到邻居通告报文后，源节点和目的节点可以进行通信。一个节点的本地链路上的链路层地址改变时也会主动发送邻居通告报文。

IPv6 邻居发现只需要一次报文交互就可以互相学习到对方的链路层地址，而 IPv4 的 ARP 实现此功能需要两次报文交互，因此 IPv6 邻居发现的效率比较高。另外，IPv6 邻居发现是在 IP 层实现的，理论上可以支持各种传输媒介，这也是对 IPv4 中的 ARP 的改进。

2. 路由器发现

路由器发现用来定位邻居路由器，同时学习与地址自动配置有关的前缀和配置参数。IPv6 路由器发现通过下面两种机制实现。

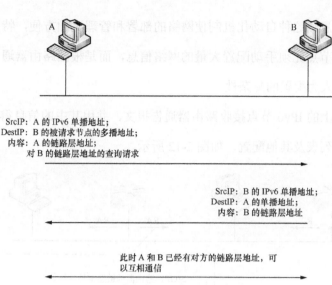

SrcIP: A 的 IPv6 单播地址；
DestIP: B 的被请求节点的多播地址；
内容: A 的链路层地址；
对 B 的链路层地址的查询请求

SrcIP: B 的 IPv6 单播地址；
DestIP: A 的单播地址；
内容: B 的链路层地址

此时 A 和 B 已经有对方的链路层地址，可
以互相通信

图2-11　IPv6邻居发现示意

（1）路由器请求

如果主机没有配置单播地址（例如，系统刚启动），就会发送路由器请求报文。路由器请求报文有助于主机迅速进行自动配置而不必等待 IPv6 路由器的周期性路由器通告报文。IPv6 路由器请求也是 ICMP 报文，类型为 133。IPv6 路由器请求报文中的源地址通常为未指定的 IPv6 地址（0::0）。如果主机已经配置了一个单播地址，则此接口的单播地址可在发送路由器请求报文时作为源地址填充。IPv6 路由器请求报文中的目的地址是所有路由器的多播地址（FF02::2），作用域为本地链路。如果路由器通告是针对路由器请求发出的，则其目的地址为相应路由器请求报文的源地址。

（2）路由器通告

每个 IPv6 路由器的配置接口会周期性地发送路由器通告报文。本地链路收到 IPv6 节点的路由器请求报文后，路由器也会发送路由器通告报文。IPv6 路由器通告报文发送到所有节点的链路本地多播地址（FF02 ::1）或发送到路由器请求报文节点的 IPv6 单播地址。路由器通告为 ICMP 报文，类型为 134，包括是否使用地址自动配置、标记支持的自动配置类型（无状态或有状态自动配置）、一个或多个本地链路前缀（本地链路上的节点可以使用这些前缀完成地址自动配置，构建自己的 IPv6 地址）。因此，基于这些路由器通告信息，IPv6 节点可以自动获得网络配置和地址

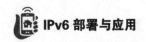

分配所需的信息，这种自动化机制使网络的部署和管理更加方便，特别是在大规模网络环境中。节点无须手动配置大量的网络信息，而是根据路由器通告自动完成配置，从而降低人为配置的复杂性。

本地链路上的 IPv6 节点接收路由器通告报文，并用其中的信息得到更新的默认路由器、前缀列表及其他配置，如图 2-12 所示。

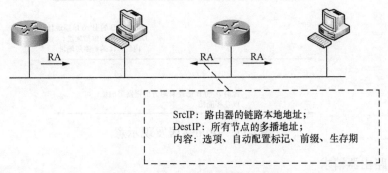

图2-12　IPv6路由器通告示意

3. 无状态地址自动配置

通过使用路由器通告报文（和针对每一前缀的标记），路由器可以通知主机如何进行地址自动配置。例如，路由器可以指定主机是使用有状态（DHCPv6）地址自动配置还是无状态地址自动配置。主机收到路由器通告报文后，使用其中的前缀信息和本地接口 ID 自动形成 IPv6 地址，同时可以根据其中的默认路由器信息设置默认路由器。使用无状态地址自动配置可以使 IPv6 节点很容易完成重新编址，降低了网络重新部署的复杂性。进行重新编址时，路由器通告报文中既包括旧的前缀，又包括新的前缀。旧的前缀的生存期缩短会促使节点使用新的前缀，同时保证现有连接可以继续使用旧的前缀。其间，节点同时具有新、旧两个单播地址。当旧的前缀不再使用时，路由器只通告新的前缀。

4. 重定向

与 IPv4 类似，IPv6 路由器发送重定向报文的目的仅限于把报文重新路由到更合适的路由器。收到重定向报文的节点会把后续报文发送到更合适的路由器。路由器只针对单播流发送重定向报文，重定向报文只发给引起重定向的报文的发起节点

（主机），并被处理。

2.2.2　IPv6 路径 MTU 发现协议

IPv4 中也定义了路径 MTU 发现协议，但它是可选支持 IPv4 的。在 IPv6 中为了简化报文处理流程、提高处理效率，限定 IPv6 路由器不处理分片，只在源节点需要的时候进行分片。因此 IPv6 的路径 MTU 发现协议是必须要实现的。IPv6 使用路径 MTU 发现协议得到源节点和目的节点之间的路径 MTU。源节点在发现报文前进行路径 MTU 发现处理。如果路径上的 MTU 不足以传输整个报文，则源节点分片后重新发送。

路径 MTU 发现协议使 IPv6 节点能够被动态发现并调整，以适应给定数据路径上的 MTU 变化。在 IPv4 中最小链路 MTU 值为 68 Byte（推荐最小值为 576 Byte），而在 IPv6 中最小链路 MTU 值为 1280 Byte（推荐最小值为 1500 Byte）。IPv6 基本头支持的最大报文长度为 64 000 Byte。更大的报文通过逐跳扩展头选项处理，具体流程如图 2-13 所示。

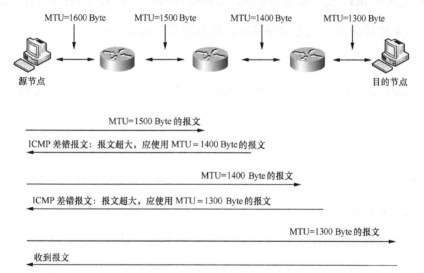

图2-13　IPv6路径MTU流程示意

2.2.3　IPv6 域名解析

原有的 IPv4 DNS（域名系统）由于应用假定地址查询只返回 32 bit 的 IPv4 地址，因此不能直接支持 IPv6，必须进行部分扩展。IPv6 引入了新的 DNS 记录类型用于 IPv6 域名解析，同时支持正向解析（域名→地址）和反向解析（地址→域名）。

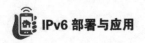

AAAA 记录：与 IPv4 中的 A 记录（Address Record）类似，此记录把主机名映射为 IPv6 地址。

PTR（指针记录）：与 IPv4 中的指针记录类似，此记录把 IPv6 地址映射为主机。

如图 2-14 所示，IPv6 顶级域的地址是 ip6.arpa：当节点需要得到另外一个节点的地址时，就会发送 AAAA 记录请求到 DNS 服务器，请求另外一个节点的主机名对应的地址。AAAA 记录只保留一个 IPv6 地址。如果一个节点有多个地址，则需要和多条记录对应。

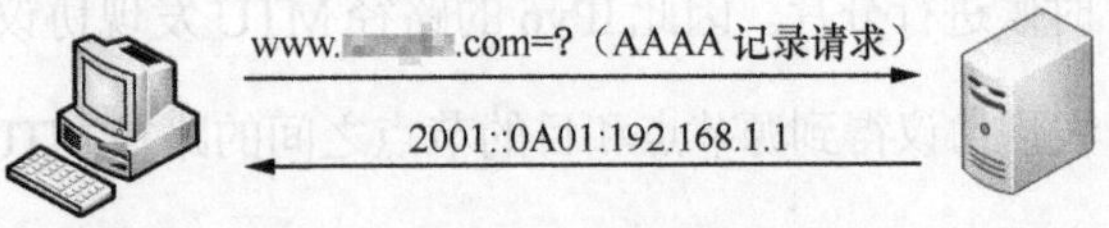

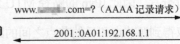

www.▇▇▇.com=?（AAAA 记录请求）

2001::0A01:192.168.1.1

图2-14　IPv6 DNS解析示意

为了在 IPv6 地址聚合和重新编址时能够很容易地修改相应的 DNS 记录，新引入了以下记录类型。

（1）A6 记录（RFC 2874）

A6 记录是 IETF 使用的实验记录，不在运营网络中使用。此记录与 AAAA 记录类似，但支持 IPv6 地址的层次存储以简化网络重新编址。

（2）DNAME 记录（RFC 2672）

DNAME 记录是 DNS 中的一种资源记录，将域名及其子域名重新定向到另一个域名，这种定向是递归的。

（3）二进制标签记录（RFC 2673）

二进制标签记录定义在 RFC2673 中，允许在域名系统中使用二进制标签，以扩展对域名的编码方式。

这些记录使重新编址对反向映射（地址到主机名对应）更容易进行。重新编址时，所有节点必须改变它们的 IPv6 地址的前缀部分。如果重新编址网络使用了 DNS，则 DNS 记录中保存的地址信息也要随之更新。

| 2.3　IPv6 特点 |

IPv6 技术标准的制定全面总结了制定 IPv4 的经验及互联网的发展和市场需求，

IPv6 的定位更侧重于网络的容量、网络管理及安全性等性能。IPv6 是在 IPv4 的基础上进行优化的，在集成 IPv4 优点的同时，摒弃了它的缺点。IPv6 与 IPv4 是不兼容的，但它同所有其他的 TCP/IP 协议族中的协议兼容，即 IPv6 可以完全取代 IPv4。与 IPv4 相比，IPv6 在地址容量、安全性、网络管理、移动性及服务质量等方面有明显的改进，是下一代互联网可采用的比较合适的协议。

2.3.1 地址管理

1. 地址空间扩大

极大的地址空间是 IPv6 最显著的特征。IPv6 可以支持的地址数量为 2^{128}。这也就意味着地球表面平均每平方米可以分配到超过 6.02×10^{23} 个网络地址，即使 H[地址分配效率系数，$H=\lg($ 地址数 / 位数 $)$] 保持在 $0.22 \sim 0.26$ 的水平，也足够在可以预见的未来几十年内使用。地址长度的增加，并不仅仅是地址数量的增加，还给地址分配、自动配置和移动网络支持等方面带来质的提高。

2. 地址分配合理

IPv6 不再受地址资源限制而显得捉襟见肘，其广阔的地址资源使得在地址格式设计、地址分配等方面可以做到尽可能合理，并为不可预见的问题留有足够的余地。IPv6 地址分为单播、多播、任播地址 3 类，并为将来保留了 85% 的地址。IPv6 取消了 IPv4 地址类的概念，64 位作为网络号，64 位作为主机号。网络号的精细划分和地址格式的明确定义增强了网络架构的适应性，有助于优化聚类和路由管理。同时，保留一定的地址位数用于未知需求，确保了网络扩展的弹性。IPv6 地址分配方式避免了 IPv4 中地址的浪费和 ISP 路由聚类问题，为未来连接需求提供了可持续的解决方案。

3. 自动配置和移动网络支持

自动配置是 IPv6 的重要功能，主要分为无状态自动配置和有状态自动配置两种。一个节点只需要将自身链路层的 IEEE EUI-64 地址作为主机号，结合 ISP 提供的本地网络号，就能够通过 IPv6 的自动配置得到唯一的 IPv6 地址，实现"即插即用"。"即插即用"简化了网络管理和控制，使得移动网络 IPv6 比 IPv4 更容易实现和管理，

同时移动网络 IPv6 还对代理联络和安全策略进行了大量改进，邻居发现等新技术也为移动网络 IPv6 提供了强有力的支持。

2.3.2 改进报头

IPv6 对 IPv4 彻底改革而不是修补的重要体现是，对数据报报头进行改进，这也是 IPv6 在其他方面重大改进的基础。IPv4 报头不定长且结构复杂，主机和路由器都难以提高处理效率。IPv6 简化了基本报头，降低了处理复杂度，并使用扩展报头提高适应性和扩展性。

1. 简化报头

IPv6 省去了 IPv4 报头中的部分字段以简化结构，IPv6 地址长度是 IPv4 的 4 倍，但报头长度只是 IPv4 的 2 倍。IPv6 的基本头部为固定长（40 Byte），不需要头部长度标识。IPv6 只支持端点对端点分片，不需要标识符、标识和偏移量字段。IPv6 取消了头部校验和字段，以简化对数据报报头的处理。

IPv6 对 3 个字段重新命名，并赋予新的含义。IPv4 数据报总长度由 IPv6 的有效载荷长度代替。IPv6 把协议类型字段重新命名为"下一个报头"，指明 IPv6 基本报头后的报头的类型，它可能是一个扩展报头或数据净载荷。IPv6 中用跳数限制取代了 IPv4 的生存期概念。

2. 扩展报头

IPv6 的扩展报头模式借鉴了 IPv4 任选项，将报头中不是每个节点都用到的字段改为可选项处理，附加在基本报头后构成扩展报头。大多数 IPv6 扩展报头无须路由器检查，从而提高了路由器的转发效率。目前 IPv6 已定义的可选扩展报头有逐跳可选报头、接收端可选报头、选路可选报头、分段可选报头、验证可选报头、封装安全净载荷可选报头和上层协议可选报头。一个 IPv6 数据报可以根据需要携带 0 个、1 个或多个扩展报头，提供了最高的灵活性。IPv6 扩展报头的结构类似于数据结构中的指针链表，基本报头和每一个扩展报头都包含下一个报头（Next Header）字段，每一个扩展报头都由特定的下一个报头值（Next Header Value）来确定。

2.3.3 改进路由

1. ICMPv6

ICMP 并不是 IP 层路由功能的一部分，但 IPv6 很多路由方面的新特征都依赖于 ICMP。IPv6 对 ICMP 进行了较大改进，升级为 ICMPv6。ICMPv6 具备目前 ICMP 的基本功能，并综合了 IPv4 中分属不同协议实现的功能。多播接收方发现协议（MLD）用 ICMPv6 消息取代了 IPv4 所用的互联网组管理协议（IGMP），使得效率和安全性有了明显提高。

ICMPv6 实现的更重要的新功能是邻居发现协议（NDP）。NDP 是 IPv6 协议的一个基本功能，用来管理同一链路上节点间的通信。NDP 取代了数据链路层的 ARP，抑制了广播风暴，提高了安全性。NDP 能够完成邻居发现和路径 MTU，为 IPv6 的源主机分段提供信息。路由器通过 NDP 宣告邻接路由器转发数据报，通知发送端重定向，实现最佳路由。此外，NDP 还为自动配置提供网络前缀等参数，以检测地址可达性和重复地址。

2. 从BGP-4到IDRP

IPv6 域间路由最大的改进在于域内路由选择协议（IDRP）替代了 BGP-4。由于边界网关协议（BGP）对 32 位的 IPv4 优化程度相当高，很难为 IPv6 升级，因此，IPv6 所使用的外部网关协议以 IDRP 为基础。

IDRP 和 BGP-4 的主要区别如下。

（1）BGP-4 报文通过 TCP（传输控制协议）进行交换，IDRP 单元直接通过数据报来传递。

（2）BGP-4 是一个单地址族协议，IDRP 可以使用多种类型的地址。

（3）BGP-4 使用 16 位的自治系统编号，IDRP 使用变长的前缀来标识一个域；BGP-4 描述的是路径所通过的自治系统编号的完整列表，而 IDRP 能对这个信息进行聚集。

3. 源主机分片

IPv4 逐跳分片并不理想，增加了路由器的负担，一个分片的丢失会导致所有分片重传。IPv6 分片只发生在源节点，简化了报头并降低了路由器的分段开销。IPv6 要求各节点间 MTU 的最小值为 1280 Byte，兼顾了网络效率和旧设备成本，并要求所有节点支持路径 MTU 发现，根据链路状况选择最佳分段的大小。

以上路由方面的改进，以及地址格式的变化和报头的简化，大大降低了主机和路由器的复杂性和负荷。据 Cisco 资料表明，Cisco 主流路由器中配置的 IPv4 内核为 2.17 MB，如果计算存放路由表的工作区升至 3.2 MB，配置 IPv6 的内核时，其内核仅为 1.69 MB，加上工作区共 2.7 MB，路由效率明显提高。

2.3.4 安全机制

1. IPSec

IP 层最初没有考虑安全性方面，认证和保密都是由上层协议来完成的。IPSec 协议族就是为在 IP 层实现安全性而设计的，IPv4 和 IPv6 都可以使用 IPSec，但 IPSec 必须加以修改或改进才能应用在 IPv4 中，而 IPSec 是 IPv6 的重要组成部分，IPv6 所有应用从一开始就具有这些安全特性。

2. AH和ESP

安全性一般有 3 个要求：身份认证、保密性和完整性，IPSec 的目标是实现前两个要求。RFC 1826 定义了认证头（AH），RFC 1827 定义了封装安全负载（ESP）。前者提供认证机制，通过认证过程保证接收者得到的数据报来源是可靠的，而且在传输过程中没有被偷换。后者使用密钥技术，保证只有合法的接收者才能读取数据报的内容。IPv6 使用扩展报头实现 AH 和 ESP。

3. 安全关联

认证和加密要求发送者和接收者就密钥、认证和加密算法以及一些附属特性达成一致。机制约定了发送者和接收者之间的一种安全关联。接收者在接收到数据报后，只有在能将其与一种安全关联的内容相关联时，才能对其进行验证和解密。所有的 IPv6 验证和加密数据报都带有安全参数索引。

4. 增强服务质量

IPv4 对不同的用户和应用都不加以区分，采取尽力而为的传输方式，服务质量（QoS）难以保证；而 IPv6 通过设置优先级、数据流标签等方式，为 QoS 特别是 VoIP 等实时数据流的传输提供了很好的支持。

（1）优先级

IPv6 报头的通信流类型（Traffic Class）可理解为优先级标识，数值越大，优先级越高。

IPv6 将业务分为两大类：阻塞控制业务和非阻塞控制业务，前者在网络阻塞时流量会降低；而后者不会变化，用于声音和视频传输。IPv6 为阻塞控制业务分配编号为 0 ~ 7 的优先级，推荐电子邮件编号为 2，大量数据传输（如 FTP）编号为 4，交互式（如 Telnet）编号为 6。对于非阻塞控制业务，IPv6 根据媒体质量的不同分配编号为 8 ~ 15 的优先级。

（2）数据流标签和资源预留协议

IPv6 增加了数据流标签，发送端将需要路由器特殊处理的数据报在数据流标签字段加以标识。数据流标签是 20 位的随机数，同一节点同一数据流所产生的数据报具有相同的数据流标签。

数据流标签还可以和路由选择扩展报头同时使用。为了更好地实现流传输，还开发了资源预留协议（RSVP）。RSVP 是一个接收者驱动（Receiver-Driven）协议。接收者通过发送 RSVP 报文选择接收源以及准备预留的带宽和费用等，达到最理想的效费比。

| 2.4　IPv6 和 IPv4 的对比 |

IPv6 是 IETF 设计的用于替代 IPv4 的下一代互联网协议，IPv6 和 IPv4 的对比具体如表 2-2 所示。

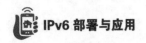
表2-2　IPv4和IPv6的对比

描述	IPv4	IPv6
地址	长度为32位（4字节）。地址由网络和主机部分组成，这取决于地址类。根据地址类为A、B、C、D或E。IPv4地址的总数为4 294 967 296	长度为128位（16字节）。基本体系结构网络数字为64位，主机数字为64位。通常，IPv6地址（或其部分）的主机部分将派生自MAC地址或其他接口标识；根据子网前缀，IPv6的体系结构比IPv4的体系结构更复杂
	IPv4地址的文本格式为nnn.nnn.nnn.nnn，其中每个n都是十进制数。其中0≤nnn≤255，而每个十进制数，可省略前导0。最大打印字符数为15，不计掩码	IPv6地址的文本格式为xxxx:xxxx:xxxx:xxxx:xxxx:xxxx:xxxx:xxxx，其中每个x都是十六进制数，表示4位。可省略前导0，可在地址的文本格式中使用一次双冒号（::），用于指定任意数目的0位。例如，::ffff:10.120.78.40用于表示IPv4映射的IPv6地址
地址分配	最初，按网络类分配地址。随着地址空间的消耗，可使用"无类别域间路由选择"（CIDR）进行更小的分配；没有在国家/地区和机构之间平均分配地址	分配尚处于早期阶段。IETF和IAB建议基本上为每个组织、家庭或实体分配一个/48子网前缀长度。它将保留16位以供组织进行子网划分。地址空间足够大的，可为世界上每个人提供一个/48子网前缀长度
地址生存期	通常使用动态主机配置协议（DHCP）分配的地址，此概念不适用于IPv4地址	IPv6地址有两个生存期：首选生存期和有效生存期，首选生存期总小于或等于有效生存期。首选生存期到期后，如果有同样好的首选地址，那么该地址不再用作新连接的源IP地址。有效生存期到期后，该地址不再用作局域信息包的有效目标IP地址或源IP地址
地址掩码	用于从主机部分指定网络	未使用
地址前缀	有时用于从主机部分指定网络，有时根据地址的表示格式写为/nnn后缀	用于指定地址的子网前缀。按照打印格式写为/nnn（最多3位十进制数字，0≤nnn≤128）后缀。例如，fe80::982:2a5c/10，其中，前10位组成子网前缀
地址解析协议（ARP）	IPv4使用ARP来查找与其相关联的物理地址（如MAC或链路地址）	IPv6使用ICMPv6将这些功能嵌入IP作为无状态自动配置和邻节点发现算法的一部分，因此，不存在ARP6

续表

描述	IPv4	IPv6
地址作用域	此概念不适用于单点广播地址。有指定的专用地址范围和回送地址，将该范围之外的地址假设为全局地址	在 IPv6 中，地址作用域是该体系结构的一部分。单点广播地址有两个已定义的作用域，包括本地链路和全局地址。多点广播地址有 14 个作用域。地址作为源和目标默认认地址时要考虑作用域。因此，有时必须输入 IPv6 地址或使它与特定网络中作用域的实例。语法是 %zid，其中，zid 是一个数字（通常较小）或名称。区域标识写在地址之后，前缀之前，例如，2ba::1:2:14e:9a9b:c%3/48
地址类型	IPv4 地址分为 3 种基本类型：单播地址、多播地址和广播地址	IPv6 地址分为 3 种基本类型：单播地址、多播地址和任播地址
通信跟踪	通信跟踪是一个收集进入和离开系统的 TCP/IP（及其他）信息包的详细跟踪资料的工具，支持 IPv4	同样支持 IPv6
配置	新安装的系统必须进行配置之后才能与其他系统通信，即必须分配 IP 地址和路由	根据所需的功能，配置是可选的。IPv6 可与任何以太网适配器配合使用并且可通过回送接口运行。IPv6 接口是无状态自动配置进行自我配置的，也可手动配置 IPv6 接口。这样，根据网络的类型和远程的 IPv6 路由器，系统将能与其他本地和远程的 IPv6 系统通信
域名系统（DNS）	应用程序使用套接字 API gethostbyname() 接收主机名，然后使用 DNS 来获得 IP 地址	系统提供对 IPv6 的全面支持。应用程序可以通过使用 AAAA 记录类型和逆向查找来获取 IPv6 地址。通过套接字 API 的 gethostbyname() 函数接收主机名进行查询。应用程序可以选择是否从 DNS 接收 IPv6 地址，并根据选择决定是否使用 IPv6 进行通信。对于 IPv6 的支持，建议使用新的 getaddrinfo() API，该 API 提供了仅获取 IPv6 地址或同时获取 IPv4 和 IPv6 地址的选项
	应用程序还接收 IP 地址，然后使用 DNS 和 gethos tbyaddr() 获得主机名	
	对于 IPv4，逆向查找域为 in-addr.arpa	对于 IPv6，用于逆向查找的域为 ip6.arpa，如果找不到，那么会使用 ip6.int[请参阅 API getnameinfo()——获取套接字地址的名称信息，以获取详细信息]

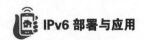

续表

描述	IPv4	IPv6
动态主机配置协议（DHCP）	DHCP 用于动态获取 IP 地址及其他配置信息。IBM i 支持对 IPv4 使用 DHCP 服务器	通过 IBM i 实现的 DHCP 不支持 IPv6，通过 ISC DHCP 服务器实现的 DHCP 支持 IPv6
文件传输协议（FTP）	FTP 允许通过网络发送和接收文件，支持 IPv4	同样支持 IPv6
片段	如果一个信息包对于要传送它的下一链路来说太大，那么公司可由发送方（主机或路由器）对其分段	对于 IPv6，只能在源节点进行分段，且只能在目标节点完成重新装配；使用分段扩展报头
主机表	将因特网地址与主机名关联的可配置表，例如，127.0.0.1 用于回送。在开始 DNS 查找之前或者 DNS 查找失败之后（由主机名搜索优先级确定），套接字名称解析器将使用此表。支持 IPv4	同样支持 IPv6
IBM Navigator for i 支持	IBM Navigator for i 提供完整的 TCP/IP 配置解决方案。支持 IPv4	同样支持 IPv6
接口	概念性或逻辑实体，由 TCP/IP 发送和接收信息包，即使不以 IPv4 地址命名，也始终与 IPv4 地址紧密关联，有时称为逻辑接口。支持 IPv4可使用 IBM Navigator for i 以及 STRTCPIFC 和 ENDTCPIFC 命令，彼此独立并启动和停止 IPv4 接口。支持 IPv4	同样支持 IPv6
互联网控制报文协议（ICMP）	由 IPv4 进行网络信息通信	与 IPv4 的使用情况类似，但 ICMPv6 提供一些新的属性保留了基本错误类型，如目标不可到达、回传请求和应答；添加了新的类型和代码以支持邻节点发现和相关的功能

续表

描述	IPv4	IPv6
IGMP	IGMP 由 IPv4 路由器查找需要特定多点广播组通信的主机，并由 IPv4 主机向 IPv4 路由器通告（主机上）现有的多点广播组侦听器	IGMP 在 IPv6 中由 MLD（多播接收方发现协议）取代。MLD 执行 IGMP 对 IPv4 所执行的必要操作，但通过添加一些特定于 MLD 的 ICMPv6 类型值来使用 ICMPv6
IP 报头	根据提供的 IP 选项，有 20～60 字节的可变长度	40 字节的固定长度；没有 IP 报头选项。通常 IPv6 报头比 IPv4 报头简单
IP 报头选项	IP 报头（在任何传输报头之前）可能附带各种选项	IPv6 报头没有选项，添加了附加（可选）的扩展报头。扩展报头包括 AH 和 ESP（和 IPv4 一样），逐跳扩展、路由、分段。目前，IPv6 支持一些扩展报头
IP 报头协议字节	传输层或信息包有效负载的协议代码，如 ICMP	报头类型紧跟在 IPv6 报头后面。使用与 IPv4 协议字段相同的值。此结构的作用是允许以后的报头使用当前定义的范围并且易于扩展。下一个报头将是传输报头、扩展报头或 ICMPv6
IP 报头"服务类型"字节	由 QoS 和差别服务指定通信类	使用不同的代码来指定 IPv6 流量类。目前 IPv6 不支持 ToS
LAN 连接	LAN 连接由 IP 接口到达物理网络，存在许多类型，如令牌环和以太网，有时它被称为物理接口、链路或线路	IPv6 可与任何以太网网适配器配合使用并且可通过虚拟以太网在逻辑分区间使用
第 2 层隧道协议（L2TP）	可将 L2TP 看作虚拟 PPP，并通过任何支持的线路类型工作。支持 IPv4	同样支持 IPv6
回送地址	回送地址是地址为 127.*.*.*（通常是 127.0.0.1）的接口，被命名为 *LOOPBACK	与 IPv4 的概念相同。单个回送地址为 0000:0000:0000:00 只能由节点向自身发送信息包。该物理接口（线路描述）为 00:0000:0000:0000:0001 或 ::1（简短版本）。虚拟物理接口被命名为 *LOOPBACK

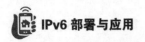

续表

描述	IPv4	IPv6
MTU	链路的 MTU 是特定链路类型（如以太网或调制解调器）支持的最大字节数。对于 IPv4，MTU 最小值一般为 576Byte	IPv6 的 MTU 下限为 1280Byte，也就是说，IPv6 不会在低于此极限时对信息包分段。要通过 Byte 数小于 1280 的 MTU 链路发送 IPv6，链路层必须以透明的方式对 IPv6 信息包进行分段及合并
Netstat	Netstat 是一个用于查看 TCP/IP 连接、接口或路由状态的工具。在使用 IBM Navigator for i 和字符界面时可用。支持 IPv4	同样支持 IPv6
网络地址转换（NAT）	NAT 作为一种与 TCP/IP 集成的网络技术，常用于路由设备和防火墙中	目前，NAT 不支持 IPv6，通常，IPv6 不需要 NAT。IPv6 扩展了地址空间，解决了地址短缺问题并使重新编号变得更加容易
网络表	为 IBM Navigator for i 上一个将网络名称与无掩码的 IP 地址相关联的可配置表。例如，主机网络 14 与 IP 地址 1.2.3.4	对于 IPv6，目前此表不变
开放最短路径优先（OSPF）协议	OSPF 是在优先于 RIP 的较大型自治系统网络中使用的路由器协议。支持 IPv4	同样支持 IPv6
信息包过滤	用于访问控制、资源优化、隔离网络区分，是防火墙、路由器或网络设备上的一种重要功能	信息包过滤不支持 IPv6
信息包转发	可将 IBM i TCP/IP 堆栈配置为转发其接收到的非本地 IP 地址的 IP 信息包。通常入站接口和出站接口各自连接到不同的 LAN	信息包转发对 IPv6 的支持有限。IBM i TCP/IP 堆栈不支持作为路由器而执行的邻节点发现

续表

描述	IPv4	IPv6
Ping	Ping 是测试可达性的基本 TCP/IP 工具。在使用 IBM Navigator for i 和字符界面时可用	同样支持 IPv6
点对点协议（PPP）	PPP 支持基于各种调制解调器和线路类型的拨号接口。支持 IPv4	同样支持 IPv6
端口限制	IBM Navigator for i 允许用户配置已选择的 TCP 或 UDP 端口号或端口号范围，以便只对特定概要文件可用	IPv6 的端口限制与 IPv4 的端口限制完全相同
端口	TCP 和 UDP 有独立的端口空间，分别由范围为 1 ~ 65 535 的端口号标识	对于 IPv6，端口的工作与 IPv4 相同。因为它们处于新地址系列，现在有 4 个独立的端口空间，其中有 2 个应用程序可绑定的 TCP 端口 80 空间，一个在 AF_INET 中，另一个在 AF_INET6 中与 IPv6 有类似概念
专用地址和公用地址	除由 IETF RFC 1918 指定为专用的 3 个地址范围 10.*.*.* (10/8)、172.16.0.0 ~ 172.31.255.255 (172.16/12) 和 192.168.*.* (192.168/16) 外，所有 IPv4 地址都是公用的。专用地址域通常用在组织内部使用。专用地址不能通过因特网路由	地址是公用的或临时的（先前称为匿名地址）。请参阅 RFC 3041。与 IPv4 专用地址不同，临时地址可进行全局路由；它们的动机也不同，IPv6 临时地址要在它开始通信时屏蔽其客户机的身份（涉及隐私）。临时地址的生存期有限，且不包含链路（MAC）地址的接口标识。它们通常与公用地址没有区别
协议表	在 IBM Navigator for i 中，协议表是将协议名称与其分配的协议号关联（例如，将 UDP 与 17 关联）的可配置表。随系统交付的只有少量的项：IP、TCP、UDP 和 ICMP	IPv6 有受限地址作用域的概念，它由设计的作用域指定（请参阅网地址作用域）
		该表可与 IPv6 直接配合使用而不需要改
QoS	QoS 允许为 TCP/IP 应用程序请求信息包优先级和排列	目前，通过 IBM Navigator for i 实现的 QoS 不支持 IPv6

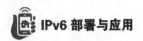

续表

描述	IPv4	IPv6
重新编号	重新编号通过手工重新配置完成，可能存在 DHCP 的例外情况。通常，对于站点或组织，重新编号应尽可能避免冗余类目频频的过程	重新编号是 IPv6 的一个重要结构元素，特别是在 /48 前缀中已很大程度上实现自动化
路由	从逻辑上讲，是一组 IP 地址（可能只包含 1 个）的映射，这些 IP 地址映射为物理接口和单个下一中继段 IP 地址。使用该连线路将其目标地址定义为该组的一部分的 IP 信息包转发至下一中继段。IPv4 路由与 IPv4 接口口关联，因此，它是一个 IPv4 地址	从概念上讲，与 IPv4 类似。一个重要的差别是：IPv6 路由与物理接口（链路，如 ETH03）相关联（邻定）。路由与物理接口相关联的一个原因是 IPv6 与 IPv4 的源地址选择功能不同，具体请参阅源地址选择
路由信息协议（RIP）	默认路由为 *DFTROUTE，RIP 是路由守护程序支持的路由协议	目前，RIP 不支持 IPv6
服务表	IBM Navigator for i 上的一个可配置表，它将服务名称与端口和协议关联［例如，将服务名称 FTP 与端口 21、TCP 及用户数据报协议（UDP）关联］服务表中列出了大量众所周知的服务。许多应用程序使用此表来确定要使用哪个端口	对于 IPv6，此表不变
简单网络管理协议（SNMP）	SNMP 是一个用于系统管理的协议。支持 IPv4	同样支持 IPv6
套接字 API	应用程序通过 API 来使用 TCP/IP。不需要 IPv6 的应用程序不受为支持 IPv6 更改的套接字的影响	IPv6 使用新的地址系列：AF_INET6 增强了套接字以便应用程序可使用 IPv6；设计这些增强的原因是使现有的 IPv4 应用程序完全不受 IPv6 和 API 更改的影响。希望并支持开发 IPv4 和 IPv6 通信或纯 IPv6 通信的应用程序可以容易地适应使用 IPv4 映射的 IPv6 地址格式 ::ffff:a.b.c.d，其中，a.b.c.d 是客户机的 IPv4 地址；新的 API 还支持从文本至二进制和从二进制至文本的 IPv6 地址转换；有关 IPv6 的套接字增强的更多信息请参阅 AF_INET6 地址系列

续表

描述	IPv4	IPv6
源地址选择	应用程序可指定源 IP（通常使用套接字 bind()）。如果它绑定至 INADDR_ANY，就根据路由来选择源 IP	与 IPv4 一样，应用程序可使用 bind() 指定源 IPv6 地址；它可通过使用 in6addr_any 使系统选择 IPv6 源地址。但是，因为 IPv6 线路有许多 IPv6 地址，所以选择源 IP 的内部方法不同
启动和停止	使用 STRTCP 或 ENDTCP 命令来启动或停止 IPv4；当运行 STRTCP 命令来启动 TCP/IP 时，IPv4 始终处于启动状态	使用 STRTCP 或 ENDTCP 命令的 STRIP6 参数来启动或停止 IPv6。当 TCP/IP 已启动时，IPv6 可能未启动，之后可独立启动 IPv6；如果 AUTOSTART 参数设置为 *YES（默认值），那么任何 IPv6 接口都会自动启动。IPv6 必须与 IPv4 配合使用或配置。当启动 IPv6 时，会自动定义并激活 IPv6 回送接口 ::1
Telnet	Telnet 允许登录并使用远程计算机，就好像直接与其连接一样。支持 IPv4	同样支持 IPv6
跟踪路由	跟踪路由是进行路径确定的基本 TCP/IP 工具，在使用 IBM Navigator for i 和字符界面时可用。支持 IPv4	同样支持 IPv6
传输层	存在 TCP、UDP 和 RAW 传输	IPv6 中存在相同的传输
未指定地址	未定义的地址。套接字编程将 0.0.0.0 用作 INADDR_ANY	定义为 ::/128（128 个 0 位）。它在某些邻节点发现信息包和各种其他的上下文（如套接字）中用作源 IP。套接字编程将 ::/128 用作 IN6ADDR_ANY
虚拟专用网络（VPN）	VPN（使用 IPSec）允许在现有的公用网络上扩展安全的专用网络。支持 IPv4	同样支持 IPv6

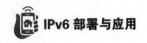

| 2.5 IPv6 技术特点分析 |

IPv6 相对于 IPv4 的优势和特点最根本的还是其极大的地址空间数量，地址空间数量的增加意味着其在地址规划设计和地址分配上有更多的自定义前缀可使用。举个简单的例子，原先对于某个企业在进行地址分配时，由于 IPv4 地址前缀有限，通常只能按照楼层或者部门分配，而 IPv6 有更多的地址前缀，在使用时可以从楼层、部门、业务和终端类型等多种维度综合设计地址分配方案，便于后期的地址分类和层级管理。

现有的 IPv4 网络中大规模应用 NAT 技术，网络接入层存在大量私网。前面提到过，使用 NAT 技术虽然从一定限度上解决了地址资源有限的问题，但是私网地址的存在又导致了很多其他的问题，例如，NAT 技术屏蔽了用户的真实地址，很多需要准确知道用户身份的应用难以开展；端到端地保障网络服务质量无从谈起，用户躲在 NAT 后无法进行流媒体穿越将影响 CDN 的效果；地址转换无法对用户溯源，对网络安全有不利影响等。通过规模部署 IPv6，其海量地址资源可以为网络中每个终端提供唯一的公网地址。从互联网企业角度分析，没有 NAT 的地址转换环节，采用 IPv6 传递服务可在下载时间方面改善用户体验，同时纯 IPv6 的数据中心能降低运维的复杂性。随着互联网和移动互联网的发展，互联网应用和网页内容服务中对用户的精准定位、差异化服务对提升用户体验会起到极大的作用，基于 IPv6 网络协议的研发同样因为减少了 NAT 环节，降低了程序和应用的复杂性，提高了开发效率，因此，全球超过 80% 的桌面 OS（操作系统）和全部移动智能终端 OS 已经能够完美支持 IPv6，并且 Android、iOS 实现了双栈环境下 IPv6 访问优先。苹果公司在 WWDC（苹果全球开发者大会）2015 宣布于 2016 年 6 月 1 日之后发布的应用必须支持纯 IPv6 的网络环境，否则 App 不能上架苹果商店。

虽然 IPv6 技术本身具有 IPSec、AH 和 ESP 等安全机制，但是在国家和监管层面，人们更关注的是整体互联网安全及监管，IPv6 规模部署由于具有便于溯源的特点，通过规范的地址规划和分配，有可能为每个用户和终端配置独一无二的地址，除提供端到端的服务及精细化的管理之外，也为互联网安全监管提供了技术基础。例如，美国国防部和美国政府从资金和强制要求两方面引领美国 IPv6 的发展；美国还建立了 USGv6 发展监控项目，长期对政府、高校、企业网站和 DNS 进行监测。从整体上看，IPv4 协议的设计没有任何安全方面的考虑，特别是报文地址的伪造与欺骗使得无法对网络进行有效的监管和控制。因此，当出现网络攻击与安全威胁时，我们只能围绕攻击事件做好事前的防范、检测和过滤防御，缺乏有效的技术支撑手段，无法对攻击者形成真正的打击和管控。但是在 IPv6 规模部署后，为网络安全机制提供了新的解决思路，在 IPv6 网络的安全体系下，用户、报文和攻击可以一一对应，用户对自己的任何行为都必须负责，具有不可否认性，所以 IPv6 建立起严密的围绕攻击者的管控机制，实现对用户行为的安全监控。这种模式的转变，简单说就是从原先的被动防御网络攻击，逐步转变成让不法之徒不敢攻击。但这并不是说使用 IPv6 网络后就一定没有网络攻击。身份唯一、不可否认性和利于溯源的特点会提高网络攻击的技术成本和犯罪被追溯的概率，当付出的代价大于网络攻击的获利时，就可以减少网络攻击的事件，提高网络的整体安全性。

另外，传统网络攻击者通过地址扫描识别用户的地理位置和发现漏洞并入侵，目前的技术可实现在 45 分钟内扫描 IPv4 的全部地址空间，但是在 IPv6 的海量地址范围内，每一个 IPv6 地址是 128 位，假设网络前缀为 64 位，那么在一个子网中就会存在 2^{64} 个地址，假设攻击者以每秒百万地址的速度扫描，需要 50 万年才能遍历所有的地址，因此，这无疑将显著提升网站与用户终端设备的安全性。但这并不妨碍政府监管部门用扫描技术发现违法网站，在完善的 IPv6 地址登记和备案制度下，监管部门能够知道哪些地址是已经分配的，只扫描已分配的地址空间而不是全部的 IPv6 地址空间，所以并不会为主动扫描带来太大麻烦。当然在推动 IPv6 规模部署的同时会有很多质疑的声音，例如，加强网络的可追溯和监管与互联网创建之初提出的自由理念相冲突，长久使用 NAT 技术使我们落入了私有地址的陷阱难以自拔。但是大家都进行过论坛、移动电话、微博、微信等互联网产品的实名认证，认证实

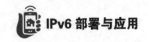

行之初也都面对大量的互联网"自由斗士"的反对声音，但是经过时间的证明，我们发现这些实名认证并没有给我们使用这些产品带来不便，在进行地址定位和精准个人分析后，我们反而获得了更多的个性化服务。

同样，在互联网环境下绝大多数使用者使用互联网的目的并不是攻击和破坏，从一定程度上来说，加强网络监管，大家都是获益者，并且 IPv6 提供的 NPT（网络前缀转换）（RFC 6296）协议可以实现 IPv6 地址的一对一映射，从而达到政府及企业内部隐藏内部 IPv6 地址的效果。对普通用户来说，IPv6 采用 IPSec 技术提供了端到端的数据安全加密，不用担心信息在网络传输中发生泄露。早期，中国在推进 IPv6 的过程中出现过针对 IPSec 技术的争议，人们担心采用 IPSec 会导致内容过滤问题，后来随着互联网的演进和信息化技术的发展，加密成为互联网发展的趋势，IPSec 因 TLS/SSL 加密协议的出现而失去了存在的必要性，IPSec 没有为 IPv6 的监管带来更大的麻烦。

下面简单介绍 IPv6 技术如何有效地提高网络安全能力。IPv6 技术提供的海量地址有利于更合理、更多维度地进行地址规划，在实际分配过程中，按照规划严格、规范地进行 IPv6 地址分配为信息安全保障提供了基础，前面提到 IPv6 更多的地址前缀实现了可按照区域、业务类型甚至用户类型进行地址分配，能精准追溯特定 IP 地址、专线、IDC 和云计算地址，可实行服务类型区域管制、精细化侦测与防护及监控。另外，IPv6 巨大的地址资源为实现真实源地址验证提供了可能性，在 IPv4 网络中，因地址数量有限，国内运营商对上网用户采用动态分配地址方式，地址与身份不关联，用户的家庭网关通电后自动向运营商的宽带接入服务器（BAS）申请 IP 地址，宽带认证服务在后台 AAA（认证、授权、计费）系统核实了用户身份信息后，在设备地址池随机为用户分配 IP 地址，每个 BAS 配置的地址数量是通过登录该设备的瞬时峰值用户数确定的，与注册在该设备的所有用户数量并不匹配，所以无法为每个用户提供唯一不变的地址，这也是国内运营商在 IPv4 网络中拥有的公网地址有限导致的，因此需要投入巨大的成本并采用一些技术手段对用户进行管理和溯源。而在 IPv6 网络中，可为每个固定用户分配地址，用户上网实名制，在 IPv6

地址中通过算法嵌入可扩展的用户网络身份标识信息，关联真实用户的身份信息，构建 IPv6 地址生成、管理、分配和溯源的一体化 IPv6 地址管理和溯源系统。在终端身份证明的过程中，IPv6 提出了新的地址生成方式——密码生成地址。密码生成地址与公 / 私钥对绑定，保证了地址不被他人伪造。这如同汽车的车牌印上了指纹，其他人不可能伪造这样的车牌，因为指纹无法造假。在 IPv6 协议设计之初，IPSec（IP Security）协议族中的 AH 和 ESP 就内嵌到协议栈中，作为 IPv6 的扩展头出现在 IP 报文中，提供完整性、保密性和源认证保护，这无疑从协议设计上较大地提升了安全性。

| 2.6 SRv6 技术特点及应用 |

2017 年 11 月，中共中央办公厅、国务院办公厅印发《推进互联网协议第六版（IPv6）规模部署行动计划》后，推进 IPv6 规模部署专家委员会指导成立了"IPv6+"创新推进组，其目的在于通过整合 IPv6 相关技术产业链资源，积极开展 IPv6+ 网络新技术、新应用的试验验证与应用示范，推动基于 IPv6 下一代互联网技术的体系创新，其中 SRv6 作为 IPv6+ 的核心技术之一被广泛关注。2021 年 7 月，工业和信息化部联合中共中央网络安全和信息化委员会办公室发布《IPv6 流量提升三年专项行动计划（2021—2023 年）》，首次明确提出要加快转发平面的 SRv6 等"IPv6+"网络技术创新、技术研发及标准研究的进度，扩大现网试点并逐步实现规模部署。

SRv6 技术为可编程和差异化服务保障的网络提供了创新平台，十分契合 5G 和云时代各类信息化业务对 IP 承载网络差异化、智能化承载的需求。华为率先启动 SRv6 的研发，并提供了城域、骨干、移动承载等全场景 SRv6 Ready 的系列产品。同时中国移动、中国电信、中国联通三大电信运营商也先后实现了 SRv6 的商用部署。2019 年 2 月，四川电信在网络服务化转型实践过程中通过 SRv6 实现视频云平台业务敏捷发放和网络服务化转型，打造了全球首个 SRv6 商用节点；同年 4 月，广东联通成功打通首条基于 SRv6 的上云专线，快速开通、敏捷可靠，极大地提升了

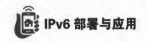

用户体验。在标准制定领域，SRv6 的标准进程也正在加速。SRv6 基础特性标准大都已经成为 IETF 工作组标准或者草案，包括基础特性、SRH、Path Segment、可靠性、OAM 及网络切片等。在 2019 年 EANTC 测试中，业界主流厂商就 SRv6 基本功能、SID 可编程能力、L3VPN 等方面成功完成了互通测试，证明了业界主流厂商对 SRv6 实现的一致性。此外为了进一步推动 SRv6 创新应用，中国移动、中国电信、中国信息通信研究院、华为、中兴等主导，联合其他厂商在 IETF 提出了 G-SRv6（Generalized-SRv6）系列标准，内容涉及架构、数据面等。G-SRv6 通过对 SRv6 头部压缩，解决 SRv6 SID 过多时带来报文头开销过大的问题，并且能够兼容当前 SRv6 标准实现平滑演进。目前，SRv6 在产业、标准、商用部署等方面均取得了较大进展，这离不开运营商、设备商、标准产业组织等产业伙伴的共同努力。随着 IPv6 的规模部署和 SRv6 产业链的成熟，业界对 SRv6 的认可和接受度也越来越高，SRv6 必将迎来规模化的应用和部署，成为 5G 和云时代构筑智能 IP 网络的基础。

2.6.1　SRv6 基本原理

SRv6 采用长度为 128 bit 的 Segment 定义网络功能，是一种源路由技术。它为每个节点或链路分配 Segment，头节点把这些 Segment 组合起来形成 Segment 序列（Segment 路径），指引报文按照 Segment 序列进行转发，从而实现网络的编程能力。SRv6 除了具备 Segment Routing 控制协议简化、扩展性、可编程性及安全可靠的优点外，还具备标签空间数量大、全网唯一、任意点可达的优点（IPv6 地址特点），因此可以实现只要地址可达，可以在任意点接入、任意点之间互联。

1. IPv6的SRv6报文封装

SRv6 根据 IPv6 原有的路由扩展报文头定义了一种新类型的扩展报文头，称作 SRH。SRv6 没有改变 IPv6 的报文结构，兼容所有的 IPv6 设备，如图 2-15 所示。SRv6 路由可以跨越 AS（自治系统）域，承载业务也可以跨越 AS 域，利于网络简化部署。

图 2-15 展示了基于 IPv6 的 SRv6 报文封装。IPv6 报文头和报文荷载中间部分是为 SRv6 引入的扩展头（SRH），用于进行 Segment 的编程，组合形成 SRv6 路径。

SRH 关键信息包括 3 个部分：Routing Type、Segment List 及 Segment Left（SL）。其中 Routing Type 取值 4，表明扩展标签为 Segment Routing Header（SRH）；Segment List 表示网络路径信息；Segment Left（SL）指针用于指示当前活跃的 Segment。整个 SRH 扩展头存储的内容相当于计算机的程序，这个程序可以解决业务在网络的端到端连接问题，Segment List[0] ~ Segment List[N] 相当于计算机的一系列程序，第一个要执行的指令是 Segment List[N]，Segment Left 相当于计算机程序的 PC 指针，永远指向当前正在执行的指令，初始化为 N，每执行完一个指令，则 SL-1，再指向下一条要执行的指令。与 MPLS 不同，SRv6 报文头保留了完整的路径信息，具备路径回溯功能。

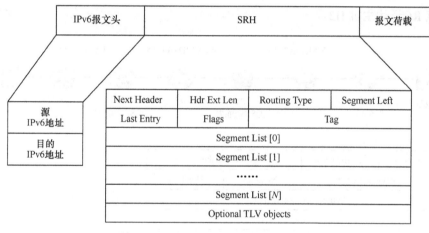

图2-15　基于IPv6的SRv6报文封装

2. 网络指令：SRv6 Segment

SRv6 Segment 作为定义网络的指令可实现 SRv6 网络的编程，SRv6 Segment 的标识称为 SRv6 SID，SRv6 SID 是一个 128 bit 的值，每个 SRv6 SID 就是一条网络指令，它通常由 3 个部分组成，如图 2-16 所示。

Locator	Function	Arguments

图2-16　SRv6 SID格式

（1）Locator 是分配给一个网络节点的标识，用于路由和转发数据包。在 SRv6 SID 中，Locator 是一个可变长的部分，用于适配不同规模的网络。

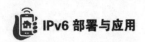

（2）Function 用来表达该指令要执行的转发动作，相当于计算机指令的操作码。在 SRv6 网络编程中，不同的转发行为由不同的 Function 来表达。

（3）Arguments 是指令在执行的时候所需要的参数。这些参数可能包含流、服务或任何其他相关的信息。例如，定义一个对网络报文进行报文分片的指令，可以在 Arguments 中携带报文的分片长度。

3. SRv6转发流程

如图 2-17 所示，报文需要从主机 H1 转发到主机 H2，节点 R1、R2、R4、R6 均为支持 SRv6 的设备，节点 R3 和节点 R5 为不支持 SRv6 的设备。SRv6 在源节点 R1 上进行了网络编程，报文经过 R2—R3 和 R4—R5 这两条链路，送达节点 R6，再经节点 R6 送达主机 H2。

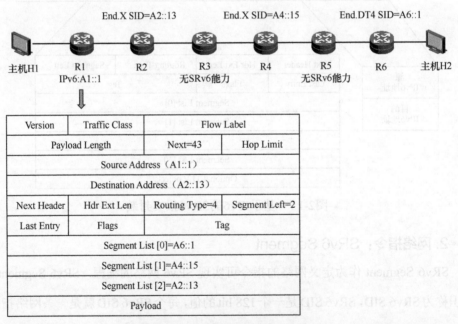

图2-17 SRv6转发流程（R1）

（1）节点 R1 将 SRv6 路径信息封装在 SRH 中，指定 R2—R3 链路和 R4—R5 链路的 End.X SID，在节点 R1 同时还要封装节点 R6 发布的 End.DT4 SID A6::1，并按照逆序形式压入 SID 序列，由于有 3 个 SID，节点 R1 封装后的报文的初始 Segment Left = 2。Segment Left 指向当前的 Segment List [2] 字段，节点 R1 将其值 A2::13 复

制到外层 IPv6 报文头的目的地址字段，然后将报文转发到节点 R2。

（2）节点 R2 收到报文后，首先在本地 SID 表中查找报文的目的地址 A2::13，命中 End.X SID 并执行指令动作将 SL 的值减 1，并将 Segment Left 指示的 SID 更新到外层 IPv6 报文头的目的地址字段，同时将报文从 End.X SID 绑定的链路发送出去，如图 2-18 所示。

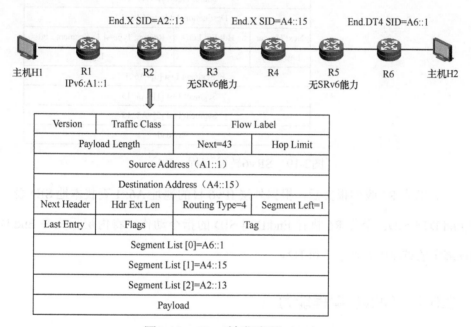

图2-18　SRv6转发流程（R2）

（3）节点 R3 收到报文后，由于不具备识别 SRH 能力，节点按照正常的 IPv6 报文处理流程和最长匹配原则查找 IPv6 路由表，将报文转发给当前的目的地址所代表的节点 R4。

（4）节点 R4 收到报文后，操作与 R2 一样，根据 IPv6 报文的目的地址 A4::15 查找本地 SID 表，命中 End.X SID 并执行指令动作将 SL 的值减 1，将 Segment Left 指示的 SID 目的地址 A6::1 更新到外层 IPv6 报文头的目的地址字段，同时将报文从 End.X SID 绑定的链路发送出去，如图 2-19 所示。

（5）节点 R5 与 R3 一样按照正常的 IPv6 报文处理流程将报文转发给当前的目的地址所代表的节点 R6。

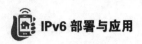

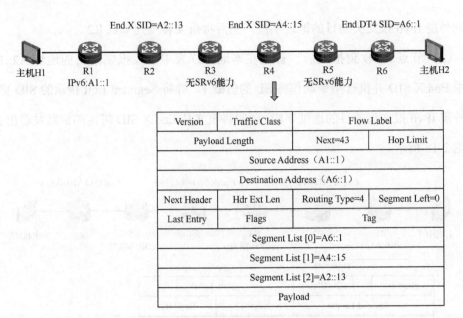

图2-19　SRv6转发流程（R4）

（6）节点 R6 收到报文后，根据外层 IPv6 目的地址 A6::1 查找本地 SID 表，命中 End.DT4 SID。节点 R6 执行 End.DT4 SID 的指令动作，将内层报文在 End.DT4 SID 绑定的链路中发送给主机 H2。

2.6.2　SRv6 编程能力

和 MPLS 相比，SRv6 具有更强大的网络编程能力，可差异化地满足各类业务对承载网络的需求。SRv6 的编程能力体现在 SRH 扩展头中，如图 2-20 所示。

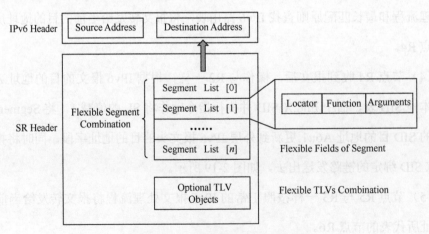

图2-20　SRv6编程空间示意

首先是 SID，SID 可以自由组合进行路径编程，根据业务的承载需求配合网络中的控制器来定义转发路径，这一点完美地契合了 SDN 思想。国内目前的很多互联网公司，对于用户访问的数据交换有着跨省的地域需求，有不同时段、日期的流量突发需求（如电商的"双十一""双十二"），有不同应用的带宽、时延、稳定性需求，因此如果网络运营商采用"一刀切"的网络收费服务模式，可能会抑制网络市场的需求。同时，率先提供差异化收费服务的运营商也势必会促进市场份额的提升。举个例子，当一个跨省公司需要购买一个月的网络服务时，按照传统的业务开通方式，多个部门协调运作，业务开通时间很长，难以满足市场需求。但是采用 SRv6 路径编程，结合国内主流运营商部署的 SDN 控制器，就可以快速计算符合用户 SLA（服务水平协议）的业务路径，实现业务的快速开通，运营商也可以在客户的合约到期后快速拆除连接，释放网络资源。

另外 128 位的 IPv6 地址也为 SRv6 SID 提供了充裕的标识空间，Function 和 Arguments 字段都可以自定义功能。Function 可以由设备商定义，比如数据包到达 SRv6 尾节点后，利用 Function 指示节点将数据包转发给某个 VPN 实例；Function 也可实现用户自定义功能，比如数据包到达 SRv6 节点后，指示节点将数据包转发给某个 App。Segment 序列之后的 Optional TLV objects 可用于进一步自定义功能。

2.6.3　SRv6 TE Policy

在介绍 SRv6-TE 之前简单介绍一下 SR-TE（Traffic Engine）和 SR-BE（Best Effort）。SR-TE 和 SR-BE 都是 Segment Routing 协议自带的两种隧道类型。其中，SR-BE 隧道是通过扩展 IGP 将标签在 IGP 域中扩散动态生成的隧道，使用 SID 来指导设备基于最短路径进行数据转发，不会强制走哪条路径，SR-BE 本质是实现传统 IGP 和 LDP 的最短路径转发。SR-TE 隧道（如图 2-21 所示）是满足流量工程（TE）的隧道类型，SR-TE 隧道使用多个 SID 组合来实现一条转发路由，通过多个 SID 对网络路径进行一定的约束，能够满足业务的流量工程需求。SR-TE 隧道有 3 种组合方式，第一种是使用多个 Node SID 进行组合，第二种是使用多个 Adjacency SID（邻接 SID）进行组合，第三种是 Node SID 与 Adjacency SID 两者进行组合。

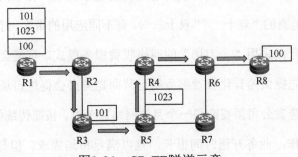

图2-21　　SR-TE隧道示意

图 2-21 的报文转发采用的是 Node SID 和 Adjacency SID 组合的路径，SID 中仅 R5 到 R4 的路径是严格指定的，必须沿着特定的链路进行转发，其余部分可以走最短路径转发。

SRv6 TE Policy 是 SRv6 的流量工程技术，通过将用户需求（SLA、服务链）翻译成网络策略机制来实现 TE，从而满足业务的端到端需求。由于 SRv6 融合了 Segment Routing 的网络编程能力，因此 SRv6 TE Policy 技术通过在 Ingress Node 为 IPv6 报文的 SRH 封装 Segment List 来指导报文在网络中传输。

SRv6 TE Policy 由 head-end、endpoint、color 组成。

（1）head-end：SR v6 TE Policy 源节点。

（2）endpoint：SR v6 TE Policy 的目的节点。

（3）color：颜色，用于标识 SRv6 TE Policy 的意图。

其中，color 是 SRv6 TE Policy 非常重要的属性，它描述的是应用对网络需求的模板。例如，在面对多点连接的低时延业务时，采用 SRv6 TE Policy 模式的情况下网络运维人员只需要将业务路由标识出对应低时延的 color，业务就能自动关联相应的 SRv6 TE Policy，而不用进行复杂的查询低时延隧道接口和关联操作。在 SRv6 TE Policy 模型中，color 通常对应一组 Candidate（约束条件），如图 2-22 所示。

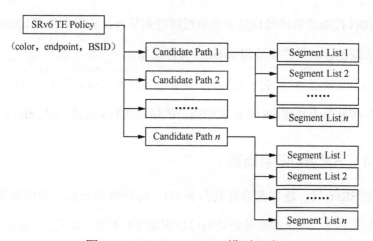

图2-22   SRv6 TE Policy模型示意

其中，BSID 是 SRv6 TE Policy 对外提供网络服务的接口，由封装该 SRv6 TE Policy 对应的 Segment List 来表示对应的转发行为。SRv6 TE Policy 可以通过静态配置、设备动态算路、控制器集中算路等多种方式生成路径，不同的算路方式形成不同优先级的 Candidate Path，在一个 SRv6 TE Policy 下可以含有多个不同优先级的 Candidate Path，这些 Candidate Path 相互间又形成冗余保护。Candidate Path 封装在 SRv6 TE Policy 内部，使业务可以不用关心算路的来源，屏蔽了 SRv6 TE Policy 内部实现细节。每个 Candidate Path 下含有多个不同的 Segment List，每个 Segment List 标识发送流量到目的地址的源路由路径，它们之间形成等值 / 非等值负载分担。

前面提到过，SRv6 TE Policy 模型和 SDN 技术契合程度很高，两种技术的配合使用，有利于建立 "业务驱动型网络"。网络中网管人员、终端设备、网络节点都可以根据自身需求向 SDN 控制器发送请求，实现 SRv6 TE Policy 的动态调整。SRv6 TE Policy 主要使用 End SID 和 End.X SID 这两个指令行为，在报文传送过程的整个 TE 显式路径中可以将 End SID 和 End.X SID 自由组合使用。

SRv6 TE Policy 配合 SDN 控制器的工作流程可分为以下 4 步。

（1）网络中的转发节点将链路信息、链路开销、带宽、时延等 TE 属性信息上报给 SDN 控制器。

（2）SDN控制器对收集到的拓扑信息进行分析，根据业务的SLA需求计算路径。

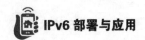

（3）SDN 控制器将路径信息下发给网络的头节点，头节点生成 SRv6 TE Policy，具体包括头端地址、目的地址和 color 等关键信息。

（4）当报文通过网络的头节点时，头节点为业务选择合适的 SRv6 TE Policy 指导转发。各转发节点按照 SRv6 报文中携带的信息执行自己发布的 SID 指令。

2.6.4 SRv6 应用场景

当谈到 SRv6 时，通常都会提到其在 5G、物联网和云技术中的应用，SRv6 作为关键的基础技术，在上述业务场景中可以满足可扩展性、质量、可运维性、可靠性、稳定性和安全性等各类需求。

1. 公有云业务场景

SRv6 技术在公有云场景具有广阔的应用前景，国内阿里云、腾讯云、华为云、百度云等主流公有云发展至今基本已经具备相当完善的网络产品和解决方案，可以为政企客户提供云内、云间及上云的一站式网络服务。相比传统的运营商网络，公有云网络具有网络产品自研程度高、网络整体规划性强、功能点需求明确、网络迭代效率高、提供差异化服务模式和自动化运维等特点。随着公有云市场的竞争日益激烈，网络即服务的概念也越来越受到关注，因此 SRv6 作为承载网络的重要候选技术也备受各公有云服务商的青睐，公有云业务场景下的 SRv6 应用主要体现在以下 3 个方面。

（1）从连接的角度来看，公有云的上云及云间互联还是依靠传统的电信运营商网络，运用的网络架构和网络协议大相径庭，在为客户提供端到端的云网服务过程中运用 SRv6 技术建立统一的 IPv6 转发面，可以有效降低业务配置的复杂性，促进公有云和运营商网络的深度融合；同时，使用 SRv6 技术对网络进行编程有利于形成云网一体的销售、运维新模式，进一步提升公有云产品的服务水平，增加市场竞争力。

（2）目前，国内主流云服务商阿里云、华为云等逐步实现了数据转发与控制分离，将数据中心网络分为 Underlay 和 Overlay 两个部分，通常采用 Underlay IP、Overlay

VxLAN 的技术组合模式。随着 SDN 技术的成熟，SRv6 技术有望取代 VxLAN，实现 Underlay 和 Overlay 的进一步融合。

（3）公有云数据中心内部促进公有云计算和网络的融合：SRv6 网络可编程使网络的服务化水平进一步提升，进而促进计算和网络的高水平融合。

2. 5G业务场景

近年来，国内三大电信运营商都在大力发展 5G 业务，据统计截至 2023 年 7 月末，我国累计建成并开通 5G 基站 305.5 万个。与此同时，5G 网络覆盖由城市逐步向县城和乡镇扩展。5G 基站数量的增加、组网规模的变大都对网络简化（如即插即用、协议简化、极简布放、智能运维等）提出了更高的要求。在运营商内部，5G 核心网的网元基本实现云化部署；在数据中心中，5G 承载网必须提供基站到基站、基站到数据中心、数据中心到数据中心的多样化管道承载能力以满足云网端到端的协同运维及业务的快速开通。运营商基于 5G uRLLC 功能提供的车联网、工业控制、智能制造、智能交通物流及垂直行业的特殊应用服务，也都要求提供毫秒级的端到端时延和接近 100% 的业务可靠性保证。

对于上述 5G 业务场景，采用 SRv6 技术可以提供差异化能力的端到端承载方案。基于业务的差异化承载需求，通常的 5G 基站接入采用 SRv6-BE 承载；对于时延、可靠性等有特殊要求的业务，可采用 SRv6 TE Policy 方案实现路径选择，提供 SLA 保障。同时 SRv6 入云可实现云网协同管理、云网业务端到端开通、业务自动化部署、运维检测无断裂点等功能，从整体上保障了业务的快速开通，提高了运维效率。

3. 电子政务外网场景

截至 2022 年年底，据统计，国家电子政务外网已实现区县级以上行政区域全覆盖，乡镇政务外网覆盖率达到 96.1%。中央级政务外网已连接党中央、全国人民代表大会常务委员会、国务院、中国人民政治协商会议全国委员会、最高人民法院、最高人民检察院、群众团体、各民主党派等。全国政务外网接入部门共计 40 余万个，接入终端 600 余万个，承载应用包括公共服务类（如行政审批、价格管理、信息公开等）、政务内部业务类（如协同办公、电子监察、应急指挥、信息报送等）和基

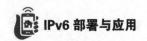

础服务类（如视频会议、数据备份、电子邮件等）。但是随着应急、卫生健康、政法相关部门对于远程医疗、应急通信、视频会议等业务高实时性、低时延、大带宽的需求增加，现有电子政务外网无论是协议扩展能力，还是运维人员在重要业务的配置及保障方面都略显不足。同时，2021 年 7 月，中共中央网络安全和信息化委员会办公室、国家发展和改革委员会、工业和信息化部联合印发的《关于加快推进互联网协议第六版（IPv6）规模部署和应用工作的通知》（中网办发文〔2021〕15 号）也提出，要推动国家电子政务外网、地方政务外网、政务专网等 IPv6 改造，推动新建政务网络及应用基础设施全面部署 IPv6。

在此背景下，近年来各级信息中心在针对电子政务外网的改造项目中逐步开始引入 SRv6 技术。一方面，通过在 IPv6 的扩展头定义 SRH 并将一部分 IPv6 地址定义成实例化的 SID 能力带来了很高的灵活性和网络可编程能力；另一方面，建立以 SRv6 为基础的 IPv6+ 技术体系，为各类业务带来了差异化的网络质量保障。其中 SRv6 与网络切片技术融合，为各类政务业务提供专网级的使用体验。SRv6 与随流检测技术的配合使用，可实现网络质量可视、业务质量实时监测，在业务出现异常时，快速定位故障；采用 SRv6 TE Policy 可基于应用自动导航，选择最佳路径，提供智能化的政务服务。

第 3 章

03

IPv6 过渡技术

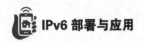

| 3.1 IPv6 改造的基本概念 |

目前，各中央企业、政府部门及运营商都明确了推进 IPv6 改造的工作目标和进度计划，但在具体的推进工作中应该如何进行 IPv6 的改造工作呢？很多企事业单位、政府部门的信息化主管部门人员在第一次听到推进 IPv6 部署要求后可能都会感到十分困惑，不知从何处入手，毕竟 IPv6 的技术概念太多，之前的各种 IPv6 技术推广都将 IPv6 作为国家的战略发展需要。

IP 地址的作用是提供统一的地址格式，为互联网上的每一个网络和每一台主机分配一个逻辑地址，以此来屏蔽物理地址的差异。假如网络中的 A 主机需要与 B 主机建立通信，就需要知道对方在网络中的地址，然后发送数据信息。就像图 3-1 所示的快递单，包裹外层都会贴一张类似这样的快递单据，需要填写寄件人地址和收件人地址，这样邮局和快递人员才知道从哪里取包裹，然后送给谁。

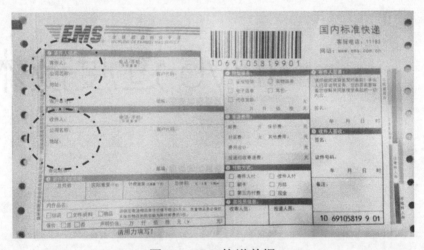

图3-1　EMS快递单据

互联网通信也是基于类似的原理，其建立的基本元素是互联网中收发终端之间的通信。随着时代的进步和科技的发展，通信从传统的 PC 端和 PC 端之间的人与人，演进到用户访问中心服务器的人与物，再到物联网、人工智能技术后台控制前端传感设备的物与物。所以我们在提到 IPv6 改造时，需要意识到这是一个端到端的系统工程，如图 3-2 所示。

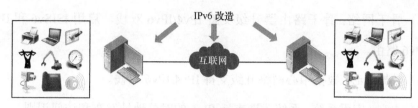

图3-2 端到端的系统工程

因此，当我们在面对企业内网、对外服务网站、互联网数据中心（IDC）等 IPv6 改造工程时，第一步需要从业务需求出发，调研在这个通信场景中需要建立谁与谁的通信，以及通信中采用承载的网络介质是什么的问题，如图 3-3 所示。

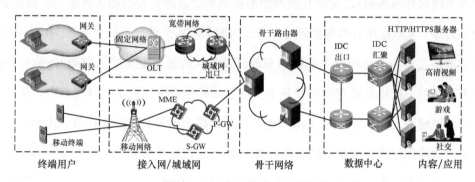

图3-3 日常通信场景流程

图 3-3 所示为典型的日常通信场景流程，也是我们日常最常用的互联网通信。终端用户通过家庭网关接入运营商的接入网，用户手机则通过无线基站接入，数据流在通过运营商的接入网 / 城域网汇聚后，通过运营商的骨干网络传输至各数据中心及云服务提供商，最终到达数据中心 / 云内部与各种 Web 内容或应用服务器建立通信连接。如果需要对这个通信过程进行 IPv6 改造建设，涉及的主要内容如下。

（1）终端操作系统：计算机操作系统、手机操作系统支持 IPv6 地址配置。

（2）终端网络：家庭网关需要支持 IPv4/IPv6 双栈，移动终端支持获取 IPv6 地址。

（3）固定网络：城域网通过 IPv4/IPv6 双栈支持 IPv6 承载，接入网通过 IPv4/IPv6 双栈接入。

（4）移动网络：移动核心网通过 IPv6 升级改造支持移动终端的 IPv4/IPv6 双栈接入。

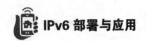

（5）骨干网络：骨干路由器升级支持 IPv4/IPv6 双栈，启用 ISISv6 和 BGP4+，支持 IPv6 路由。

（6）数据中心：数据中心网络升级支持 IPv4/IPv6 双栈。

（7）内容 / 应用系统：系统改造支持 IPv6 的对外地址发布和访问识别。

在整个 IPv6 改造建设过程中，操作系统（Windows、iOS、Android 等）提供商、终端制造商（PC、手机制造商等）、电信运营商（中国电信、中国移动、中国联通）及其软硬件厂家（路由器数据通信设备、核心网设备、基站设备制造商和相关网络支撑系统软件服务商）、大型互联网中心提供商 / 云服务提供商（阿里云、腾讯云、政务云等）及数据中心内部软硬件厂家、内容和应用软件（手机 App、Web 网页等）提供商都需要在一定程度上进行相应的开发和改造来适配互联网中的 IPv6。目前，国内主流的三家电信运营商已经基本实现了基础承载网（包括固网接入网、移动回传网、城域网、骨干网）的 IPv6 改造，部署的路由器等设备都支持 IPv4/IPv6 双栈。因此，政府部门或企事业单位在进行 IPv6 的改造过程中应重点关注的是自身信息化平台及其部署的数据中心对 IPv6 的支持，以及对 IPv6 技术改造后需要进行的相应的 IPv6 地址规划分配及相应的网络安全优化升级。

| 3.2 IPv4 到 IPv6 的过渡阶段 |

纵观世界各国 IPv6 技术发展及规模部署的过程可以发现，IPv6 的推进不可能一蹴而就，也不可能很快新建一整套 IPv6 网络取代原有的 IPv4 网络及系统。数十年前，当人们意识到 IPv4 公有的 IP 地址资源即将用尽时，就提出了 IPv6 的标准和概念，但是如果当时的现网支持 IPv6，那么新的网络何时过渡、迁移，以及如何具体实施都是各国政府和运营商需要面对的问题。在 IPv6 的部署中，有两种解决方案，一种是短期的，另一种是长期的。这实际上意味着是选择继续延续现有的 IPv4 技术架构，还是过渡到一个新的 IPv6 技术架构。如果选择延续现有的 IPv4 技术架构，例如，继续采用 NAT 等手段和方式可能在短期内能实现一定的价值和利益，但是长此以往可能会带来更大的弊端。过渡到 IPv6 可能非常不容易，但是从长远来说具有非常大的价值。实际上这是产业链的运作，从某种角度来说这是不以人的意志为转移的。

如图 3-4 所示，全球一些国家和地区大的运营商在向 IPv6 的演进过程中，都会经历这样一个过程，在 IPv4 网络的基础上部署 IPv6，使得 IPv4 和 IPv6 网络处于一个平等的地位，然后逐步完成 IPv4 到 IPv6 的过渡，最后将整个互联网部署成一个新的 IPv6 架构。

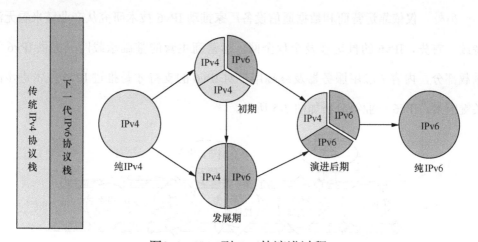

图3-4　IPv4到IPv6的演进过程

在整个 IPv6 网络演进的过程中，有一个 IPv4 和 IPv6 长时间的共存期，我们也称之为 IPv6 过渡期。存在这么长时间的过渡期的原因主要有两点：一是在网络向 IPv6 演进的过程中，没有一种方案可以满足所有的场景，针对不同的运营商和不同的场景，以及对未来的技术发展方向和网络成熟度会有不同的方案，而且从业务的连续性考虑，现有的 IPv4 网络还有很大的存在必要性；二是保证网络先期的投资，无论是政府、运营商，还是互联网企业，不大可能不顾现有的网络和系统资源，突然推倒重来。举个简单的例子，某企业的业务发生变化，导致使用该系统的用户逐步减少，如果这个时候突然强行对系统进行 IPv6 改造，势必需要原软件服务商重新调整应用系统架构以支持 IPv6 用户的访问，改造需要的成本很可能大于系统的残余价值。我国现存的各种软硬件设备、系统大部分仅仅支持 IPv4，这些老旧设备系统

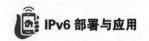

的 IPv6 升级改造将极大地降低投资效益。

前面提到过，2012 年 IPv4 顶级地址（Top-Level）耗尽时，我国开始积极推进 IPv6 技术，但主要依靠运营商主导 IPv6 的技术研究和部署推广，工作量非常大，任务也很艰巨，但成效不是很理想。前面解释了 IPv6 技术的部署是一个端到端的过程，涉及终端、设备、网络、云平台、应用系统——整个庞大的产业生态链，运营商在其中主要解决链路通道的问题，由运营商主导的 IPv6 演进只能通过网络技术来实施。

另外，仅依靠运营商和数据通信设备厂家推动 IPv6 技术研究从产业链来看无法持续。首先，IPv6 的推进涉及全程全网，运营商主营的基础承载网只提供 IPv6 的承载部分，内容 / 应用服务器及终端用户对 IPv6 的支持才是推进 IPv6 技术进步的关键因素。IPv6 产业链分析如图 3-5 所示。

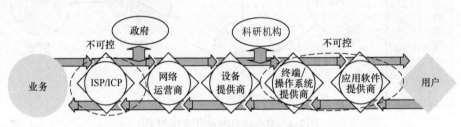

图3-5　IPv6产业链分析

IPv6 产业链除考虑单纯的业务需求导向外，还需要考虑外部环境中政府、科研机构的影响力。政府高度重视下一代互联网战略，促进整条产业链的逐步成熟。虽然当时 NGI（下一代互联网）成立了新专家组，并将研究下一步的思路和目标，但其推动力和效果仍有较多不确定性。在相当长的一段时间内，整条产业链对 IPv6 支持有限，业务应用种类繁多，但只有少数应用宣称支持 IPv6；客户端应用软件部分已支持 IPv6，除 IE、Media Player、FTP 外，多数软件不支持 IPv6；PC 和大部分操作系统都支持 IPv6，手机终端（芯片）尚不支持。运营商对迁移过程不可控，如果缺少国家和政策的推动，应用软件将较长时间无法升级或得不到升级的驱动力。在这个过程中，终端制造商、云服务提供商、应用软件提供商都持观望态度，正是由于当时缺少政策的强力扶持，IPv6 推进工作陷入胶着状态。反观全球，其他国家（地区）的 IPv6 部署及规模推广从 2014 年起明显提速，IPv4 到 IPv6 的过渡期开始缩短。例如，微软公司曾经在 2011 年以每个 IPv4 地址 11.25 美元的价格购买了 66.6 万个 IPv4 地址，然后考虑到 IPv4/IPv6 双栈的运行太复杂，管理双栈网络的成本太高，微软公司内部已经关掉 IPv4，只运行 IPv6；T-Mobile USA 已经关掉 IPv4 的服务，成为全球首个纯 IPv6 的移动通信运营商；一些国外大型互联网企业也逐步转向 IPv6 优先，引导用户使用支持 IPv6 的终端进行访问。

| 3.3　IPv6 过渡技术介绍 |

从 IPv6 的引入到普及，其过渡阶段的具体内容如下。

（1）IPv4 NAT 和 NAT444 IPv4 的 NAT 解决方案是暂时缓解 IPv4 地址紧缺问题的有效方案，已被广泛使用。NAT 可以使用端口复用，这样一个用户（或一个单位、部门）获得的唯一一个公网 IP 地址可以由多个用户使用。在 IPv4 NAT 的基础上，随着 IPv4 地址日益紧缺，在用户的公网 IP 地址也无法得到的情况下，运营商开始使用私有地址，这样 NAT 的位置就由用户驻地设备（CPE）侧移到接入汇聚处，因此双层 NAT 出现了。该方案增加了系统的复杂性，限制了较多应用的部署，伴有可扩展性、安全性、端对端可靠性的问题。

（2）IPv6 接入初期。随着 IPv4 地址消耗殆尽，用户已无法得到 IPv4 地址，便出现若干 IPv6 接入的应用场景，即用户接入的网络是纯 IPv6，并不支持 IPv4。由于在此阶段仍然存在大量的 IPv4 应用与服务，因此 IPv4 与 IPv6 的共存阶段具有以下两个特征。

① 操作系统特征：虽然目前的主流操作系统（Windows、Linux 等）都已经能够支持 IPv6，但对纯 IPv6 的支持还不够。此外，一些 IPv4 的应用无法很快升级到 IPv6，一些终端目前也只能支持 IPv4。因此，这就要求在 IPv6 的接入环境中仍然能够使用 IPv4 的应用及 IPv4 的操作系统。

② 服务和内容特征：目前 IPv6 的服务还比较少，这就要求在纯 IPv6 的接入环

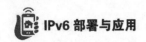

境中仍然能保持 IPv4 服务的连通性。在本阶段，IPv4 与 IPv6 的共存机制包括已广泛使用的 IPv4 NAT、IPv4 应用与服务及 IPv6 应用与服务。IPv6 过渡初期的一个重要目标就是保持 IPv4 的后向兼容性，使用户仍然能够将 IPv4 的应用接入纯 IPv6 的网络中，这样才能够实现 IPv6 的顺利过渡。

（3）IPv6 接入中期。在纯 IPv6 网络的接入中期，随着 IPv6 的进一步发展，操作系统及应用程序对 IPv6 的支持都有了较好的提升，因此用户开始较多地转向使用纯 IPv6 的应用，用户端出现了较多的纯 IPv6 的主机，而非 IPv4/IPv6 双栈或纯 IPv4 的主机。在该阶段，IPv6 的服务还较为有限，大量 IPv4 的服务依然存在，因此用户需要通过 IPv6 的应用来访问 IPv4 的服务。

（4）IPv6 普及发展期。当 IPv6 已较为普及，用户及网络侧都已经基本升级到纯 IPv6 的环境时，此时还存在少量位于 NAT 后的 IPv4 服务。这个阶段需要解决的问题是，在纯 IPv6 的环境中访问少量位于 NAT 后的 IPv4 服务。

由于大量的网络是 IPv4 网络，随着 IPv6 的部署，IPv4 与 IPv6 共存的过渡阶段持续了很长一段时间。在这个阶段，为了实现 IPv4 和 IPv6 的主机及网络互通，需要使用 IPv6 的过渡技术，当前主要有 3 种主流的过渡技术。

① 双栈技术：双栈节点与 IPv4 节点通信时使用 IPv4 协议栈，与 IPv6 节点通信时使用 IPv6 协议栈。双栈技术通信过程如图 3-6 所示。

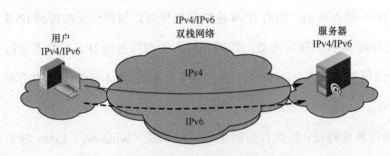

图3-6 双栈技术通信过程

② 隧道技术：使两个 IPv6 站点之间通过 IPv4 网络实现通信连接、两个 IPv4 站点之间通过 IPv6 网络实现通信连接。隧道技术通信过程的情形之一如图 3-7 所示。

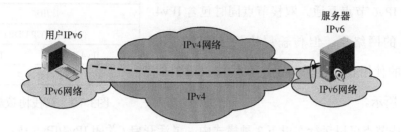

图3-7 隧道技术通信过程的情形之一

③ IPv4/IPv6 协议转换技术：提供了 IPv4 网络与 IPv6 网络之间的互访技术。IPv4/IPv6 协议转换技术通信过程的情形之一如图 3-8 所示。

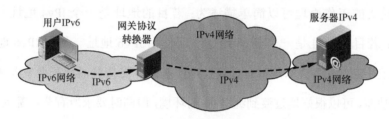

图3-8 IPv4/IPv6协议转换技术通信过程的情形之一

3.3.1 双栈技术

双栈技术是指在终端各类应用系统、运营支撑系统和各网络节点之间同时运行 IPv4 和 IPv6 协议栈（两者具有相同的硬件平台），从而分别实现与 IPv4 或 IPv6 节点间的信息互通，双栈技术流程如图 3-9 所示。

IPv4 和 IPv6 有功能相近的网络层协议，都是基于相同的硬件平台，同一台主机同时运行 IPv4 和 IPv6 两套协议栈。具有 IPv4/IPv6 双协议栈的节点称为双栈节点，这些节点既可以收发 IPv4 报文，又可以收发 IPv6 报文。它们可以使 IPv4 与 IPv4 节点互通，也可以直接使

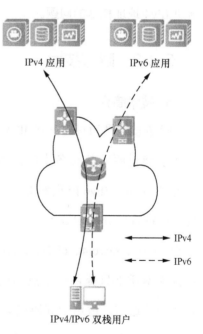

图3-9 双栈技术流程

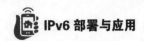
IPv6 与 IPv6 节点互通。双栈节点同时包含 IPv4 和 IPv6 的网络层,但传输层协议(如 TCP 和 UDP)的使用仍然是单一的。双栈协议模型如图 3-10 所示。

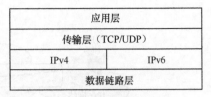

应用层	
传输层(TCP/UDP)	
IPv4	IPv6
数据链路层	

图3-10　双栈协议模型

双栈节点可以运行在以下 3 种模式中,灵活开启 / 关闭 IPv4/IPv6 栈。

(1)使能它们的 IPv4 栈并关闭 IPv6 栈,表现为 IPv4 节点。

(2)使能它们的 IPv6 栈并关闭 IPv4 栈,表现为 IPv6 节点。

(3)使能双栈,同时开启 IPv4 和 IPv6 栈。

双栈模式的工作原理可以简单描述为:若目的地址是一个 IPv4 地址,则使用 IPv4 地址;若目的地址是一个 IPv6 地址,则使用 IPv6 地址。使用 IPv6 地址时有可能要进行封装。双栈技术是所有过渡技术的基础,支持灵活地开启或关闭节点的 IPv4/IPv6 功能,可以很好地过渡到纯 IPv6 的环境,但同时要求所有节点都支持双栈,增加了改造和部署的难度。双栈技术可以实现 IPv4 和 IPv6 网络的共存,但是不能解决 IPv4 和 IPv6 网络之间的互通问题。此外,双栈技术不会节省 IPv4 地址,不能解决 IPv4 地址耗尽的问题。

3.3.2　隧道技术

1. 技术简介

隧道技术是通过将一种 IP 数据包嵌套在另一种 IP 数据包中进行传递的技术,只要求隧道两端的设备支持两种协议。隧道有多种类型,根据隧道协议的不同分为 IPv4 over IPv6 隧道和 IPv6 over IPv4 隧道;根据隧道终点地址的获得方式不同,可将隧道分为配置型隧道(如手动隧道、GRE 隧道)和自动型隧道(如隧道代理、6to4、6over4、6RD、ISATAP、TEREDO、基于 MPLS 的隧道 6PE 等)。隧道技术本质上只提供一个点到点的透明传送通道,无法实现 IPv4 节点和 IPv6 节点之间的通信,适用于同协议类型网络孤岛之间的互联。采用这种技术,不用把所有的设备都升级为支持双栈,只要求 IPv4/IPv6 网络的边缘设备实现双栈和隧道功能。除边缘节点外，其他节点不需要支持双协议栈，隧道技术流程如图 3-11 所示。

IPv6 报文在 IPv4 中的封装如图 3-12 所示。隧道技术将 IPv6 报文封装在 IPv4 报文中，这样 IPv6 数据包就可以穿越 IPv4 网络进行通信。因此，被孤立的 IPv6 网络之间可以通过 IPv6 的隧道技术利用现有的 IPv4 网络互相通信，而无须对现有的 IPv4 网络进行任何修改和升级。IPv6 隧道可以配置在边界路由器之间，也可以配置在边界路由器和主机之间，但是隧道两端的节点都必须既支持 IPv4 协议栈又支持 IPv6 协议栈。

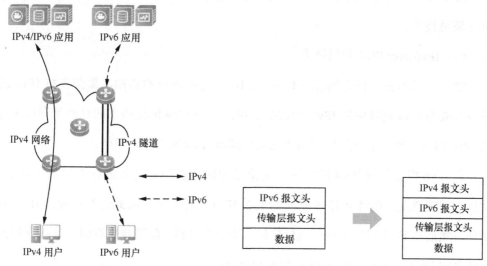

图3-11　隧道技术流程　　　　图3-12　IPv6报文在IPv4中的封装

2.机制原理

隧道技术的实现机制分为以下 3 步。隧道技术封装示意如图 3-13 所示。

（1）隧道入口节点（封装路由器）创立一个用于封装的 IPv4 报文头，并传送此被封装的分组。

（2）隧道出口节点（解封装路由器）接收此被封装的分组，如果需要重新组装此分组，则移去 IPv4 报文头，并处理接收到的 IPv6 分组。

（3）封装路由器或许需要为每条隧道记录维持软状态信息，如隧道 MTU，以便处理转发的 IPv6 分组进隧道。

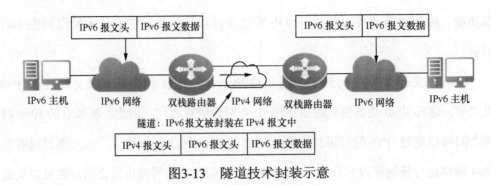

图3-13 隧道技术封装示意

3. 应用场景

简单来说，在 IPv6 的推广过程中，隧道技术分为 IPv6 over IPv4 和 IPv4 over IPv6 隧道技术。

（1）IPv6 over IPv4 隧道技术

IPv6 不可能在一夜之间完全替代 IPv4，在过渡阶段的初期，那些支持 IPv6 的设备就成为 IPv4 海洋中的 IPv6 "孤岛"。IPv6 over IPv4 隧道技术的目的是利用现有的 IPv4 网络，使各个分散的 IPv6 "孤岛" 跨越 IPv4 网络相互通信。

在 IPv6 报文通过 IPv4 网络时，无论哪种隧道机制都需要进行 "封包—解包" 过程，即隧道发送端将该 IPv6 报文封装在 IPv4 数据包中，将此封装包视为 IPv4 的负荷，然后在 IPv4 网络上传送该封装包。当封装包到达隧道接收端时，该端点解掉封装包的 IPv4 报文头，取出 IPv6 封装包继续处理。

值得一提的 IPv6 over IPv4 隧道技术是 6RD（IPv6 快速部署）。它由法国运营商 FREE 提出，FREE 采用该方案在 5 周内为超过 150 万户居民提供了 IPv6 服务。6RD 对应的标准为 RFC 5569，6RD 是在 6to4 的基础上发展起来的一种 IPv6 网络过渡技术方案。通过在现有 IPv4 网络中增加 6RD BR（Border Realy），为愿意使用 IPv6 的用户提供 IPv6 接入；在 IPv6 用户的家庭网关和 6RD 网关之间建立 6in4 隧道，从而实现在 IPv4 网络中提供 IPv6 服务。

如图 3-14 所示，6RD CE（Customer Edge）与 6RD BR 都是双栈设备，通过扩展的 DHCP 选项，6RD CE 的 WAN 接口得到运营商为其分配的 IPv6 前缀、IPv4 地址（公有或私有）以及 6RD BR 的 IPv4 地址等参数。CE 在 LAN 接口上通过将上述 6RD IPv6 前缀与 IPv4 地址拼接构造成用户的 IPv6 前缀。用户开始发起 IPv6 会话，IPv6 报文到达 CE 后，CE 用 IPv4 报文头将其封装进隧道，被封装的 IPv6 报文通过 IPv4 报文头进行路由，中间的设备对其中的 IPv6 报文不感知。BR 作为隧道对端，收到 IPv4 数据包后进行解封装，将解封装后的 IPv6 报文转发到全球 IPv6 网络中，从而实现终端用户对 IPv6 业务的访问。

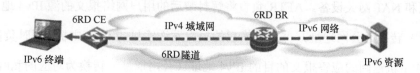

图3-14　6RD网络架构

6RD 对运营商的核心网影响极小，整个过程无状态，它为运营商在 IPv6 过渡初期引入 IPv6 服务提供了思路。这种方案同时为终端分配 IPv6 地址前缀和 IPv4 公网 / 私网地址，但仍不能减少 IPv4 地址的消耗。由于 IPv6 地址前缀受 IPv4 地址的影响，该方案也存在 IPv6 地址欺骗的缺点；同时，该方案也要求分配给 CE 的 IPv4 地址有较长的租用期。

（2）IPv4 over IPv6 隧道技术

与 IPv6 over IPv4 隧道技术相反，IPv4 over IPv6 隧道技术用于解决具有 IPv4 协议栈的接入设备成为 IPv6 网络中的通信孤岛的问题。在实际应用中，DS-Lite 是一种典型的 IPv4 over IPv6 隧道技术，它的工作原理是：用户侧设备将 IPv4 流量封装在 IPv6 隧道内，通过运营商的 IPv6 接入网到达"网关"设备后终结 IPv6 隧道封装，再进行集中式 NAT，最终转发至 IPv4 网络。

DS-Lite 网络主要由以下 3 个部分组成，组网方式如图 3-15 所示。

图3-15　DS-Lite组网方式

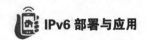

① CPE：也称 B4 终端，位于用户网络侧，用来连接 ISP 网络的设备，通常为用户网络的网关。CPE 作为 IPv4 over IPv6 隧道的端点，负责将用户网络的 IPv4 报文封装成 IPv6 报文发送给隧道的另一个端点，同时将从隧道接收到的 IPv6 报文解封装成 IPv4 报文发送给用户网络。某些用户网络的主机本身也可以作为 CPE，直接连接到 ISP 网络，这样的主机称为 DS-Lite 主机。

② 地址族转换路由器（AFTR）：是 ISP 网络中的设备，也是 IPv4 over IPv6 隧道端点和 NAT 网关设备。AFTR 负责将解封装后的用户网络报文的源 IPv4 地址（私网地址）转换为公网地址，并将转换后的报文发送给目的 IPv4 主机；同时负责将目的 IPv4 主机返回的应答报文的目的 IPv4 地址（公网地址）转换为对应的私网地址，并将转换后的报文封装成 IPv6 报文通过隧道发送给 CPE。AFTR 执行 NAT 时，同时记录 NAT 映射关系和 IPv4 over IPv6 隧道 CPE 的 IPv6 地址，从而实现不同 CPE 连接的用户网络地址重叠。

③ 隧道：CPE 和 AFTR 之间的 IPv4 over IPv6 隧道，用来实现 IPv4 报文跨越 IPv6 网络的传输。

4. 技术类型

IPv6 隧道分为配置型隧道和自动型隧道。

配置型隧道指边界设备不能自动获得隧道终点的 IPv4 地址，需要手动配置隧道终点的 IPv4 地址，报文才能正确发送至隧道终点，通常用于路由器到路由器之间。常用的配置型隧道包括 IPv6 over IPv4 手动隧道和 GRE 隧道。

自动型隧道指边界设备可以自动获得隧道终点的 IPv4 地址，所以不需要手动配置隧道终点的 IPv4 地址，一般的做法是隧道的两个接口的 IPv6 地址采用内嵌 IPv4 地址的特殊 IPv6 地址形式，这样路由设备可以从 IPv6 报文的目的 IPv6 地址中提取出 IPv4 地址。自动型隧道可用于主机到主机，或者主机到路由器之间。常用的自动型隧道技术包括隧道代理、6to4、6over4、6RD、ISATAP、TEREDO、基于 MPLS 的隧道 6PE 等。

通过隧道技术，依靠现有 IPv4 设施，只要求隧道两端设备支持双栈，即可实现多个孤立 IPv6 网络的互通。但是总体来说，隧道实施配置比较复杂，也不支持 IPv4 主机和 IPv6 主机直接通信。

3.3.3　IPv4/IPv6 协议转换技术

IPv4/IPv6 协议转换技术为 IPv4 网络与 IPv6 网络之间的互访提供了可能。过渡期间 IPv4 和 IPv6 共存的过程面临的一个主要问题是 IPv6 与 IPv4 之间如何互通。由于两者的不兼容性，两种不兼容网络之间的互访无法实现，因此 IPv4/IPv6 协议转换技术应运而生。IPv4/IPv6 协议转换技术流程如图 3-16 所示。

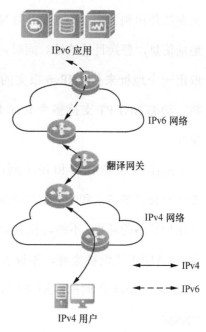

图 3-16　IPv4/IPv6 协议转换技术流程

1. NAT-PT 技术

IETF 在早期设计了 NAT-PT（网络地址转换—协议转换）的解决方案：RFC 2766、NAT-PT 通过 IPv6 与 IPv4 的网络地址与协议转换，实现了 IPv6 网络与 IPv4 网络的双向互访。

NAT-PT 由无状态 IP/ICMP 翻译（SIIT）技术和动态地址协议转换技术结合与演进而来，SIIT 提供一对一的 IPv4 地址和 IPv6 地址的映射转换，NAT-PT 在 SIIT 的基础上实现多对一或多对多的地址转换。NAT-PT 分为静态 NAT-PT 和动态 NAT-PT 两种形式。

（1）静态 NAT-PT

静态 NAT-PT 提供一对一的 IPv6 地址和 IPv4 地址的映射转换。IPv6 单协议网络域内的节点要访问 IPv4 单协议网络域内的每一个 IPv4 地址，都必须在 NAT-PT 网关中配置。每一个目的 IPv4 地址在 NAT-PT 网关中被映射成一个具有预定义 NAT-PT 前缀的 IPv6 地址。在这种模式下，每一个 IPv6 地址映射到 IPv4 地址需要一个源 IPv4 地址。静态配置适合经常在线或者需要提供稳定连接的主机。

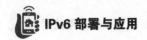

（2）动态 NAT-PT

在动态 NAT-PT 中，NAT-PT 网关向 IPv6 网络通告一个 96 位的地址前缀，结合主机 32 位的 IPv4 地址作为对 IPv4 网络中的主机的标识。从 IPv6 网络中的主机向 IPv4 网络发送的报文，目的地址前缀与 NAT-PT 发布的地址前缀相同，这些报文都被路由到 NAT-PT 网关，由 NAT-PT 网关对报文头进行修改，取出其中的 IPv4 地址信息，替换目的地址。同时，NAT-PT 网关定义了 IPv4 地址池，它从地址池中取出一个地址来替换 IPv6 报文的源地址，从而完成从 IPv6 地址到 IPv4 地址的转换。动态 NAT-PT 支持多个 IPv6 地址映射为一个 IPv4 地址，节省了 IPv4 地址的空间。

NAT-PT 支持 IPv4 和 IPv6 两种协议的相互翻译和转换，但是存在如下问题：属于同一会话的请求和响应都必须通过同一 NAT-PT 设备才能进行转换，比较适合单一出口设备的环境；不能转换 IPv4 报文头的可选项部分；缺少端到端的安全性。因此，NAT-PT 逐渐被废弃，不推荐使用。为了解决 NAT-PT 中的各种问题，同时实现 IPv6 与 IPv4 之间的 NAT-PT 技术，IETF 重新设计了新的解决方案：NAT64 与 DNS64。

2. NAT64 与 DNS64 技术

NAT64 是一种有状态的网络地址与协议转换技术，一般只支持通过 IPv6 网络侧用户发起连接访问 IPv4 网络侧的资源。但 NAT64 也支持通过手动配置静态映射关系，实现 IPv4 网络主动发起连接访问 IPv6 网络。NAT64 可实现 TCP、UDP、ICMP 下的 IPv6 与 IPv4 网络地址与协议转换。DNS64 则主要配合 NAT64 工作，将 DNS 查询信息中的 A 记录（IPv4 地址）合成到 AAAA 记录（IPv6 地址）中，返回合成的 AAAA 记录给 IPv6 侧用户。DNS64 也解决了 NAT-PT 中存在 DNS-ALG 的问题。NAT64 是 IPv6 网络发展初期的一种过渡解决方案，在 IPv6 发展前期会被广泛部署应用，而后期则会随着 IPv6 网络的发展逐步退出历史舞台。

NAT64 与 DNS64 技术的流程如图 3-17 所示。

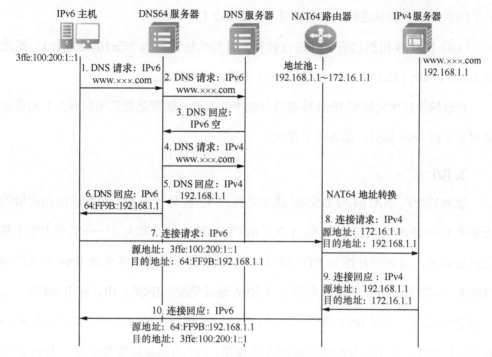

图3-17 NAT64与DNS64技术的流程

NAT64 与 DNS64 技术的流程如下。

（1）IPv6 主机发起到 DNS64 服务器的 IPv6 DNS 解析请求（IPv6 主机配置的 DNS 地址是 DNS64），IPv6 域名解析为 www.×××.com。

（2）触发 DNS64 服务器到 DNS 服务器中查询 IPv6 地址。

（3）若能查询到 IPv6 地址，则返回域名对应的 IPv6 地址；若查询不到，则返回 "IPv6 空"。

（4）再次触发 DNS64 服务器到 DNS 服务器中查询 IPv4 地址。

（5）DNS 服务器返回 IPv4 记录（192.168.1.1）。

（6）DNS64 服务器合成 IPv6 地址（64::FF9B::192.168.1.1），并返回给 IPv6 主机。

（7）IPv6 主机发起目的地址为 64::FF9B::192.168.1.1 的 IPv6 数据包；由于 NAT64 在 IPv6 域内通告配置的 IPv6 地址前缀，因此这个数据包被转发到 NAT64 路由器上。

（8）NAT64 执行地址转换与协议转换，目的地址转换为 192.168.1.1，源地址根据地址状态转换（3ffe:100:200:1::1）→（172.16.1.1），在 IPv4 域内路由到 IPv4 服务器。

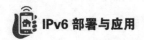

（9）IPv4 数据包返回，目的地址为 172.16.1.1。

（10）NAT64 根据已有记录进行转换，目的地址转换为 3ffe:100:200:1::1，源地址为 64::FF9B::192.168.1.1，发送到 IPv6 主机，流程结束。

协议转换技术对现有 IPv4 环境进行较少的改造（通常是更换出口网关）即可实现对外支持 IPv6 访问，部署简单便捷。

3. IVI

除 NAT-PT、NAT64 与 DNS64 技术之外，IVI 也是一种基于运营商路由前缀的无状态 IPv4/IPv6 协议转换技术。IVI 是由 CERNET2 的研究人员——清华大学李星教授提出的，对应的标准为 RFC 6052。IVI 的主要思路是，从全球 IPv4 地址空间（IPG4）中取出一部分地址映射到全球 IPv6 地址空间（IPG6）中。在 IPG4 中，每个运营商取出一部分 IPv4 地址，以在 IVI 过渡中使用，被取出的这部分地址称为 IVI4(i) 地址，且不能分配给实际的主机使用。IVI 的地址映射规则是在 IPv6 地址中插入 IPv4 地址。地址的 0 ~ 31 位为 ISP 的 /32 位的 IPv6 前缀，32 ~ 39 位设置为 FF，表示这是一个 IVI 映射地址，40 ~ 71 位表示插入的全局 IPv4 空间（IVIG4）的地址格式，如 IPv4/24 映射为 IPv6/64，而 IPv4/32 映射为 IPv6/72。目前，国内有很多地址协议转换设备都是基于 IVI 技术研发的，重点解决企业 Web 的 IPv6 改造问题。

3.3.4 其他新的过渡技术标准

除了前述几种技术标准，我国的运营商也提出了诸如 Laft6、Smart6、Space6 等相关标准。

（1）Laft6 是针对 DS-Lite 的改进，其将原本在 AFTR 上的 NAT 功能转移到 CPE 上完成，降低了 AFTR 的性能要求，提高了网络的可扩展性。

（2）Smart6 和 Space6 与 NAT64 技术类似，都是用于解决 IPv6 用户访问 IPv4 资源问题的协议转换技术。将 Smart6/Space6 网关部署在 IDC 出口，可以使 IPv6 用户访问 IPv4 的 ICP/ISP 资源，从而迁移 IPv6 流量。

3.3.5　IPv6 过渡技术对比分析

在面对一个具体的 IPv6 改造项目时，我们很多时候会听到各类要求，诸如要求现网业务的稳定性高、任何改造都不能影响现有业务的运行、可以平滑升级等。因此评估采用哪种过渡技术来实现 IPv6 改造时，需要综合判断诸多情况，具体如下。

（1）实施部署应便捷，周期不能太长，保证在国家或监管机构的规定时间内完成全部业务平台的改造，并对外提供 IPv6 服务。

（2）方案须支持双栈，对后续的演进发展到纯 IPv6 没有障碍。

（3）要考虑投资成本和影响，分步进行，优先完成对外网系统的改造（如门户网站），再进行内网系统改造。

（4）对现有业务的影响最小，对已有的 IPv4 访问不产生影响。

（5）技术通用，不同厂商的产品能够实现对接支持。

（6）不增加过多的运维成本，对 IPv6 网络的维护工作可以平稳过渡。

针对上述需求情况，表 3-1 对 3 种主流的过渡技术进行了比对。

表3-1　IPv6过渡技术对比

技术	优点	缺点
双栈技术	改造彻底； 使用范围广； 单协议用户互通性好	双栈运行对资源消耗更大，降低了设备性能； 涉及服务器和网络设备升级； 投资成本高，周期长
隧道技术	仅需对承载网进行改动； 部署快； 适用于 IPv6 孤岛间通信	配置复杂； 多次的封装 / 解封装提升了设备负载，降低了网络利用率； 给运维和网络性能带来极大的挑战
IPv4/IPv6 协议转换技术	网络架构改动小（不改动业务系统）； 部署快； 投资成本低	部分应用需要特定的 ALG（应用层网关）协同

每种过渡技术都有各自的优点和缺点，应结合应用场景和需求，在不同的场景下选择不同的过渡技术以实现 IPv6 改造：对于新建业务系统的场景，推荐采用双栈技术，同时支持 IPv4 和 IPv6，一步到位实现最优改造；对于多个孤立 IPv6 网络互

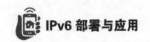

通的场景，如多个 IPv6 的数据中心区域互联，可以采用隧道技术，使 IPv6 数据封装到 IPv4 网络上传输，降低部署的成本，减轻压力；对于已经上线的业务系统，建议采用 IPv4/IPv6 协议转换技术，对现网的改动最小，可以快速部署，投资成本最低，可支持后期逐渐演进到纯 IPv6 环境。在一些特定的场景和需求下，甚至需要针对系统网络架构综合应用多种过渡技术实现 IPv6 改造。

| 3.4　运营商对 IPv6 过渡技术的选择 |

本书后面会详细介绍运营商在过去几十年间如何进行 IPv6 技术改造和应用研究，这里简要介绍运营商对 IPv6 过渡技术的选择。

自 2002 年信息产业部"下一代 IP 电信实验网"（6TNet）项目和科学技术部"863 计划"信息技术领域专项"高性能宽带信息网"（3TNet）启动以来，以中国电信为主的国内运营商便启动了 IPv6 过渡技术的试点工作，主要集中在宽带用户接入这个主流市场上。针对宽带业务，运营商的主流技术包括 NAT444、DS-Lite 等。另外，运营商针对 IPv6 访问 IPv4 资源问题，也在制定 Smart6、Space6 等技术标准。

1. NAT444技术

严格来说，NAT444 技术本身和 IPv6 关系不大，其实现的还是 IPv4 私网到 IPv4 公网的翻译。NAT444 技术是通过将私网地址引入运营商的网络，从而缓解当时 IPv4 地址不足的问题。

在 NAT444 架构中，网络地址分为 3 个部分：用户家庭私网地址、运营商私网地址和互联网公网地址。通过 CPE 和 CGN 的两次 4 到 4 的转换，用户家庭私网地址被转换为互联网公网地址，因此称之为 NAT444。需要注意的是，NAT444 解决的主要是 IPv4 地址不足的问题，并不能积极促进用户向 IPv6 方向演进。之所以将其作为向 IPv6 过渡的技术之一，是因为 NAT444 配合双栈技术可以平滑地向 IPv6 演进。特别是在国内，当时 IPv4 地址数量已经不足，这是运营商首先要解决的问题。

NAT444 在网络中的架构如图 3-18 所示，定义的 CPE 为路由型设备，但这并不妨碍 CPE 作为桥接设备时的 NAT444 部署。NAT444 的优点在于其只需要在运营商进行 LSN 设备的部署，对用户端设备没有任何要求。这比较符合国情，当时 CPE 大多为桥接设备 [如 ADSL（非对称数字用户线）调制解调器和 ONU（光网络单元）等]，其只能二层透明传送 IPv6 报文，但这并不影响通过 LSN 设备的部署来实现 NAT444 方案。只是当时运营商是为用户终端分配私网地址，而不是为 CPE 分配私网地址。由于这种方式对 CPE 没有任何要求，因此对于运营商而言不需要对现网的海量 CPE 进行改造更换，这大大降低了改造成本，在当时看来是比较可行的大规模部署方案。

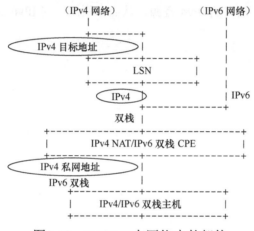

图3-18　NAT444在网络中的架构

2. DS-Lite技术

DS-Lite 技术是翻译和隧道技术的结合，在 IETF 中的标准为 RFC 6333。标准中定义了两种架构：基于主机的架构和基于网关的架构。基于主机的架构是将 B4 功能集成到主机内，类似于一个 VPN 用户端软件。在基于网关的架构中，B4 就是 CPE，由于已是一个路由型 CPE，因此，其与常见的桥接性 CPE 不同。在 DS-Lite 部署场景中，运营商只为 B4（CPE 或主机）分配 IPv6 地址，可以加大城域网中的 IPv6 流量，促进 IPv6 的部署。对于双栈用户终端而言，IPv4 的流量通过 DS-Lite 隧道访问，IPv6 的流量则直接通过路由转发。随着 IPv6 资源的日益丰富，用户终端逐步可以由双栈迁移到纯 IPv6 终端。

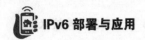

国内运营商针对 DS-Lite 也提出了增强的轻量级 IPv6 过渡（LAFT6）的技术标准，相比 DS-Lite，LAFT6 将原本在 AFTR 上的 NAT 功能转移到 CPE 上实现，降低了 AFTR 的性能要求，提高了网络的可扩展性。但是，由于 DS-Lite 部署需要改造用户的 CPE，因此改造成本较高，这也导致 DS-Lite 技术在国内外一直都没有大规模部署，在国内运营商试点应用后期，这种改造方式也慢慢被舍弃。

3. Smart6和Space6技术

中国电信提出了 Smart6 和 Space6 技术，它们都在 NAT64 的基础上进行了相应的改进。Smart6 和 Space6 技术可以部署在 IDC 出口，在 IPv6 资源有限的情况下，可以使 IPv6 用户访问已有的 IPv4 资源，从而牵引用户向 IPv6 迁移。

第 4 章

04

运营商 IPv6
改造方案

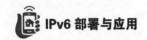

本章着重介绍国内运营商的 IPv6 改造技术方案。过去许多年，国内 IPv6 的技术研究及应用主要集中在运营商方面。中国电信在宽带互联网领域的技术投入使得其在 IPv6 的演进中扮演了重要的角色，2001 年，中国电信启动了"IPv6 总体技术方案"项目的研究工作，之后在北京、上海、广东和湖南等地进行 IPv6 试验与测试工作；2012 年，中国电信启动了下一代互联网的演进工作，其东部 80%、中西部 50% 和北方 30% 的城域网，以及全网四星级以上的 IDC 网络具备 IPv6 接入能力，IPv6 网络覆盖宽带用户规模达到 8000 万人。在工业和信息化部下发了关于贯彻落实《推进互联网协议第六版（IPv6）规模部署行动计划》的通知后，根据要求，国内三大电信运营商积极推进 IPv6 的规模部署，全面实施对城域网、接入网、数据中心、云资源池、业务平台、办公网络、IP 业务支撑系统、门户网站、App 系统、安全系统和安全设备的专项 IPv6 改造工作。

中国移动一直积极贯彻国家关于 IPv6 规模部署的相关要求，2010 年就已经开始通过 CNGI 项目开展 IPv6 技术研究和试点；2012—2013 年，在国家发展和改革委员会的组织下，10 个省（自治区、直辖市）开展了 IPv6 规模试点；2014—2016 年，业界首次采用 IPv6 单栈部署 VoLTE 业务，用户规模达到 3000 万人；2017—2018 年，按照工业和信息化部关于贯彻落实《推进互联网协议第六版（IPv6）规模部署行动计划》的通知要求，全网开展 IPv6 改造。

中国联通同样在全业务领域积极落实 IPv6 的规模部署工作，截至 2018 年，支持 IPv6 的 IDC 已覆盖 31 个省（自治区、直辖市）130 个地市，全国共有 353 个 IDC，超大型、大型 IDC 已全部支持 IPv6；在应用领域，中共中央网络安全和信息化委员会办公室 IPv6 网站与中国联通北京分公司 IDC 网络完成对接，北京分公司实现 IPv6 互联网专线的开通，浙江联通在杭州完成与阿里云的 IPv6 连通性测试，IPv6 路由宣告成功，北京、济南、青岛、武汉的 DNS 改造完成。

接下来的章节将主要以中国电信为例介绍运营商在推进 IPv6 规模部署工作中的技术解决方案。

| 4.1 IPv6 改造早期建设模式 |

2012 年，中国电信启动了下一代互联网规模商用示范工程，最早从北京、上海、广东等 10 个省（自治区、直辖市）开始开展试点工作，研究下一代互联网在"十二五"期间的发展思路和网络升级改造目标，在前期试点的基础上，进一步拓展部署省份和扩大城市范围。当时，中国电信启动 IPv6 技术规模商用的背景是全球 IPv4 顶级地址在 2012 年已耗尽，所有 IPv4 地址空间已分配给五大区域的互联网注册机构：非洲网络信息中心（AFRINIC）针对非洲；美洲网络信息中心（ARIN）针对南极洲、加拿大、加勒比海的部分地区和美国；亚太互联网络信息中心（APNIC）针对东亚、大洋洲、南亚和东南亚；拉丁美洲网络信息中心（LACNIC）针对加勒比海的大部分地区和整个拉丁美洲；欧洲 IP 资源网络协调中心（RIPE NCC）针对欧洲、中亚和西亚。因此，地址紧张问题是当时中国电信进行 IPv6 改造的主要原因，改造的目的是解决持续增长的互联网用户的地址分配问题。

4.1.1 IPv6 技术改造的可行性分析

1. 网络及技术状态分析

在确定启动下一代互联网规模商用示范工程后，中国电信对现网设备和技术进行了调研及评估。相关数据显示，当时国内支持 IPv6 双栈能力的整体情况如下。

（1）骨干网 90% 以上的设备硬件支持 IPv6 双栈能力，20% 的软件须升级支持。

（2）城域网 CR 设备硬件支持 IPv6 双栈能力，50% 的软件须升级支持；SR 设备 15% 的硬件须升级支持，50% 的软件须升级支持；BAS（宽带接入服务器）设备硬件支持，80% 的软件须升级支持（部分旧设备无法升级）。

（3）接入网设备不支持 IPv6 双栈能力，只支持 IPv6 报文透传。

（4）绝大多数家庭、企业网关不支持 IPv6 双栈能力。

（5）IDC 80% 以上的软硬件须升级支持，出口路由器只支持 IPv6 双栈能力，系统内交换机只支持 IPv6 报文透传。

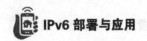

（6）支撑系统方面，宽带用户认证 AAA 系统的大多数软件支持 IPv6 双栈能力；全国 30% 的 DNS 暂不支持，需进行系统软件升级才可支持；全国 50% 的网关系统暂不支持，需进行系统升级才可支持。

可以看出，接入网设备无法升级、端到端双栈实现困难、部分设备软件升级有风险，这些情况都会影响网络向 IPv6 演进。

2. 技术演进状态分析

当时，IPv6 基本路由协议、双栈和 MIP（移动 IP）技术标准已基本成熟；过渡技术（隧道技术、IPv4/IPv6 协议转换技术）成为研究热点，种类多但正式标准较少，存在的问题包括：主流厂家倾向于支持正式标准，部分私有协议不能在网络中规模部署，QoS 技术缺少实际有效的技术手段。中国电信对 IPv6 的 3 种过渡技术进行了详细分析。

（1）双栈技术。该技术的特点是终端、应用平台主机根据业务需要进行 IPv4 或 IPv6 数据封装；网络节点同时支持 IPv4 和 IPv6 协议栈，逻辑上分离；应用涉及的各个网络层面都需要支持双栈。存在的主要问题是：同时占用 IPv4 和 IPv6 地址，公网不能解决地址问题，以及不能实现 IPv4 和 IPv6 应用互通。

（2）隧道技术。该技术的特点是可将 IPv4 数据嵌套在 IPv6 数据包中传送，或将 IPv6 数据嵌套在 IPv4 数据包中传送；同协议两端的应用可穿越不同的协议网络；网络侧解决网络孤岛的问题，如 6PE 和二层隧道协议（L2TP），用户侧解决纯 IPv6 接入应用孤岛的问题，如 DIVI。存在的主要问题是：规模部署隧道在配置和管理上复杂度较高，不能实现 IPv4 和 IPv6 应用互通，可选技术较多但除 6PE 和 L2TP 外都不太成熟。

（3）IPv4/IPv6 协议转换技术。该技术的特点是网络部署协议翻译网关，可将 IPv4 数据包转换成 IPv6 数据包或将 IPv6 数据包转换成 IPv4 数据包；可以进行地址翻译，用于在 IPv4 私网地址与公网地址间转换；解决 IPv4/IPv6 网络或应用互访、私网地址使用的问题。存在的主要问题是：大量应用网间翻译容易造成性能瓶颈，目前协议转换技术尚不成熟，尤其是 4to6。

3. 技术演进需求

从业务需求的驱动力和整条产业链发展情况来看，双栈技术不能解决 IPv4 地址不足的问题，用于纯 IPv6 接入的隧道技术和 IPv4/IPv6 协议转换技术尚未成熟，网络由 IPv4 向 IPv6 过渡、推进产业链整体向 IPv6 迁移是运营商对 IPv6 总体演进的需求。

4. 技术演进总体路线

IPv6 的过渡方案首先应解决地址紧缺问题，其次应满足未来新兴业务（促进三网融合、拓展物联网）的发展需求，结合 IPv6 应用的迁移路径（IPv4 主导→ IPv4/IPv6 持平→ IPv6 主导）来制定合理的网络演进方案。此外，IPv6 过渡方案需要考虑用户和应用迁移的主要需求，并考虑网络部署的难度和成本，确保过渡期的平稳性和逐步可推进性。当时主流的应用及网络迁移实施方式有双栈过渡演进方式和新建纯 IPv6 网络演进方式。

（1）双栈过渡演进方式

在双栈过渡演进过程中，整个实施过程可分为两个阶段。第一阶段是 IPv4 私网双栈过渡阶段，采用在城域网中部署 IPv4 私网地址来解决 IPv4 地址不足的问题。第二阶段是端到端纯 IPv6 网络阶段，网络、终端、业务平台逐步具备双栈能力，随着 IPv6 业务需求的增加，逐步启用双栈，最终向纯 IPv6 网络过渡。运营商网络中的双栈实施状况如图 4-1 所示。

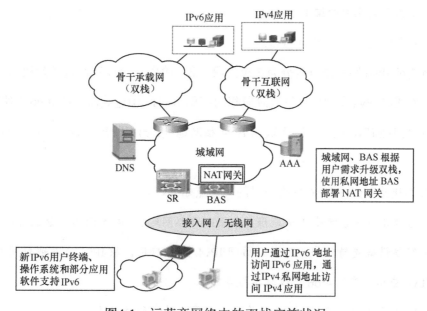

图4-1 运营商网络中的双栈实施状况

① IPv4 私网双栈过渡阶段的关键点如下。

➤ 在地址短缺区域为新用户分配私网地址，在其他区域冗余分配公网地址，提前释放 IPv4 地址不足的压力。

➤ 用户及应用：选择城域网逐步推广 IPv6 用户，可访问 IPv6 应用，终端和操作系统须升级支持 IPv6 双栈能力；原有 IPv4 用户终端保持，仍访问原有 IPv4 应用。

➤ 新入网设备要求支持 IPv6。

➤ 推进自营业务升级支持 IPv6，骨干网（承载网或 163 网，需要根据开启的影响程度选择 163 网或承载网）开启双栈。

➤ 推广 IPv6 用户的城域网核心设备升级支持 IPv6 双栈能力，新增 BAS 双栈，部署 NAT 网关。

② 端到端纯 IPv6 网络阶段的关键点如下。

➤ IPv4 应用全部迁移到 IPv6，用户终端设备支持 IPv6 单栈能力，所有应用软件全部支持 IPv6。

➤ 骨干网设备关闭 IPv4 协议栈，如果 IPv4 应用全部迁移时间较短，部分已开启双栈城域网，则未开启双栈城域网的 IPv4 应用直接升级支持 IPv6 单栈能力。

➤ BAS 只为用户分配 IPv6 地址。

（2）新建纯 IPv6 网络演进方式

新建纯 IPv6 网络演进可分为 3 个阶段：第一阶段，IPv4 私网过渡阶段与双栈过渡演进方式的 IPv4 私网双栈过渡阶段相同；第二阶段，渐进式新建纯 IPv6 网络阶段，推进网络向纯 IPv6 过渡，逐步取消 IPv4 私网地址；第三阶段，端到端纯 IPv6 网络阶段。

① 渐进式新建纯 IPv6 网络阶段的关键点如下。

➤ 为部分用户分配纯 IPv6 地址：为原 IPv4 私网地址、新入网用户分配 IPv6 地址。

➤ 终端设备支持双栈，可同时访问 IPv4/IPv6 应用，原 IPv4 公网地址用户如需访问 IPv6 应用，采用 4to6 协议转换技术等。

➤ 城域网 BAS、SR 开启 IPv6 单栈，部署隧道、翻译网关。

➤ 城域网第二平面以 IPv6 为主。

➤ 用户侧新网关支持隧道、翻译功能,或者用户侧终端安装隧道、翻译软件。

② 端到端纯 IPv6 网络阶段的关键点如下。

➤ 接入用户全部分配纯 IPv6 地址。

➤ 将大部分 IPv4 应用迁移到 IPv6,IPv6 接入用户可同时访问 IPv6 和 IPv4 应用,不允许 IPv4 用户访问 IPv6 业务。

双栈过渡演进方式和新建纯 IPv6 网络演进方式都能够解决 IPv4 地址不足的问题,也都能够过渡到 IPv6 应用和网络。但是,这两种过渡方式对网络、用户和应用的要求,各自的优势及主要面临的风险还存在很大的区别,将直接影响中国电信的 IPv6 技术演进策略。表 4-1 对两种演进方式进行了详细比较。

表4-1　两种演进方式对比

演进方式	双栈过渡演进方式	新建纯 IPv6 网络演进方式
共同点	1. 都能解决地址不足的问题;2. 都能过渡到纯 IPv6 应用和网络	
网络的要求	1. 部署电信级 NAT 设备; 2. 根据 IPv6 业务要求启用骨干网双栈,根据 IPv6 用户需求启用城域网双栈	1. 初期也要部署电信级 NAT 设备; 2. 中后期部署电信级翻译或隧道网关设备; 3. 新增 BAS/ 移动分组域等设备可采用 IPv6 单栈
用户及应用的要求	1. 如果用户访问 IPv4 和 IPv6 应用,要求平台同时支持 IPv4 和 IPv6; 2. 如果有 IPv6 应用需求的终端要求支持双栈,则为用户分配 IPv4 私网和 IPv6 地址	1. 应用可以仅支持 IPv4 或 IPv6; 2. 旧终端可沿用 IPv4 单栈,新终端可沿用 IPv6 单栈、双栈,只为新用户分配 IPv6 地址; 3. 网关或用户终端需支持隧道、IPv4/IPv6 协议转换技术
优势	1. 地址协议转换技术比较成熟; 2. 用户侧网关和软终端实现复杂度较低	网络先行具备纯 IPv6 支持能力,对用户向 IPv6 迁移更有吸引力
主要风险	1. 如果 IPv4 应用长期存在,则须规模使用 IPv4 私有地址,对端到端业务使用、网络地址规划和复用的问题尚未验证; 2. 电信级 NAT 设备性能尚未验证; 3.IPv4 私有地址解决地址紧缺问题,对用户和应用向 IPv6 的迁移推进力度小	1. 用于纯 IPv6 接入的隧道、IPv4/IPv6 协议转换技术尚不成熟,需要验证可运营、可管理的解决方案; 2. 电信级隧道、翻译网关的性能尚未验证
综合评价	1. 被动等待演进型——平稳; 2. 面临 IPv4 私网地址规模使用风险	1. 主动推进演进型——积极; 2. 面临隧道、IPv4/IPv6 协议转换技术不成熟风险

根据上述分析,从国际上的总体情况来看,国外运营商选择双栈过渡演进方式

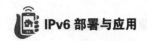

的原因在于它们的地址并不紧缺，拓展新用户压力不大，占据 IPv6 竞争格局优势。双栈过渡演进方式是比较稳妥的方案，但在国内，网络全程升级双栈难度较大，短期实现成本较高；基于隧道技术和 IPv4/IPv6 协议转换技术的纯 IPv6 网络演进具有一定的技术风险。两条迁移路线都有不确定因素和风险。因此，实施 IPv6 技术演进的策略需要兼顾多种方案，注重实效，验证和制定切实可操作的迁移路线。初期主要采取分区域分配私网 IPv4 地址的方案，在部分政企、自营业务及公众用户间开展小范围 IPv6 应用试点，并积极推进隧道技术和 IPv4/IPv6 协议转换技术。在 IPv4 地址枯竭后，以及隧道技术、IPv4/IPv6 协议转换技术不成熟的情况下，根据业务需求逐步建设双栈网络。待隧道技术、IPv4/IPv6 协议转换技术成熟后，开始分配纯 IPv6 地址，并渐进式建设 IPv6 单栈网络，同时逐步将应用迁移到 IPv6 网络。

5. 设备及系统调研评估

在初步明确 IPv6 演进路线后，中国电信组织各主流软硬件厂商对升级改造各主要环节的设备、系统支撑情况进行了全面的调研，如表 4-2 所示。

表4-2　主流软硬件厂商对IPv6的支持及改造分析

设备	评估内容
路由器	现网设备评估：主流路由器支持 IPv6 路由协议、双栈报文的高速转发
	可行性分析：大部分设备可以进行软件升级，小部分设备需要硬件替换
BAS	现网设备评估：主流 BAS 设备支持 IPv6 PPPoE、IPv6 的地址配置与用户接入，部分设备还需要满足现网场景，旧设备不再支持 IPv6 的后续开发
	可行性分析：部分设备可以进行软件升级，近一半设备需要硬件替换
PDSN	现网设备评估：主流 PDSN 设备基本支持简单 IP 和移动 IP 功能，支持 IPv6 移动用户接入、认证
	可行性分析：现网设备通过软件升级即可实现 IPv6 功能
DNS	现网系统评估：主流 DNS 软件已开发支持 AAAA 记录、A6 记录的添加和查询版本
	可行性分析：升级现网 DNS 服务器的软件版本，升级 DNS 负载均衡设备
防火墙	现网设备评估：主流防火墙支持简单的 IPv6 用户访问控制、流量监测等功能
	可行性分析：部分设备可以进行软件升级，部分设备需要硬件替换
终端	现网终端评估：2010 年前的用户侧网关不支持双栈，现网用户侧网关基本不支持 DS-Lite；移动终端芯片基本不支持 IPv6，Windows XP 不支持 IPv6 PPPoE 拨号功能
	可行性分析：现网在用的绝大部分用户侧网关的替换将是一项长期持续的工作，同时须提升移动终端的 IPv6 能力并开发不依赖手机芯片的 IPv6 终端方案

4.1.2 建设思路

为满足国家"十二五"时期 IPv6 商用部署的要求，以向下一代互联网演进为目标，以解决 IPv4 地址枯竭问题为核心，各地方根据各地的地址短缺时间点和网络设备能力，有计划地实施网络升级改造，因地制宜部署过渡技术，解决地址短缺问题，满足用户和业务的可持续发展，逐步实现网络的平滑演进。具体的技术演进思路聚焦在网络和业务两个领域。

网络演进思路：根据地址短缺、设备能力、业务发展等情况，结合网络的常规扩容升级，分阶段、分步骤实施网络改造，以最小代价实现网络演进；骨干网、城域网核心层、IDC 以双栈技术为基础进行网络升级改造，具备 IPv6 用户和业务承载能力；根据业务发展需求和地址紧张的情况，分地域在城域网部署 DS-Lite、NAT444 等过渡技术；移动分组域 CTWAP 引入 NAT444，CTNET 以公网双栈为主；升级改造 IP/IT 支撑系统，实现对双栈及过渡技术环境下用户的业务支撑。

业务演进思路：网上营业厅、掌上营业厅进行双栈改造，实现 IPv6 用户的访问与业务使用；业务平台进行双栈改造，先行实施 189 邮箱及基地平台中部分功能的改造，提供 IPv6 的应用访问服务；新业务，如物联网、云计算及行业应用等，优先采用 IPv6 地址；IPTV 作为封闭型业务改用 IPv4 私网地址。

4.1.3 整体网络架构

中国电信早期的网络架构如图 4-2 所示。该网络架构大致可分为用户终端、承载网、IDC、业务平台及运营支撑系统。其中，承载网根据承载的业务及网络的层级又可细分为骨干网、城域网、移动分组网和接入网。从前面对现网设备的分析可以看出，骨干网核心层路由器已基本具备双栈能力，承载网改造的重点为城域网，城域网是由业务接入控制点（包括 BAS 和 SR）及控制点以上的核心路由器（CR）组成的三层路由网络，分为核心层和业务接入控制层两层。核心层由核心路由器组成，负责对业务接入控制点设备进行汇接并提供 IP 城域网到骨干网的唯一出口。核心路由器可级联为两级，其中，出口路由器双挂 ChinaNet 骨干网和

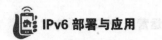

CN2 骨干网，提供 IP 城域网到骨干核心层的出口；其他核心路由器上联出口路由器，完成业务接入控制点的分片汇接。城域网出口配置高性能的出口路由器，具备业务识别、标识和策略路由功能。业务接入控制层又称业务网关，由 BAS 与 SR 两种业务接入控制点组成，主要负责业务接入控制。BAS 主要实现拨号和专线接入互联网网关、多播网关功能，也可实现部分 MPLS PE 功能；SR 主要实现政企专线接入互联网、MPLS PE 和多播网关功能。业务接入控制点是业务实现、提供和管理的关键节点，如安全控制、QoS 控制、访问权限控制，以及增值业务的提供和控制，相当于 IP 网的业务端局，统一业务接入控制点设备的技术规范，并适当控制业务接入控制点设备的种类和数量，提高网络对业务的支撑能力。

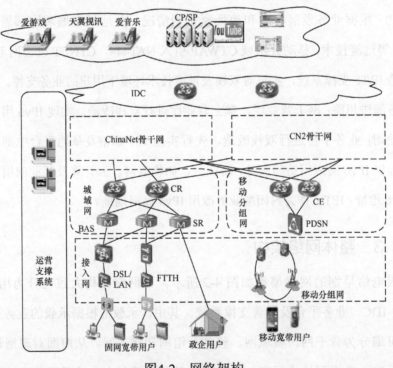

图4-2 网络架构

整体网络的 IPv6 升级改造主要内容如下。

（1）自营业务 / 门户网站升级支持双栈。

（2）IDC 网络升级支持双栈。

（3）ChinaNet 骨干网启用双栈，CN2 骨干网支持 6PE/6VPE 隧道。

（4）城域网升级支持双栈，根据各省地址情况部署 NAT444、DS-Lite 过渡技术。

（5）移动分组域新建或升级支持双栈。

（6）有线 / 移动接入网两层透传。

（7）移动终端支持双栈，部分现有固网网关升级支持双栈及 DS-Lite，新增或替换网关支持双栈及 DS-Lite。

4.1.4　网络过渡技术的选择与部署

2012 年，中国电信明确在各省（自治区、直辖市）的城域网建设中选择 NAT444 和 DS-Lite 作为过渡技术，选择的依据为各省（自治区、直辖市）电信分公司的地址缺口预测和 FTTH 用户发展规划。具体策略为在地址缺口大的区域以 NAT444 为主，在新增用户、FTTH 迁移用户较多且地址缺口较小的区域以 DS-Lite 为主，合理控制 NAT444 与 DS-Lite 部署规模，为简化运营、降低维护复杂度，原则上一个城域网内只部署一种过渡技术。

在后续各省（自治区、直辖市）具体选择相应过渡技术的过程中，地址缺口以 32 万个和 65 万个为限、新增用户的消耗地址需求以 6.5 万个为限，并在此基础上明确不再为各省（自治区、直辖市）电信分公司分配新的公网地址，具体内容如表 4-3 所示。

表4-3　各场景下的技术改造方案

分类	地址缺口	改造方案
1	地址缺口大于 65 万个（10 个 B）且地址月消耗量大于 6.5 万个（1 个 B）	需释放大量的 IPv4 公有地址，主要采用私网双栈，部分区域采用 DS-Lite 技术
2	地址缺口大于 32 万个（5 个 B）或地址月消耗量大于 6.5 万个（1 个 B）	采用 DS-Lite 技术来满足新用户和 FTTH 迁移用户的地址需求，同时部分区域也可采用私网双栈的方式
3	地址缺口小于 32 万个（5 个 B）	新增用户和 FTTH 迁移用户集中区域采用 DS-Lite 技术直接分配 IPv6 地址，减少新增 IPv4 地址需求的压力，控制 NAT444 部署

注：B 表示 B 类 IP 地址中单个网段的最大连接主机数。

4.1.5　过渡技术部署方案

1. DS-Lite

各省（自治区、直辖市）电信分公司主要在新增用户和 FTTH 迁移用户集中区

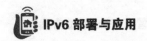

域采用 DS-Lite 过渡技术，该技术适用于地址压力较小的区域，主要面向新增用户与 FTTH 改造用户（不用替换用户网关），减少对 IPv4 公网地址的新增需求。

通过分析图 4-3 可知，在选择使用 DS-Lite 过渡技术的场景中，有两种部署方式。其一，对于核心层路由器，需要进行升级和改造，以支持公网双栈。当城域网中的 FTTH 网络和新增用户分布较为分散时，可以采用旁挂 CR 设备的方式进行集中式 DS-Lite 部署。其二，在 FTTH 网络和新增用户集中的区域，业务控制层的 BAS 设备也需要通过升级和改造来支持公网双栈，并采用 BAS 插卡方式进行分布式 DS-Lite 部署。除此之外，还需要同步建设溯源系统，升级 AAA 系统、DNS、网络管理系统、ITMS（终端综合管理系统）及 IT（信息技术）支撑系统等。

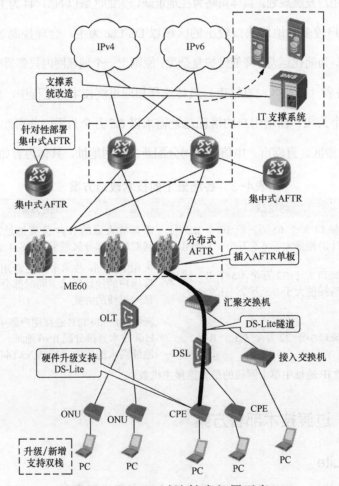

图4-3　DS-Lite过渡技术部署示意

2. NAT444

各省（自治区、直辖市）电信分公司主要在地址缺口大的区域大量回收已向用户分配的 IPv4 公网地址，并在这样的场景下使用 NAT444 过渡技术。

通过分析图 4-4 可知，在选择使用 NAT444 过渡技术的场景中，同样需要对核心层路由器进行升级改造以支持公网双栈；对业务控制层的 BAS 设备进行升级以支持 IPv6；替换部分 BAS 设备以满足地址需求；主要以 BAS 插卡方式部署分布式 NAT444 的 BAS 设备同样通过升级改造支持公网双栈；升级 AAA 系统、DNS、网络管理系统、ITMS 及 IT 支撑系统等，新部署溯源系统。

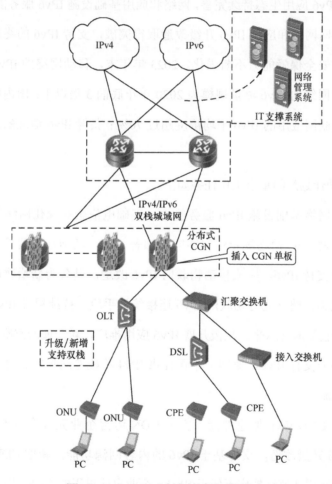

图4-4　NAT444过渡技术部署示意

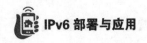

| 4.2 IPv6 规模部署改造方案落实 |

2021 年 7 月，工业和信息化部、中共中央网络安全和信息化委员会办公室下发的《IPv6 流量提升三年专项行动计划（2021—2023 年）》（以下简称《专项行动计划》）对国内运营商提出了如下主要要求。

用三年时间，推动我国 IPv6 规模部署从"通路"走向"通车"，从"能用"走向"好用"，基本形成应用驱动、协同创新的 IPv6 良性发展格局，我国 IPv6 流量规模大幅提升，IPv6 应用生态持续完善，网络和应用基础设施 IPv6 服务能力显著增强，主要商业互联网网站和应用 IPv6 升级改造取得突破，支持 IPv6 的终端设备规模加快扩大，IPv6 安全保障能力不断强化。2023 年年末，移动网络的 IPv6 流量占比超过 50%，固定网络的 IPv6 流量规模为 2020 年年底的 3 倍以上；国内排名前 100 名的商业移动互联网应用的 IPv6 平均浓度超过 70%；获得 IPv6 地址的固定终端占比超过 80%。

《专项行动计划》的重点工作任务如下。

（1）提升网络基础设施 IPv6 服务能力。基础电信企业深化网络基础设施 IPv6 改造，千兆光网、5G 网络等新建网络同步部署 IPv6，新增互联网骨干直联点和新型交换中心应支持 IPv6。完成移动物联网 IPv6 改造，具备为新增物联网终端分配 IPv6 地址的能力，建立完善物联网 IPv6 连接统计手段。持续提升 IPv6 网络的运行维护、故障排查等服务水平。积极开展 IPv6 应用推广，新开通的家庭宽带、企业宽带和专线业务应支持 IPv6，原则上不再提供 IPv4 单栈专线扩容。进一步优化 IPv6 单栈专线开通流程。

（2）优化 CDN IPv6 加速性能。主要 CDN 运营企业完成全部 CDN 节点的软硬件设施 IPv6 升级改造，支持基于 IPv6 的内容回源功能，新增 CDN 节点应支持 IPv6。IPv6 的应用加速性能应不低于 IPv4。企业自建自用的 CDN 节点应支持 IPv6。

（3）加快数据中心 IPv6 深度改造。主要数据中心运营企业进一步完善数据中心 IPv6 业务开通流程，按需扩容数据中心 IPv6 出口带宽，新建的数据中心应支持 IPv6。企业自建自用的数据中心应支持 IPv6。

（4）增强域名解析服务器 IPv6 解析能力。域名解析服务运营企业继续提高 IPv6 的域名解析能力，优化 IPv6 的域名解析性能，IPv6 的域名解析性能应不低于 IPv4 的。

（5）推进 IPv6 网络及应用创新。基础电信企业、互联网企业、重点行业企业加大 IPv6 分段路由（SRv6）等"IPv6+"网络技术创新力度，加快技术研发及标准研究进度，扩大现网试点并逐步实现规模部署。

（6）加快存量终端设备的 IPv6 升级改造。基础电信企业、互联网接入服务提供商、终端设备企业加快对具备条件的存量终端设备，通过固件和系统升级等方式支持 IPv6，引导用户开展老旧终端设备替换，逐步实现在网家庭网关、企业网关、家庭无线路由器等终端支持 IPv6。

4.2.1 无线网络

1. 现状

4G 无线网对用户业务数据完全透传，对 EPC（4G 核心网）分配给用户的 IP 地址不进行任何操作，因此，4G 无线网为用户提供的 IPv6 业务能力和无线网网络层的 IPv6 能力是各自独立的。当前，中国电信的 4G 无线网虽然采用 IPv4 地址和相关技术进行组网，但对于 EPC 为用户分配 IPv6 地址进行上网服务的能力，4G 无线网基站和设备网管软硬件均无须改造或升级。

无线网改造过程中主要是对 LTE 无线网基站设备、网管设备及无线网网络层进行 IPv6 改造。从 4G 无线网网络设备层自身来看，中国电信的 4G 无线网通过 IPv4 地址和相关技术进行组网，尚不具备 IPv6 网络能力。如果要开启无线网网络设备层（含 S1-C 和 S1-U）IPv6 能力，根据调研了解到，各设备厂家的基站和设备网管硬件基本都支持 IPv6，因此，只需要进行软件升级和相关 IPv6 地址配置等操作。华为、中兴等厂家的基站支持 IPv6 的版本目前只有实验版本，后续才提供商用版本；各设备厂家基站和网络管理系统在 IPv4/IPv6 单栈 / 双栈实现上存在区别，华为、中兴、

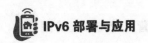

诺基亚支持 IPv4/IPv6 双栈；爱立信、大唐只支持单栈（2018 年统计）。

2. 改造方案

在中国电信的现有无线网方面，4G 无线网网元数量超百万，6 家无线网主设备厂家基站分布不集中，通常一个地市有两家以上基站设备，因此无线网设备向 IPv6 升级演进需要一个较长的分步实施过程。

在用户业务方面，无线网基站设备和网管软硬件均已具备用户 IPv6 地址接入互联网服务的能力，无须进行任何改造或升级调整。

在网络设备方面，4G 无线网网络层 IPv6 升级演进必须在核心网、承载网、时钟服务器部署 IPv4/IPv6 双栈，无线网网管需先升级，实现对基站的 IPv4/IPv6 双栈管理能力，无线网基站（含 S1-U 和 S1-C）在分片完成 IPv6 单栈或 IPv4/IPv6 双栈升级的条件下，才能实现无线网网管设备自身及北向接口的 IPv4/IPv6 双栈、IPv6 单栈演进。

基站与核心网的 S1 接口可以先增加 IPv6 地址，保持 IPv4/IPv6 双栈，待 IPv6 的核心网业务正常后再删除 IPv4 的配置。

LTE 基站与基站的 X2 接口可以先增加 IPv6 地址，保持 IPv4/IPv6 双栈，待业务正常后再删除 IPv4 的配置。另外，LTE 基站与周围基站连接（包括与 X2、S1，以及网管运维接口等连接）同时完成 IPv6 升级存在过渡时间，所以基站设备最好支持 IPv4/IPv6 双栈。对于只支持单栈的爱立信设备和贝尔设备，基站改造期间异栈 X2 不通，需通过 S1 完成切换，同时建议加快升级进度，完成全网 IPv6 升级。

4.2.2 DNS

1. 现状

DNS 解析是互联网访问的第一步，无论是使用笔记本电脑的浏览器访问网络，还是打开手机 App，第一步必然要经过 DNS 解析流程。对于一个比较复杂的网站来说，DNS 解析时间约占初始页面登录时间的 29%，所以整个 DNS 解析的性能对于访问一个网站有着至关重要的作用。如果 DNS 比较差，或者它的稳定性比较差，则可能会对用户的访问产生非常大的影响。对于 DNS 的 IPv6 技术改造，首先是 DNS 解析服务器的环境要支持 IPv6，能够处理 IPv6 的 DNS 请求，支持 AAAA 系统、AAAA 的权威负载，以及智能线路细分，满足网内双栈统一调度的需求。然后通过自定义的策略，使 IPv6 可以更加正确地进行线路划分。

中国电信的 DNS 主要为中国电信网内用户访问网络提供域名解析服务，由部署在中国电信网内不同位置的缓存服务节点和授权服务节点组成。全网缓存服务节点支持 AAAA 记录查询的设备比例超过 50%，可通过 IPv6 访问的设备比例超过 30%；授权服务节点支持 AAAA 记录查询的设备比例超过 80%，可通过 IPv6 访问的设备比例为 23%，尚不具备全网的 IPv6 解析支持能力，需要各省加快推进省内 DNS 的设备改造与软件升级，实现 DNS 全面支持 IPv4 和 IPv6 解析。

2. 改造方案

总体上对 DNS 进行 IPv6 改造，实现系统对外提供 IPv6 服务地址，支持 CA 记录查询，实现 DNS 支持 IPv4/IPv6 双栈运行。

对于不支持 IPv6 的 DNS 及其配套设备，应进行设备改造和软件升级，可先单独部署一套 DNS IPv6 系统试运行，在组网上采用双协议栈方式实现对 IPv6 和 IPv4 的同步支持，在功能上采用分阶段的方式逐步实现 DNS 解析功能对 IPv6 的全面支持。在新部署的 DNS IPv6 系统功能测试完成的情况下，通过对原有 DNS 服务器进行相应的软件升级，以满足全网对 IPv4/IPv6 需求的支持，而系统原有的组网结构不改变。

在节点中部署 DNS 安全缓存设备、接入路由设备，采用双协议栈组网方式同时支持 IPv4 和 IPv6 的报文解析，在部署双协议栈网络时，主机和路由同时运行两种协议，在与 IPv6 主机通信时，双协议 DNS 服务器采用 IPv6 地址，在与 IPv4 主机通信时，双协议 DNS 服务器采用 IPv4 地址，安全缓存设备下联 DNS 递归服务器。系统应实现对不同封装模式 DNS 解析请求的支持。

（1）支持 IPv6 的请求报文，并以 IPv6 报文应答。

（2）IPv4 封装的 A 类请求，返回 IPv4 结果，并封装在 IPv4 报文中。

（3）IPv4 封装的 AAAA、A6 类请求，返回 IPv6 结果，并封装在 IPv4 报文中。

（4）IPv6 封装的 A 类请求，返回 IPv4 结果，并封装在 IPv6 报文中。

（5）IPv6 封装的 AAAA、A6 类请求，返回 IPv6 结果，并封装在 IPv6 报文中。

系统同时完善 DNS、网管系统相应的功能，具备对 IPv6 查询和应答流量的统计、分析能力，并对 DNS 内缓存设备、递归设备、授权设备进行 IPv6 部署配置。

（1）缓存设备配置

① 为缓存服务器配置 IPv6 服务地址。

② 配置支持 IPv6 的查询功能，开启对 IPv6 源地址查询的监听。

③ 配置 Forward 至本地递归服务器，实现转发 DNS 请求至本地递归服务器。

④ 设置 TTL 来控制 DNS 域名缓存的时间。

⑤ 设备配置完成后，进行 IPv6 解析测试。

（2）递归设备配置

① 为服务器配置 IPv6 服务地址。

② 配置支持 IPv6 的查询功能，开启对 IPv6 源地址查询的监听。

③ 开启 IPv6 递归，支持向 IPv6 单栈授权服务器递归查询。

④ 设备配置完成后，进行 IPv6 解析测试。

（3）授权设备配置

① 为服务器配置 IPv6 服务地址，开启对 IPv6 源地址查询的监听。

② 进行反向域名解析配置，提供 IPv6 地址到域名的对应解析。

③ 配置主辅服务器采用 IPv6 地址通信，要求主机服务器已配置 IPv6 地址，以及配置对 IPv6 地址的监听。

4.2.3 IDC

1. 现状

电信运营商的 IDC 是基于互联网为集中式收集、存储、处理和发送数据的设备提供运行维护的设施及相关的服务体系。IDC 提供的主要业务包括主机托管（机位、机架、VIP 机房出租）、资源出租（如虚拟主机业务、数据存储服务）、系统维护（系统配置、数据备份、故障排除服务）、管理服务（如带宽管理、流量分析、负载均衡、入侵检测、系统漏洞诊断），以及其他支撑、运行服务等。对于 IDC 的概念，目前还没有一个统一的标准，但可以将其理解为运营商提供商业化的互联网"机房"，同时它也是一种 IT 专业服务，是 IT 产业的重要基础设施。IDC 不仅是一个服务概念，还是一个网络概念，它是网络基础资源的一部分，就像骨干网、接入网一样，提供了高端的数据传输服务和高速接入服务。中国电信 IDC 的 IPv6 改造主要涉及 IDC 的网络层设备，具体包括出口路由器、汇聚交换机、接入交换机等，如图 4-5 所示。

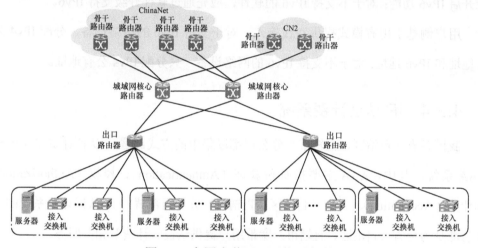

图4-5　中国电信IDC网络层架构

通常在 IDC 节点设置两台出口路由器作为整个城域 IDC 的网络出口，每台出口路由器分别通过 $N×10GE$ 交叉上连至城域网核心路由器。IDC 至骨干网的流量，经过本地城域网核心路由器设备，通过 ChinaNet 骨干网设备转接至各地。小带宽 IDC 用户（GE/FE 颗粒电路）通过接入交换机接入，大带宽 IDC 用户（10GE 颗粒电路）直接连接到出口汇聚设备。

2. 改造方案

开启双栈，同时支持 IPv4 与 IPv6 的业务承载。升级 IDC 网络层设备并全面开启 IPv6，对于无法升级的设备，将业务迁移到可支持并已启用 IPv6 的设备上，及时采购支持 IPv6 的网络设备并进行替换。

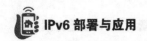

用户网络设备需要支持双栈。出口路由器、汇聚交换机需要支持并开启双栈，运行 IPv4/IPv6 功能，同时承载 IPv4 和 IPv6 业务流量。对于不支持 IPv6 的软件，应先通过软件升级支持 IPv6；对于已支持 IPv6 的设备，应开启 IPv6 功能。出口路由器应分批次逐步升级，即一台设备升级后稳定运行一段时间，再升级其他设备。

接入交换机应支持并开启双栈，运行 IPv4/IPv6 功能，为用户同时分配 IPv4 公有地址和 IPv6 地址，提供 IPv4/IPv6 双栈接入能力，同时承载 IPv4 和 IPv6 业务流量。对于不支持 IPv6 的设备，应逐步替换设备，割接业务；对于支持 IPv6 的设备，应开启 IPv6 功能；对于不支持 IPv6 的软件，应先通过软件升级支持 IPv6。

用户侧基于现有模式提供双栈接入。对于支持 IPv6 的网络设备，分配 IPv4 公有地址和 IPv6 地址；对于不支持 IPv6 的网络设备，只分配 IPv4 公有地址。

4.2.4 IP 认证计费系统

我国各省（自治区、直辖市）分公司都以集中的方式部署 IP 认证计费系统——AAA 系统，其中，AAA 主要指身份验证（Authentication）、授权（Authorization）和计费（Accounting）。各省（自治区、直辖市）分公司部署的 IP 认证计费系统的主要功能是为全省（自治区、直辖市）宽带用户提供认证、计费等相关服务。

1. 改造需求

IP 认证计费系统的 IPv6 改造是一个 IT 支撑系统、IP 运营系统应对 IPv6 技术整体性、系统性的改造工程，不但需要考虑 IPv6 的技术特点及运营模式的改变，而且必须综合协调终端、接入网、城域网、骨干网等网元设备向 IPv6 演进改造。典型的 IPv6 新用户开通账户及使用流程如图 4-6 所示。

（1）用户申请开通宽带，CRM 系统通过资源管理系统发现此小区为 IPv6 试点区域，对用户进行标识，受理 IPv6 业务。

（2）CRM 系统与服务开通系统连接，并将相应的 IPv6 标识传递给服务开通系统。

（3）服务开通系统将用户资料发送给 IP 认证计费系统、VNet 系统、IP 认证计费系统等对用户进行标识，区分 IPv4、IPv6 用户。

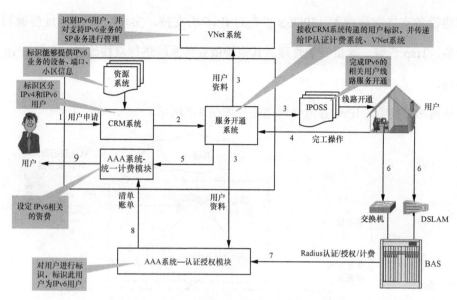

图4-6　IPv6新用户开通账户及使用流程

（4）网管完成用户线路开通、现场施工后，用户受理工单完成。

（5）服务开通系统发送用户资料给 AAA 系统—统一计费模块，AAA 系统—统一计费模块设定 IPv6 相关的资费，用户开始计费。

（6）用户拨号上网，进行 IPv6、IPv4 的 PPP 协商。

（7）BAS 发送认证请求给 AAA 系统—认证授权模块，AAA 系统—认证授权模块识别出用户是 IPv6 用户后，下发相关的 IPv6 属性。

（8）BAS 发送上、下行报文给 AAA 系统—认证授权模块，AAA 系统—认证授权模块采集用户的上网话单，记录相关的 IPv6 信息，并传递给 AAA 系统—统一计费模块。用户接入网络后，通过 DNS 访问 IPv6 网络资源。

（9）AAA 系统—统一计费模块输出用户实际消费账单。

为保证用户 IPv6 端到端业务的顺利进行，IT 支撑系统即 CRM 系统、服务开通系统、资源管理系统需进行 IPv6 改造，以支持 IPv6 产品业务开通、资源调度、信息同步等。IP 认证计费系统新增 IPv6 信息的话单解析规则，对计费话单结构进行调整，支持 IPv6 地址及流量信息存放，并完善定价策略，为 IPv6 营销资费及相关捆绑营销提供支撑。在 IP 运营系统中，DNS 增加对 AAAA 记录、A6 记录的支持，

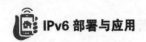

其网络设备支持双栈接入。IPOSS 扩充对 IPv6 的支持，实现对 IPv6 地址资源和双栈设备、Trap 告警、流量等的管理。其他增值业务系统进行双栈改造，支持 IPv6 用户访问。

从网络结构看，IPv6 各网元网络拓扑如图 4-7 所示。

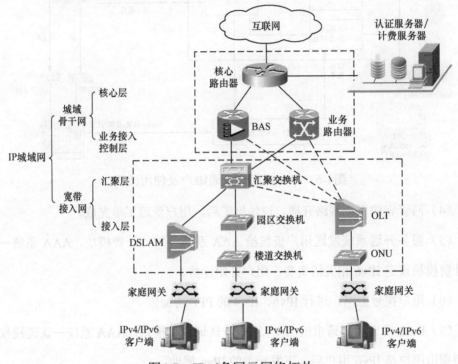

图4-7　IPv6各网元网络拓扑

为实现 IPv6 运营支持，用户终端须升级具有支持 IPv4/IPv6 双栈协议的能力、双栈应用的承载能力，接入网设备须升级具有 IPv6 业务支持能力及对家庭网关等终端的承载能力。城域网 BAS/SR 升级支持双栈能力，骨干网 PE 支持双栈及 6PE 能力。

2. 改造方案

IP 认证计费系统升级对 IPv6 的支持，主要包括 IP 认证计费系统中为用户提供 IPv6 服务时所增加的相关属性、统计等；IP 认证计费系统本身的 IPv6 化，包括系统本身支持 IPv6 协议栈，各服务器之间及 Client/Server（客户端 / 服务器）之间传递的报文也通过 IPv6 传送。

（1）Radius 改造：增加对 IPv6 属性的支持

① 能够解析认证、计费报文中的 IPv6 属性。

② 在认证回应报文中增加 IPv6 授权属性字段。

③ 对于 IPv6 漫游用户（如 WLAN），支持 Radius 报文的转发。

④ 修改 access.log 的文件结构和产生文件模块。

（2）MDB 认证改造：在原有用户属性校验的基础上增加以下内容

① 对于通过域名标识用户类似的认证方式，用户登录时如果未携带域名，则进行如下处理：双栈用户登录时如果未携带域名，按普通 IPv4 用户处理；纯 IPv6 用户登录时如果未携带域名，按用户名错误处理；采用默认双栈授权方式，无须进行判断。

② 在 IPv6 用户的授权属性中增加属性字段，包括 Framed-IPv6-Prefix、Framed-Interface-Id、Framed-IPv6-Route 等。

（3）计费改造

① 增加 IPv6 属性支持。在用户上网清单中记录用户的 IPv6 地址、IPv6 流量；在用户账单中增加 IPv6 流量信息。

② 通过中间包更新第二协议栈。对于 IPv6 双栈用户，部分 BAS 将获取 IPv4、IPv6 协议栈地址作为两个独立的过程，在用户获取第一个协议栈地址成功的情况下即发送计费起始报文，这将导致 BAS 无法获取两个协议栈地址，此时，设备可以通过实时计费包将未发送的协议栈在线地址信息发送给 AAA 系统处理。设备需要保证实时计费包上发送的双栈地址是全部两个协议栈的最新在线地址信息，由 AAA 系统根据实时计费包中传递的最新的双栈在线地址信息，更新 AAA 系统存储。考虑到 AAA 系统要处理的实时计费包数据量非常大，建议设备在对此类特殊的实时计费包进行处理时携带一个特殊的 Radius 属性标记。该属性是由各设备厂商定义的私有扩展属性，属性值具体定义如下：0—不处理，1—处理，即在协议栈变更时，该字段值为 1，其他情况下该字段可没有（老版本设备）或者为 0，表示不需要更新。

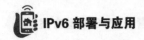

（4）PS 开通改造

① PS 开通模块需要扩展一个字段来标识用户的类型。

② 增加对各类 IPv6 用户的属性定义。

（5）Web 业务管理模块改造

需要增加 IPv6 属性的相关内容，如下。

① 增加设备管理，以识别 BAS 设备是否支持 IPv6 功能。

② 增加用户信息管理的增、删、改、查操作，增加用户 IP 类型标识字段、IPv6 地址、IPv6 地址前缀、IPv6 地址接口 ID、委派 IPv6 地址前缀。

③ 增加在线信息查询。

④ 增加清单查询。

⑤ 增加普通用户、双栈用户使用情况的统计内容。

（6）用户在线信息改造

修改用户在线信息属性，增加用户 IP 类型标识字段、IPv6 地址、IPv6 地址前缀、IPv6 地址接口 ID、委派 IPv6 地址前缀等。

（7）数据采集改造

修改数据采集 X-Agent 模块，增加 IPv6 地址、IPv6 地址前缀、IPv6 地址接口 ID、委派 IPv6 地址前缀等。

（8）数据库改造

① 在用户信息表、用户历史信息表中增加 iptype、IPv6prefix、IPv6interfaceid。

② 在用户在线表中增加 IPv6prefix、IPv6interfaceid。

③ 在清单表中增加 framedIPv6、IPv6outoctets、IPv6inoctets、IPv6outpackets、IPv6-inpackets、IPv6outovertimes、IPv6inovertimes、ueIPv6prefix。

④ 在话单表中增加 iptype、IPv6prefix、IPv6interfaceid、framedIPv6、IPv6outoctets、IPv6inoctets、IPv6outpackets、IPv6inpackets、IPv6outovertimes、IPv6inovertimes、ueIPv6prefix 等。

（9）CRM 系统接口改造

CRM 系统接口沿用原实时接口。在接口字段中，扩展一个字段来标识用户的类型（普通 IPv4 用户、纯 IPv6 用户及双栈用户）。

CRM 系统接收到用户注册申请时，根据用户选择的 IP 类型设置不同的 IP 类型属性，通过 AAA 系统受理接口发送至 AAA 系统，不影响原有的其他属性。

（10）计费系统接口改造

计费系统之间的接口沿用原 FTP 传输文件方式，增加用户 IP 类型标识字段。

（11）溯源反查接口改造

在 AAA 系统中增加溯源反查接口，支持 IPv6 地址溯源和 IPv4 私网地址溯源两大类查询。

（12）网上营业厅接口改造

湖北电信网上营业厅与 AAA 系统间有接口，宽带用户单击"一键登录网厅"后，网上营业厅会根据用户 IP 地址向 AAA 系统请求用户信息，并直接通过认证。IPv6 改造后，存在用户通过 IPv6 地址和 IPv4 私网地址登录网上营业厅两种情况，需对网上营业厅与 AAA 系统之间的接口进行改造，将网上营业厅接口升级为支持 IPv6 地址和 IPv4 私网地址 + 端口。

4.2.5 移动承载网

1. 现状

目前中国电信的移动承载网由 IPRAN（无线接入网 IP 化）设备和 STN（智能传送网）设备共同组建，是一张端到端统一承载的综合承载网。其中，IPRAN 主要承载 3G/4G 移动业务和政企专线业务；STN 融合承载 4G/5G 业务，主要部署在 5G 承载区域。

STN/IPRAN 现网以省为单位统一建设，由接入层、汇聚层及核心层组成，以本地网或大城域网为单位组网并划分 AS，满足流量本地化要求，其总体架构如图 4-8 所示。

国内主流厂家的 IPRAN 设备基本支持双栈能力，鉴于 IPRAN 是一个封闭的网络，移动基站回传采用 PW+L3VPN 承载方式，IPRAN 不感知终端的 IPv6 化，因此，初期 IPRAN 无须开启 IPv4/IPv6 双栈，能满足 LTE 用户面 IPv6 承载，后续 IPRAN

承载网以 IPv6 业务为驱动，逐步开启 IPv6 部署。新引入的 STN 设备基本都支持双栈、SRv6 及 FlexE 等技术。

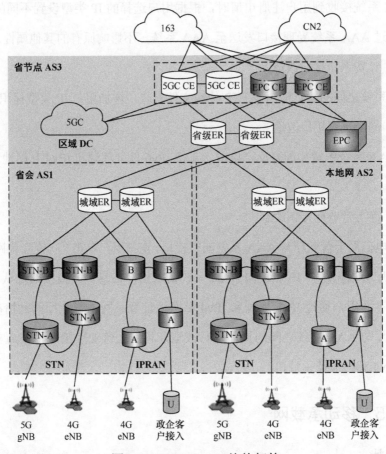

图4-8　STN/IPRAN总体架构

2. 改造方案

（1）IPRAN 改造方案

配合 IPRAN 承载网完成移动核心网和无线网开启中国电信 4G 现网的 IPv6 用户面能力，能够为用户面提供 IPv6 业务承载服务。

根据无线网络侧和移动核心网 IPv6 升级改造情况，以及基站侧和核心网侧接入 IPRAN 接口开启 IPv4/IPv6 双栈接入的进展，IPRAN 承载网以满足移动基站 IPv6 业务承载需求为前提，视情况适时开启 6VPE 承载，后期逐步开启 IPv4/IPv6 双栈和 6VPE 承载，同步完成 IPRAN 网络管理系统的 IPv6 改造。

IPRAN 综合承载网的 IPv6 部署整体可分为 3 个阶段，如图 4-9 所示。

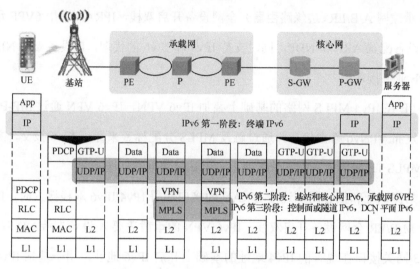

图4-9　IPRAN IPv6部署实施阶段

第一阶段是终端与基站的无线侧接口开启 IPv4/IPv6 双栈，基站的网络侧接口仍保留 IPv4 单栈，通过 GTPv4 隧道连接到核心网，核心网开启双栈为终端分配 IPv4/IPv6 地址，IPRAN 承载网仍保留 IPv4 单栈方式，采用现有 PW+L3VPN 承载方式满足用户面支持 IPv6 的需求。

终端与基站的无线侧接口开启 IPv4/IPv6 双栈，LTE 核心网开启双栈为终端同时分配 IPv4/IPv6 地址，终端可访问 IPv6 互联网应用或通过 IPv6 互访。基站的网络侧接口仍保留 IPv4 单栈，通过 GTPv4 隧道连接到核心网，IPRAN 承载网无须新增配置，仍保留 IPv4 单栈方式，采用现网部署 PW+L3VPN 承载方式满足用户面支持 IPv6 的需求，具体改造方式如图 4-10 所示。

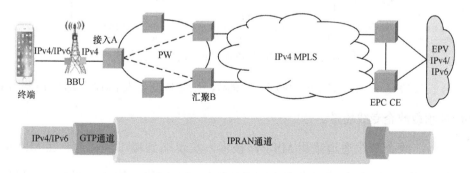

图4-10　IPRAN IPv6第一阶段的改造方式

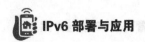

第二阶段是基站侧地址和核心网侧连接 IPRAN 的接口 IPv4/IPv6 双栈化，IPRAN 承载网 A/B/ER（边缘路由器）全网设备开启双栈，IPRAN 采用 6VPE 承载方式，A 设备配置 ARP 和 NDP，同时支持 IPv4 和 IPv6 的代理，B 设备支持 ND 代理和 6VPE 业务接入。

6VPE 在 IPv4 MPLS 网络的基础上叠加 IPv6 VPN，IPv6 VPN 通过 MP-BGP 在骨干网发布 VPNv6 路由信息，通过触发 MPLS 分配标签来标识 IPv6 报文，并使用 LSP、MPLS TE 等隧道机制在骨干网上实现私网数据的传送。

基站侧地址和核心网侧连接 IPRAN 的接口部署 IPv4/IPv6 双栈接入时，IPRAN 承载网 M/B/ER 全网设备开启双栈，IPv6 VPN 的承载需要 A 设备支持 ND 双发，B 设备 L3 网关接口在现有的 IPv4 地址的基础上开启 IPv6 地址，用于基站 IPv6 地址的网关，支持配置 ND 代理和 6VPE 业务接入，把 IPv6 流量导入 IPv6 VPN，RR 和 ER 设备开启 6VPE 接入和 BGP IPv6 地址族传递 IPv6 VPN 路由，ER 通过 Option A 方式发布给 CN2，CN2 再将 IPv6 路由通过 Option A 方式发布给 CE（用户边缘）设备，具体改造方式如图 4-11 所示。

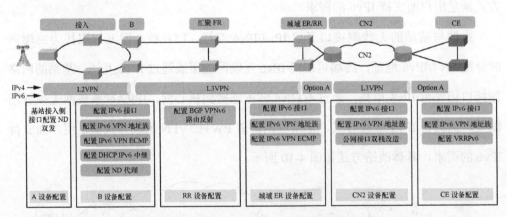

图4-11 IPRAN IPv6第二阶段的改造方式

第三阶段是全网开启 IPv6 单栈，IPRAN 承载网设备及协议全部切换到 IPv6-IPRAN 承载政企专线场景。

此外，政企专线通道采用 MS-PW 技术，实现端到端二层通道。在 MPLS L2 VPN 技术中，IPRAN 网络设备并不需要感知用户面网络层的 IPv6 转换，所以现有

IPv4/MPLS 网络不需要升级即可支持政企专线通道的 IPv6 化，为保持网络承载统一性，具体实施方案可与基站回传阶段保持一致。

（2）STN 建设方案

中国电信新建的 STN 主要用于 4G/5G 移动回传业务、政企以太专线、云专线 / 云专网等 5G+ 云网的统一承载。建设的大容量新型路由器及承载网支持双栈，目前正规模部署具备 SRv6+EVPN（下一代虚拟专用网）+FlexE 功能的组网。在网络建设过程中，在云端和接入点使能 SRv6 BE 功能，中间节点仅需支持 IPv6 转发即可实现"一跳入云"，大大降低了业务开通难度，缩短了业务开通时间。面向 5G 业务场景下不同的应用对 SLA 提出的不同要求，通过 SRv6 TE Policy 将同一张物理网络划分为多个逻辑切片网络，可为不同的用户提供不同的服务。同时，SRv6 通过对 IGP 进行扩展，极大地简化了网络协议栈，在方便运维的同时也使云网统一运维具备可行性。

4.2.6 LTE 核心网

1. 现状

目前运营商 LTE 的主流网络架构大体分为 3 个部分：用户设备（UE）、演进的通用电信无线接入网（E-UTRAN）和演进分组核心网（EPC），LTE 网络架构如图 4-12 所示。

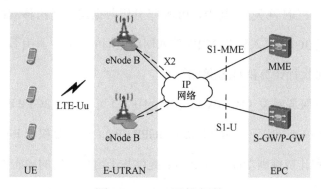

图4-12　LTE网络架构

其中，核心网是移动网络演进的重点，核心网设备包括 MME、HSS、S-GW、P-GW、PCRF 等，LTE 核心网架构如图 4-13 所示。

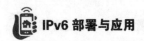

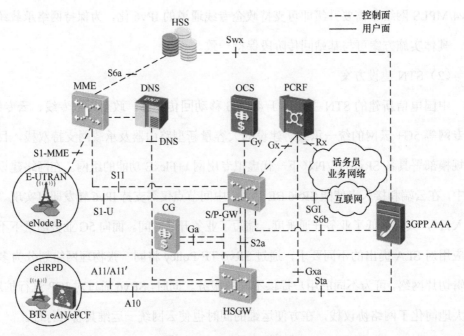

图4-13　LTE核心网架构

（1）移动性管理实体（MME）：包括 NAS（网络接入存储）信令安全和处理、S/P-GW 选择、用户鉴权和授权、承载和移动性管理等。

（2）归属用户服务器（HSS）：提供用户签约信息管理和用户位置管理。

（3）服务网关（S-GW）：终结 EPC 和 E-UTRAN 之间的接口，是 3GPP 内不同接入网间的锚点。

（4）P-GW（PDN 网关）：其中，PDN 指分组数据网，泛指移动终端访问的外部网络。P-GW 是 3GPP 接入和非 3GPP 接入网络之间的锚点，具有策略和计费执行功能（PCEF），可执行计费和 QoS 策略。

（5）HRPD 服务网关（HSGW）：支持 eHRPD 可信接入 3GPP EPC。

（6）3GPP AAA：用于非 3GPP 接入 3GPP EPC，提供鉴权和 P-GW 标识登记。

（7）策略和计费规则功能（PCRF）：提供基于用户签约的动态 QoS 和计费策略控制。

（8）DNS 服务器：接收来自 LTE 网络中设备的域名解析请求，完成域名地址到 IP 地址的解析。

（9）CG（计费网关）：离线计费时，HSGW、S-GW 和 P-GW 采集到计费信息后产生 CDR（计费数据记录），通过 Ga 接口传递给 CG，由 CG 生成话单文件，通过 Bp 接口传递给计费系统。

中国电信的 LTE 核心网已具备为用户提供 IPv6 上网服务（用户面 IPv6）的能力。4G 网络启动 IPv6 的重点工作在于对各个 EPC 网元进行对应的 IPv6 能力配置；分配移动互联网用户的 IPv6 地址池；配置实现 4G 网络与 163 互联网的 IPv6 路由对接等。

2. 改造方案

总体上对 LTE 核心网 EPC 内的各设备进行 IPv6 升级改造，梳理 EPC 网络设备配置方案，配置 EPC 网络设备 IPv6 双栈。同时，IT 服务开通系统、计费系统能够识别 IPv6 的改造，网络侧与 IT 侧配合完成现有用户的 IPv6 用户数据批量修改，为网管及其他周边系统展示 IPv6 用户话单。

（1）核心网元改造方案

① MME

➢ 检查相关 License，打开 MME 支持 IPv4/IPv6 双栈、承载上下文的开关。

➢ 设置 MME 允许在单一 PDN 连接支持双栈，在 MME 发起的 Create Session Request 消息中设置 Dual Address Bearer Flag。

➢ 设置 MME 发起的 Create Session Request 消息中 IPv6 Prefix Length 的取值，以便兼容不同厂家的设备。

② S-GW/P-GW

对 S-GW/P-GW 设备进行能力配置，设置 IPv6 地址池，打通与 163 网之间的 IPv6 路由，使其可支持 IPv6 用户的离线和在线计费。

➢ 检查相关 License，打开 S-GW/P-GW 支持 IPv4/IPv6 双栈、承载上下文的开关。

➢ 检查相关 License，打开 S-GW/P-GW 支持 IPv4/IPv6 双栈话单的开关，离线 CDR 增加支持 IPv6 信息内容（IPv6 地址、地址分配类型、PDN 类型）。

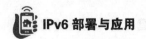

➢ 检查相关 License，打开 P-GW 支持 IPv4/IPv6 双栈话单的开关，在线 CCR（信用控制请求）计费增加支持 IPv6 信息内容（IPv6 地址、PDN 类型）。

➢ 检查相关 License，打开 P-GW 的 SGi 接口支持 IPv6 组网的开关。

➢ 基于中国电信集团前期下发的 IPv6 地址规划方案，在 P-GW 上为特定 APN（网络接入技术，当前为 ctnet、ctlte）增加配置 IPv6 地址池，用户的 IPv6 地址分配采用无状态配置方式。

➢ 配置 P-GW 到 163/EPC CE 的 IPv6 路由。

➢ 配合 IPv6 DNS 改进，在 P-GW 进行 IPv6 地址池和 DNS 服务器信息的分发策略等配置，在为终端分配地址时也将 IPv6 DNS 信息一并发送给终端，使终端可以访问 IPv6 地址的 DNS。

➢ 检查相关 License，打开内容计费开关，支持对 IPv6 业务规则 / 策略进行配置，以及对 IPv6 业务进行多层过滤解析和流量统计。

③ HSGW

对 HSGW 设备进行能力配置，使其可支持 IPv6 离线计费和 IPv4/IPv6 双栈。

➢ 检查相关 License，打开 HSGW 支持 IPv4/IPv6 双栈、承载上下文的开关。

➢ 检查相关 License，打开 S-GW/P-GW 支持 IPv4/IPv6 双栈话单的开关，离线 CDR 增加支持 IPv6 信息内容（IPv6 地址、地址分配类型、PDN 类型）。

④ PCRF

对 PCRF 设备进行能力配置，使其可支持 IPv4/IPv6 双栈、承载上下文。

➢ 检查相关 License，打开 PCRF 支持 IPv4/IPv6 双栈的开关，支持用户地址 Framed-IPv6-Prefix。

➢ 检查相关 License，打开流量策略 / 计费策略的开关，支持 IPv6 流量的策略控制。

⑤ CG

对 CG 设备进行能力配置，使其 S-GW/P-GW 的 CDR 可支持 IPv6 信息内容。

➢ 检查相关 License，打开 CG 支持 IPv4/IPv6 双栈话单的开关，离线 CDR 增加支持 IPv6 信息内容（IPv6 地址、地址分配类型、PDN 类型）。

⑥ DRA

对 DRA（路由代理节点）进行能力配置，支持根据用户的 IPv6 地址进行会话绑定和信息同步功能。

➤ 检查相关 License，打开 DRA 支持的用户 IPv6 地址和用户地址的 Framed-IPv6-Prefix 选项，同时增加针对用户 IPv6 地址实现会话绑定和会话信息同步的功能。现阶段这些功能主要在省级 DRA 上进行。

⑦ 3GPP AAA

对 3GPP AAA 进行配置，支持接收 HSS 下发的用户 APN 的签约，并将 Allowed PDN Type 设置为 IPv4v6。

➤ 检查相关 License，在 3GPP AAA 支持用户 Allowed PDN Type 处选择 IPv4v6 的选项。

（2）IT 系统配合改造方案

对 IT 系统进行配置/改造，使其可支持对移动 IPv6 用户的服务开通、计费处理、IPv6 流量业务的配置。

① 服务开通系统：该系统能够将 HSS 中用户特定 APN 的 PDN Type 设置为 IPv4v6。

② 计费处理系统：支持对 CG 传来的话单的 IPv6 相关信息进行识别读取；支持后付费用户的账务处理；支持对 IPv4v6 预付费用户的在线计费控制；支持对 IPv6 基于业务流的计费。

（3）核心网、骨干网的 IPv6 对接方案

① DNS

配置现网 163 的承载与 IPv4 的 DNS 支持 AAAA 记录。

② EPC IPv6 承载方案

利用 EPC CE 的综合承载能力，在 EPC CE 和 P-GW 对应的 VPN 上开启双栈功能，实现 IPv6 业务的承载。

（4）P-GW 与 EPC CE 之间的 IPv6 互通（两种建设方案）

方案一：在 ctnet、ctlte 等 APN 所绑定的 VPN 上开启双栈功能。在 EPC CE 的

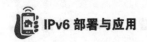

CDMA-PI0 VPN 上开启双栈功能，在 P-GW 的 CDMA-PI3 VPN 内采用新增子接口的方式，使 IPv6 互联地址与 EPC CE 的 CDMA-PI0 VPN 互联。EPC CE 与 P-GW 之间通过静态路由方式完成 IPv6 路由互通，如图 4-14 所示。

① P-GW 在 CDMA-PI3 VPN 内，将 IPv6 默认路由指向与 EPC CE CDMA-PI0 VPN 互联的 IPv6 接口地址。

② EPC CE 在 CDMA-PI0 VPN 内，将到 P-GW IPv6 用户地址池的明细路由指向 P-GW CDMA-PI3 VPN 互联的 IPv6 接口地址。

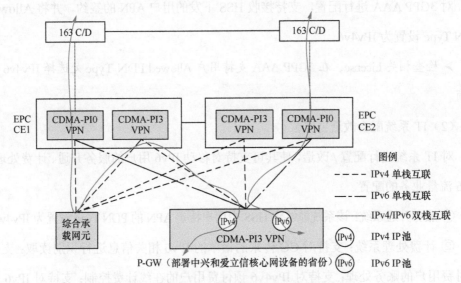

图4-14　方案一的IPv4/IPv6双栈互通示意

方案二：将 ctnet、ctlte 等 APN 的 IPv4 地址池绑定在 CDMA-PI3 VPN 内；将 ctnet、ctlte、ctwap 等 APN 的 IPv6 地址池统一绑定在 CDMA-PI0 VPN 内，该 VPN 开启双栈功能。

在 EPC CE 的 CDMA-PI0 VPN 上开启双栈功能，在 P-GW CDMA-PI0 VPN 与 EPC CE CDMA-PI0 VPN 的 IPv6 互联链路上新增 IPv6 互联地址。EPC CE 与 P-GW 之间通过静态路由方式完成 IPv6 路由互通，如图 4-15 所示。

① P-GW 在 CDMA-PI0 VPN 内，将 IPv6 默认路由指向与 EPC CE CDMA-PI0 VPN 互联的 IPv6 接口地址。

② EPC CE 在 CDMA-PI0 VPN 内，将到 P-GW IPv6 用户地址池的明细路由指向 P-GW CDMA-PI0 VPN 互联的 IPv6 接口地址。

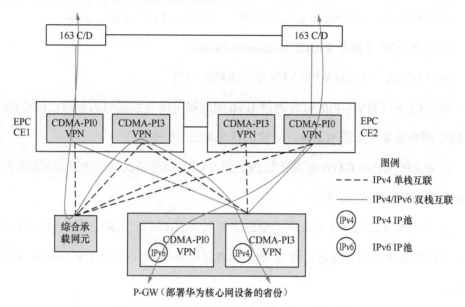

图4-15　方案二的IPv4/IPv6双栈互通示意

（5）EPC CE 与 163 网 C/D 路由器之间的 IPv6 互通

在 EPC CE 的 CDMA-PI0 VPN 上开启双栈能力，使其具备 IPv4 和 IPv6 的承载能力。通过 CDMA-PI0 VPN 与 163 网之间的互通完成 IPv6 业务的承载。

在 EPC CE CDMA-PI0 VPN 与 163 网 C/D 路由器互联的物理链路上新增 IPv6 互联地址口。EPC CE 与 163 网 C/D 路由器之间通过 EBGP（外部边界网关协议）互通 IPv6 路由。相关互通策略如下。

① 优先采用直连 IPv6 链路地址建立 EBGP 邻居。

② EPC CE 配置路由策略，采用 MED（多出口标识符）控制 CE 入方向的流量，采用 Local-Pre-ference 控制 CE 出方向的流量。

③ 启用 BFD（双向转发检测），关联 EBGP，实现快速故障发现。

④ EPC CE 按照白名单的方式向 163 网发送 CDMA-PI0 VPN 内各 P-GW IPv6 地址池汇总路由 A，实现流量流向调整。

⑤ EPC CE 接收 163 网发布的 IPv6 默认路由。

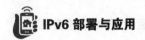

⑥ EBGP 连接不进行 MD5 认证。

⑦ 关闭 Dampe 以加速收敛。

⑧ 时间设置：将 Keepalive 设置为 30 s，将 Hold Time 设置为 90 s。

⑨ 打开 BGP 多路径 EIBGP Maximum-Paths 8。

（6）EPC CE 上 CDMA-PI0 VPN 安全策略的部署

EPC CE 的 CDMA-PI0 VPN 通过 IPv6 的连接实现与互联网的互通，EPC CE 作为 EPC 网络设备与互联网设备之间的边界设备安全策略如下。

① 在 EPC CE 与 P-GW 互联的链路上开启 URPF（单播反向路由查找）监测功能，限制非法源 IP 地址访问互联。

② 在 EPC CE 与 163 网互联的链路上开启 ACL（访问控制列表），该 ACL 仅允许具有特定条件的流程通过，源 IP 地址或者目标 IP 地址必须属于 P-GW 的 IPv6 地址池。

其他部分改造方案如下。

（1）HSS 中 PDN Type 的签约

对于存量用户，将存量用户 HSS 中 APN 的 PDN Type 签约设置为 IPv4v6 双栈。对于增量用户，对 IT 服务开通系统的接口进行改造，以将用户 HSS 中的 PDN Type 签约设置为 IPv4v6 双栈。

（2）EPC 网管

统一网元库采集的用户话单需要展示 IPv6 的信息字段，用户签约信息需要展示 IPv6 属性。

4.2.7　办公局域网

1. 现状

中国电信各分公司的办公局域网采用 IPv4 网络地址通信，提供办公业务网络服务。网络设备通过路由设备、交换设备、安全设备、无线设备及服务应用系统组网建设。通过使用 IPv4 私有地址和相应的路由协议进行内部网络设计，通过互联网专

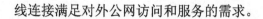

线连接满足对外公网访问和服务的需求。

2. 改造思路

由于办公局域网以 IPv4 网络为主，因此，整个企业及业务应用还处于 IPv4 阶段，办公局域网 IPv6 目前正在进行逐步改造，很长时间内处于 IPv4/IPv6 网络共存的阶段。

因为 IPv6 具有实际部署涉及范围广和技术复杂性的特点，在办公局域网 IPv4 向 IPv6 网络改造的过程中，要充分考虑如何降低网络和割接风险，采用平滑过渡方式。平滑过渡方式的原则如下。

（1）针对办公网全新建设的网络需求，在规划阶段按照 IPv4/IPv6 双协议栈进行规划和设计，使建设完成后的网络系统原生支持 IPv4/IPv6 双栈。

（2）网络设备采用业界支持 IPv4/IPv6 双栈的主流设备，能够同时支持 IPv4、IPv6 路由及协议。

（3）客户端、服务器的硬件和操作系统采用成熟的、能够支持 IPv4/IPv6 双协议栈的硬件和软件。

（4）重要业务系统及应用在不影响业务系统运行的条件下，通过改造支持 IPv4/IPv6 双协议栈。

（5）在不改变网络结构和用户使用的网络方式的情况下，新建一套核心网络设备，在新旧设备共存期间，分批次将现有用户和网络业务迁移到新建核心设备，实现网络业务平滑过渡，降低对现网用户和业务的影响。

（6）对于调研后可以支持 IPv6 的现网设备，通过对其升级来支持 IPv4/IPv6 双协议栈，升级后能够同时支持 IPv4/IPv6 路由和路由协议。针对个别老旧、完全不支持 IPv6 协议栈的边缘网络设备，替换为支持 IPv4/IPv6 双协议栈及路由的网络设备。

（7）在 IPv4/IPv6 网络共存的阶段，原有 IPv4 用户访问 IPv6 应用或 IPv6 用户访问 IPv4 应用需要采用 IPv4/IPv6 协议转换技术。

（8）增加支持 IPv4/IPv6 双栈技术的自动化运维 IT 支撑系统、网络安全平台、地址管理系统等新型网络平台系统。

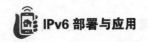

3. 改造方案

（1）办公局域网改造

① 申请资源，使得网络出口链路支持 IPv6。

② 优化现有网络架构，将相关业务进行平滑过渡割接。对现网较老旧和不支持 IPv6 的设备进行替换升级，新购设备按照 IPv6 标准选型入网，使建设完成后的网络系统完全支持 IPv4/IPv6 双栈。

③ 现网设备开启双栈，同时承载 IPv4 和 IPv6 互联网流量，将互联网出口链路进行升级改造。

④ IPv6 路由设计、路由策略、流量流向等与 IPv4 保持一致，业务承载方式与 IPv4 保持一致，双栈流量对现有的业务不产生影响。

⑤ 满足自动化运维 IT 支撑系统、网络安全平台、地址管理系统应用的 IPv6 需求。

（2）数据通信设备改造

办公局域网数据通信设备的部署改造点主要包括互联网出口层、核心网路由器、汇聚层和接入层设备。

对互联网出口路由器和防火墙、IPS、DDoS 等外网安全设备实施 IPv6 协议开启，实现互联网路由协议互通；将互联网出口链路进行升级改造，开启双栈实现 IPv4 和 IPv6 互联网资源访问；IPv6 网络安全部署实施。

办公网核心层、汇聚层及接入层数据通信设备开启双栈，启用 IGP；配置 IPv6 相关路由策略与 IPv4 保持一致；对 IPv6 网络安全部署实施；对 IPv6 相关 DHCP、DNS 功能部署实施。

（3）自动化运维 IT 支撑系统改造

建设相应的 IPv6 网络管理和支撑系统。自动化运维 IT 支撑系统在全面兼容 IPv6 技术的基础上实现网管的设备管理、资源管理、故障管理、拓扑管理等。兼顾 IPv4 网络管理系统，可通过升级 IPv4 现有网络管理系统支持 IPv6 的运营管理，或新建以 IPv6 为最终管理目标的网络管理系统。

升级改造后的网络管理系统必须同时支持对 IPv6 网络和 IPv4 网络的管理，保留 IPv4 网络管理系统的所有功能，在此基础上针对 IPv6 进行相关的功能扩展，将 IPv4 和 IPv6 的管理集成到一套系统中；同时支持对 IPv4 MIB（管理信息库）和 IPv6 MIB 信息的采集；网管通信协议栈可以自动适应 IPv4 或者 IPv6 网络。

在对网络管理系统进行 IPv6 升级改造的过程中，要考虑系统能够非常灵活和方便地集成各设备厂商的 IPv6 设备，同时应能够适应基于 IPv4 和 IPv6 的网管协议的发展和平滑地升级。系统同时支持基于 IPv4 和 IPv6 的 SNMP 协议栈产品，仅通过简单的配置便可以实现基于 IPv4 和 IPv6 两种类型的网管通信协议的连接。采用灵活的、可配置的插件式的网管接口适配方案，不同厂家、不同型号的 IPv6 设备都可以方便地纳入网络管理系统的统一管理。

（4）新建网络安全平台

建设支持 IPv6 安全防护单元的网络安全平台，确保下一代互联网 IPv6 网络应用的安全、稳定运行。新建的网络安全平台主要实现以下功能。

网络安全平台通过 IPv6 采集器监测采集数据点，全部数据业务和监测点数据在平台侧传输中均支持 IPv6，促进办公网业务整体向 IPv6 迁移。

部署基于 IPv6 协议栈系统架构的入侵检测系统（IDS），辨识 IPv6 通信流量。IPv6 环境下深度入侵检测技术和基于 IPv6 地址格式的安全策略为 IPv6 网络服务提供可靠的网络入侵检测服务。

利用大数据技术对采集的 IPv6 数据进行分布式缓存、分布式索引，对结构化和非结构化数据进行分类存储，并在此基础上利用机器学习、统计分析、特征检测、全文检索、事件关联分析等技术手段结合威胁情报信息进行深度数据挖掘和威胁信息检测，进而感知整网安全态势，发现 IPv6 网络应用在演进和使用过程中潜在的网络攻击。

（5）新建 IPv6 地址管理系统

新建 IPv6 地址管理系统，对新型网络中的 IPv6 地址进行管理。IPv6 地址管理系统主要特点如下。

① 具有可视化运维界面，支持全网地址数据采集、关键设备地址实时监控，避免地址冲突故障和地址盗用问题。

② 申请与分配全自动记录，自动完成业务及用户 IP 与终端 MAC（媒体访问控制）捆绑。

③ 快速、连续地生成地址块，便于聚合路由。

④ 网络安全加强，可验证用户的身份。

⑤ 业务地址自动化申请，基于业务申请审批记录，匹配用户申请部门，为用户分配相应的访问权限。

⑥ 网络运维质量提升，能够快速查询 IP 地址接入定位。

⑦ IPv4 地址向 IPv6 地址的映射和统计功能。

4.2.8 城域网

1. 现状

中国电信各省（自治区、直辖市）城域网以扁平化结构为主，城域骨干网由核心层、业务接入控制层组成，业务接入控制层 MSE/BAS/SR 直连城域网出口 CR 设备。

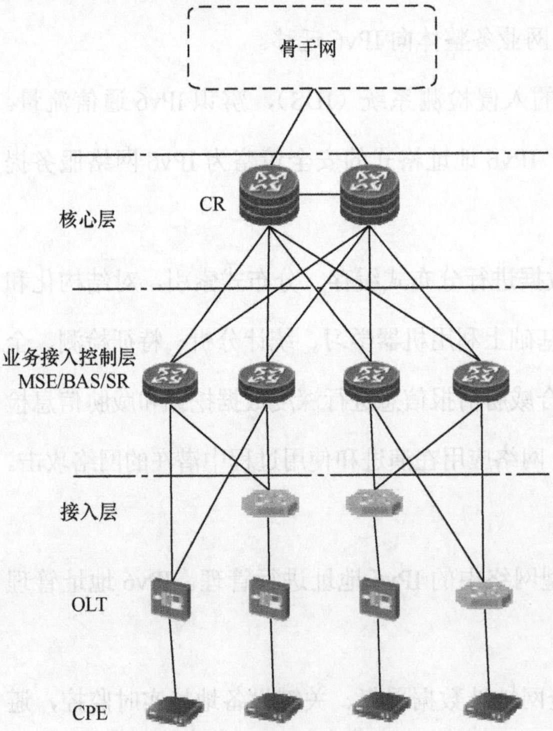

图4-16 城域网网络结构

其典型网络结构如图 4-16 所示。

城域网出口 CR 以 400Gbit/s/100Gbit/s 平台为主，主要设备型号以思科的 CRS-3、CRS-X，华为的 NE5000-X16、NE5000E-X16A，中兴的 T8000-18 为主。业务接入控制层 MSE/BAS/SR 以 100Gbit/s/40Gbit/s 平台为主。MSE 主要包括华为的 NE40E-X16、中兴的 M6000-18S、诺基亚的 7750-SR12 等，全面支持 IPv6。BAS 主要包括华为的 ME60-16/ME60-X16、中兴的 M6000-16、诺基亚的 7750-SR12 等。SR 主要包

括华为的 NE40E/NE80E/NE40E-X16、中兴的 M6000-8/M6000-16、诺基亚的 7750-SR12、思科的 7609/ASR9000 等。上述提到的 CR/MSE/BAS/SR 都已全面支持 IPv6。

2. 改造思路

城域网在 IPv6 演进的过程中扮演着十分重要的角色，不仅在电信运营商中，在本书后面提到的中央企业、政府的门户网站改造场景中，城域网都是必不可少的。城域网 IPv6 规模部署的总体思路是开启双栈，同时支持 IPv4 与 IPv6 业务承载。

城域骨干网 CR 已基本支持 IPv6，规模部署时重点实现全面开启 IPv6。对于可升级支持 IPv6 的 MSE/BAS/SR，升级设备并全面开启 IPv6，对于小部分无法升级支持 IPv6 的 BAS/SR，应分阶段逐步将业务迁移至可支持并开启 IPv6 的设备上。同时，为了实现 IPv6 业务端到端开通及网络管理，IP/IT 支撑系统需要支持双栈业务开通和运营，用户终端需要逐步支持双栈。

3. 改造方案

（1）双栈技术

双栈是指在目前 IPv4 协议栈的基础上叠加 IPv6 协议栈，需要在相应的网络设备、应用、软硬件终端上开启 IPv6 协议栈，形成与现有 IPv4 流量转发独立的 IPv6 流量通道。

双栈技术可以实现城域网向 IPv6 平滑迁移，其技术实现的重点主要在于相关网元对 IPv6 的支持程度。城域网双栈承载需要核心层 CR 支持 IPv6 并开启 IPv6 路由协议；业务接入控制层 MSE/BAS/SR 支持 IPv6，开启 IPv6 路由协议，配置 IPv4/IPv6 双栈地址池，配置 IPv6 接入所需要的协议，包括 PPPv6、SLAAC、DHCPv6 和 Radius IPv6 扩展等。

在城域网部署双栈接入时，MSE/BAS/SR 在现有的 IPv4 地址池的基础上还要配置两个 IPv6 地址池，一个用于为路由型 CPE 的 WAN 口或桥接型 CPE 分配 IPv6 地址；另一个用于为路由型 CPE 的 LAN 口分配 IPv6 用户前缀。

针对路由型双栈用户，MSE/BAS/SR 为 CPE 同时分配一个 IPv4 地址、两段 IPv6 地址前缀（一段用于 CPE 的 WAN 口，另一段用于分配 CPE 下终端的上网地址）；CPE 再为 LAN 口连接的终端分配本地的私有 IPv4 地址和 IPv6 地址，CPE 承

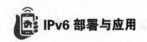

担 IPv4 的公、私地址转换和 IPv6 前缀的 DHCP 分配。

针对桥接型公网双栈用户，MSE/BAS/SR 给终端直接分配一个公有 IPv4 地址和一段 IPv6 前缀。

如图 4-17 所示，桥接型 CPE 接入的用户与路由型 CPE 接入的用户的地址分配过程略有不同。前者由主机发起接入流程；后者由 CPE 发起接入流程，需要运行 DHCP PD（前缀代理），从 MSE/BAS 获取 IPv6 PD 前缀，用于为主机分配 IPv6 地址。

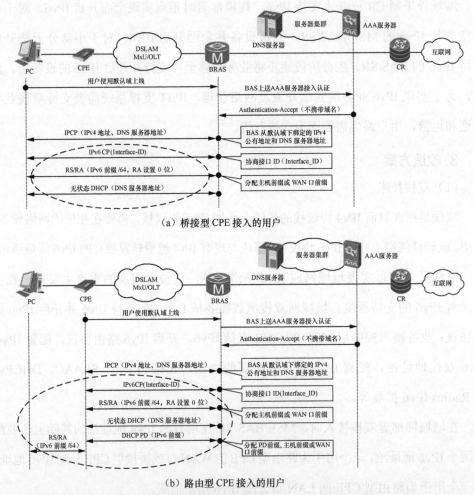

（a）桥接型 CPE 接入的用户

（b）路由型 CPE 接入的用户

图4-17　两种CPE接入的用户的地址分配过程

桥接型或路由型 CPE 接入的用户，IPv4 和 IPv6 地址分配过程不相同。在 IPCP 结束时，用户终端（路由型 CPE 或主机）获得 IPv4 地址和 DNS 服务器的 IPv4 地址；

在 IPv6CP 结束时，用户终端只获得接口 ID（长度为 64 位）。

在获得接口 ID 后，用户终端发送 RS（路由器请求）消息，与 MSE/BAS 协商 IPv6 前缀；BAS 通过 RA（路由器通告）消息携带 /64 的 IPv6 前缀，同时设置 "0" 位，通知终端通过无状态 DHCPv6 获得 DNS 服务器地址。当 DNS 服务器只有一个 IPv4 地址时，不需要设置 RA 消息的 "0" 位。

获得 /64 的 IPv6 前缀和 DNS 服务器地址后，桥接型 CPE 接入的用户主机完成了接入过程，可以访问互联网。路由型 CPE 接入的用户终端还需要发起 DHCPv6 PD 获得 LAN 口的 IPv6 前缀（前缀长度通常为 /56）。获得 LAN 口的 IPv6 前缀后，路由型 CPE 通过 RS/RA 消息为后端主机分配 IPv6 前缀（长度为 /64）。通常来说，路由型 CPE 需要运行 DNS 代理功能，代理主机完成域名解析。

（2）CR 配置方案

城域网 CR 要求支持并开启双栈，运行 IPv4/IPv6 功能，能够同时承载 IPv4 和 IPv6 业务流量。对软件版本未支持 IPv6 的设备，应先通过软件升级支持 IPv6；对已支持 IPv6 的设备，应启动 IPv6 功能。在现有网络架构下，城域网至少有两台 CR 设备，应分批次逐步升级，一台升级的 CR 稳定运行一段时间后，再升级其他设备。CR 设备配置内容主要包括以下几个方面。

① 开启 IPv6 协议栈，同时运行 IPv4/IPv6 功能。

② 配置 IPv6 LOOPBACK 地址、接口 IPv6 地址。

③ 运行 IGP，通告城域网内用户路由、设备路由。原来运行 OSPF 路由协议的 CR 同时运行 OSPFv3，所有端口启用 OSPFv3；原来运行 ISIS（中间系统到中间系统）协议的 CR 同时运行 ISIS/ISISv6，所有端口启用 ISISv6，开启多拓扑功能。Cost 值继承原有 IPv4 Cost 值。

④ 在 ChinaNet 路由器、CN2 P/PE 路由器之间运行 EBGP4+，交互 IPv4 和 IPv6 路由；在 BAS 之间运行 IBGP4+，交互 IPv4 和 IPv6 用户路由信息。

⑤ 配置 IPv6 静态路由。具体类型包括指向对端设备 LOOPBACK 地址的静态路由、本地 IPv6 汇总路由，以及直连 CR 的平台静态路由等。

（3）MSE/BAS/SR 配置方案

城域网 MSE/BAS/SR 要求支持并开启双栈，运行 IPv4/IPv6 功能，为用户同时分配 IPv4 公有地址和 IPv6 地址，提供 IPv4/IPv6 双栈接入能力，同时承载 IPv4 和 IPv6 业务流量。对于未支持 IPv6 的设备，应先通过软件升级支持 IPv6；对于已支持 IPv6 的设备，应开启 IPv6 功能。

用户侧基于现有模式提供双栈接入。对于支持 IPv6 的终端，终端分配 IPv4 公有地址和 IPv6 地址；对于不支持 IPv6 的终端，终端只分配 IPv4 公有地址。

MSE/BAS/SR 配置包括基本配置和路由协议配置两个方面。

① 基本配置

➤ 在全局模式下开启 IPv6 协议栈，同时运行 IPv4/IPv6 功能。

➤ 配置设备 LOOPBACK 接口的 IPv6 地址。

➤ 上行三层接口开启 IPv6，并配置 IPv6 地址。

➤ 下行三层接口开启 IPv6，支持 PPPoE 和 IPoE 接入。

➤ 配置 IPv4 公有地址池、IPv6 地址池及 IPv6 PD 池。

➤ 配置其他用户信息，包括用户类型、用户的接入认证计费方式、接入认证计费服务器地址及参数等。

➤ 运行 IPCP/IPv6CP，支持 PPPoE、IPoE 接入，为用户分配 IPv4 公有地址和 IPv6 地址。

② 路由协议配置

全局运行 IGP 路由协议，在设备的 LOOPBACK 接口及三层上连接口开启 ISISv6。原来运行 OSPF 路由协议的 MSE/BAS/SR 同时运行 OSPv3；原来运行 ISIS 协议的 MSE/BAS/SR 同时运行 ISIS/ ISISv6，开启多拓扑功能。

配置 BGP 路由协议，在两台 CR 之间建立 IBGP4+ 邻居关系，在城域网 CR 设备之间运行 IBGP4+，交互 IPv4 和 IPv6 用户路由信息。

（4）终端要求

用户终端包括路由型 CPE、桥接型 CPE、拨号软件、PC。其中，桥接型 CPE

应采用报文穿透方式，不影响用户接入。拨号软件应能发起 PPPoE 拨号，并支持双栈接入功能。PC 主机应开启双栈，配置 IPv4 和 IPv6 地址，并通过 IPv4 公有地址或 IPv6 地址访问互联网。

主机及软终端的要求：主机运行双栈，安装软终端；支持 PPPoE 拨号，运行 IPCP 和 IPv6CP；支持通过 DHCP、NDRA 等方式获得并配置 IPv4 公有地址和 IPv6 地址。

路由型 CPE 的要求：运行双栈；能够发起 PPPoE 拨号，支持 IPCP 和 IPv6CP；从网络侧自动获取 WAN 口地址，支持同时获得 IPv4 公有地址和 IPv6 地址；支持 DHCPv6 PD，从网络侧自动获得主机的 IPv6 前缀。

（5）支撑系统要求

IP 支撑系统应支持双栈用户终端认证、授权、计费及访问互联网等；IT 支撑系统支持在各子系统传递用户 IPv6 属性信息，并支持用户受理、开通、装维等功能；ITMS 应具备远程管理路由型 CPE 的能力，尤其应具备开启、关闭 IPv6 接入功能。

IP 支撑系统包括如下内容。

① AAA 系统：支持 IPv4/IPv6 用户认证、授权和计费；支持 IPv4 和 IPv6 用户溯源。

② DNS：支持 A 记录和 AAAA 记录域名解析。

③ 网管系统：能够管理 IPv4 和 IPv6 逻辑网络及其设备，下发配置参数。

IT 支撑系统具有如下功能。

① 支持双栈用户受理、开通、装维等流程。

② 支持 IPv6 用户属性在各子系统之间的传递。

ITMS 包括管理 CPE，支持下发、修改、删除 IPv6 配置参数。

4.2.9　接入网

1. 现状

目前，中国电信的有线接入网以 PON 为主，网络架构以扁平化为主。接入方式分为 FTTH、FTTB+LAN 和 FTTB+DSL 3 种。如图 4-18 所示，接入网属于两层网络，宽带上网业务通过 PPPoE 方式承载，语音和 ITV 业务通过 IPoB 方式承载。用户侧

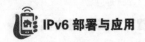

终端通过家庭网关、MxU（复用器单元）、OLT（光线路终端）、汇聚交换机与接入控制层的 MSE/BAS/SR 等设备进行互联。

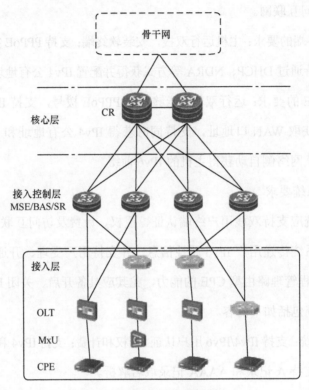

图4-18　接入网网络结构

接入网设备类型以 OLT 和 ONU 为主，现网中，绝大部分的 OLT、MxU 设备已经或者在软件版本升级后可以支持 IPv6 功能。但部分早期入网的老旧设备不能支持 IPv6 DHCP 报文的透传等相关 IPv6 报文，需要替换设备。

2. 改造思路

从对各厂家的调研结果来看，目前主流的接入网设备及用户端设备已基本支持 IPv6。接入网 IPv6 规模部署首先需要确认设备版本信息，以确保 OLT 和 ONU 设备支持并识别封装了 IPv6 报文的以太网帧或 GEM（GPON 封装方式）帧，并需要支持 IPv4 与 IPv6 业务在接入网中的同时承载。ONU 设备需要配置 IPv6 地址的获取方式及用户终端设备的地址分配方式。接入网 IPv6 规模部署时原则如下。

（1）对可支持 IPv6 功能的设备进行升级。

（2）针对现网少数硬件不支持 IPv6 功能的设备应分阶段逐步迁移至支持 IPv6 功能的设备。

3. 改造方案

（1）接入网 IPv6 实施资源需求

从技术角度看，接入网是一个两层网络，业务报文均封装在以太网帧中，在设备间进行传送。接入网设备目前主流的转发规则包括 MAC+VLAN ID 和 CVLAN+SVLAN 两种，因此接入网设备在大部分情况下不涉及 IP 地址类型的问题。无论是 PON（无源光网络）还是 DSLAN（数字用户线接入复用器），均服务于业务透传，现阶段接入网设备本身对 IP 没有更多需求，但在未来接入网引入三层功能以后，可能会对接入设备的 IPv6 功能及协议提出更多的要求。

因此接入网在 IPv6 升级改造过程中对网络硬件、工程集成、系统改造等资源需求不是很高，独立性较强，具体内容如下。

① 老旧设备需要退网：接入网设备大部分（OLT 和 ONU）可以通过软件升级支持 IPv6。现网中有部分早期部署的老旧设备硬件不支持 IPv6，此类设备需要做退网处理。

② 宽带上网、语音业务均封装在以太网报文进行透传处理，因此接入网设备对 IPv6 报文不进行解析处理。

③ 多播业务取决于多播复制点的位置，接入设备仅具备 DHCPv6 Option 18、Option 37、MLD Proxy、MLD Snooping 功能即可，目前接入网设备具备这些功能。

④ 安全方面，接入网设备需要具备防 ICMPv6 攻击、防 ND 攻击、基于 IPv6 的 ACL 规则过滤等功能，目前接入网设备具备这些功能。

（2）OLT/CPE 配置方案

网关型 ONU 配置方案通过 ITMS 下发配置，主要包括如下内容。

① 配置"前缀获取方式"信息，获取设备 LAN 口的地址前缀信息，用于为接入的个人计算机分配地址。

② 配置"IP 地址获取方式"，设置设备 WAN 口的地址获取方式，用于 OLT 对接入 CPE 的管理。

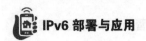

③ 配置"地址 / 前缀分配方式"，用于为个人计算机终端选择 IPv6 地址分配方式。

④ 配置"其他信息分配方式"，用于为个人计算机终端选择 DNS 等其他信息的分配方式。

汇聚交换机 /OLT/ MxU/ 桥接型 ONT 改造方案需要确认设备软 / 硬件对 IPv6 的二层支持情况。如果要获取用户接入位置信息并满足安全要求，对于 PPPoE 接入方式，CPE 接入的 OLT 或 MxU 端口要启用 PPPoE+；对于 DHCPv6 接入方式，CPEB（客户端设备宽带）接入的 OLT 或 MxU 端口要启用 DHCPv6，L2 Relay 插入 Option 18/37。如果网络中启用 IPv6 多播，汇聚交换机 /OLT/MxU 要开启 MLD Proxy，同时 CPE（如 ONT、Modem）上的 IPTV 口要启用 MLD Snooping。

4.2.10　网络信息安全

1. 现状

（1）IPv6 网络环境下的网络信息安全管理

IPv6 为网络协议的一种，协议本身相对于 IPv4 更加关注安全，解决了 IPv4 的部分网络信息安全问题。但因其应用场景尚未普及，协议本身的网络信息安全问题未完全暴露，不排除未来出现针对 IPv6 的网络信息安全问题。

目前，IPv6 对系统定级备案、风险评估等网络安全日常工作影响较小；由于主管部门尚未对 IPv6 地址报备明确规范要求，因此无法开展针对 IPv6 的 IP 地址和网站 ICP 报备；IPv4 到 IPv6 存在过渡阶段，主要采用双协议栈和隧道技术，可能存在互联网信息服务既有 IPv4 地址又有 IPv6 地址的情况，对网上不良信息的处置定位和效率产生影响。

（2）网络信息安全相关管理支撑系统对 IPv6 网络的升级改造

中国电信前期建有部分基于网络流量分析的网络信息安全系统，这些系统部分已支持 IPv6 网络流量，部分须升级改造才可适应 IPv6 网络条件。

2. 改造方案

（1）网络信息安全管理同步覆盖 IPv6

落实"三同步"，系统上线前应满足安全验收、双新评估、定级备案、风险评估、

ICP 备案、用户信息保护等要求，并密切跟踪 IPv6 自身网络信息安全风险，有针对性地开展安全防护和安全事件处置工作。

（2）稳步推进网络信息安全管理支撑系统的升级改造

梳理网络信息安全管理支撑系统清单，包括但不限于互联网信息安全管理系统、移动上网日志留存系统、不良信息监测系统、未备案网站发现系统、木马僵尸网络监测与处置平台、移动互联网恶意程序监测处置平台、攻击溯源系统等，明确现状与改造需求，稳步推进改造工作。

4.2.11　业务平台

1. 现状

业务平台基于公网的门户网站、App 不支持 IPv6，操作系统、中间件、数据库、应用程序等也不支持 IPv6。

2. 改造思路

第一阶段实现业务平台基于公网的门户网站、App 系统的 IPv6 改造，保证在 IPv6 网络环境下系统可以正常运行并提供服务；根据网络规划及网络、资源池、中间件厂商对 IPv6 部署支持情况，逐步启动操作系统、中间件、数据库、应用程序架构改造。第二阶段完成业务平台的整体改造工作。

3. 改造方案

梳理需要进行改造的门户网站、App 系统清单，对需要改造的系统进行 IP 地址规划及分配，编制系统改造方案，从业务层面做好安全评估和应急预案，完成系统互联网访问测试环境双栈改造、部署及测试；完成系统互联网访问双栈部署及上线工作。

操作系统升级工作：对系统底层操作系统进行升级，使操作系统具备 IPv4/IPv6 双栈支撑能力，并配置 IPv4 和 IPv6 地址。

中间件软件升级工作：对系统配套的中间件及第三方软件进行升级，使其具备 IPv4/IPv6 双栈支撑能力，能同时基于 IPv4 和 IPv6 网络提供中间件服务。

数据库软件升级工作：对系统配套数据库进行升级，使其具备 IPv4/IPv6 双栈支

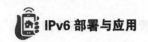

撑能力，能同时基于 IPv4 和 IPv6 网络提供数据库服务。

应用软件升级工作：对应用软件进行功能和接口改造，使其具备 IPv4/IPv6 双栈支撑能力，能同时基于 IPv4 和 IPv6 网络提供应用服务。

配套网络设备升级工作：对系统配套网络设备的操作系统进行升级，使网络设备具备 IPv4/IPv6 双栈网络透传、转发和路由能力。

| 4.3　运营商基于 SRv6 技术的创新应用 |

近年来，中国电信、中国移动、中国联通三大电信运营商都在积极探索 SRv6 与 5G 网络的结合。其中，中国电信在 2019 年年初，在业界率先完成 SRv6+EVPN 的测试验证，实现跨厂商融合组网，随后开始大规模商用部署；针对 SRv6 在网络实际部署中的问题，中国移动也于 2019 年牵头提出了原创的 SRv6 头压缩技术方案 G-SRv6，并构建了 G-SRv6 技术体系，推动国内、国际标准的发展和产品的成熟落地；中国联通 2019 年在雄安新区建成了一张基于 SRv6 + FlexE 技术的综合承载网络，雄安联通基于切片及 SRv6 技术成功打造了数字智能税务业务，实现了多线多段跨域的敏捷开通和差异化服务保障。

4.3.1　基于 SRv6 的政企专线场景

无论是中国电信提出的 SRv6+EVPN，还是中国联通的 SRv6+FlexE 技术，从根本上都还是通过引入 SRv6 技术使承载网络具备可编程能力，为对时延、带宽、稳定性有特殊要求的业务提供差异化的服务，并提升业务迅捷开通能力；而中国移动提出的 G-SRv6 仍然是在基于 SRv6 的可编程能力的基础上通过压缩技术方案，去除标准 SRv6 SID 中冗余的共同前缀来实现压缩，并进一步优化 SRv6 性能。运营商主要将 SRv6 技术用于政企专线类业务，用于保障 5G 2B（to business）业务的低时延、高质量的承载，在移动承载网、IP 城域网、数据中心核心网等开启 SRv6 可实现以下功能。

（1）提升云网业务开通效率。引入 SRv6 技术的承载网络后，运维工程师仅需要在网络两端进行相应配置即可实现新业务的开通，无须对中间整个网络进行配置，这大幅提升了业务开通效率，促进了云网业务协同发展。

（2）有利于为业务提供端到端路径保障。基于 SRv6 TE Policy 技术，可根据业务意图、承载网实时性能、网络拥塞状态等智能地选择最佳路径并实时调整，持续提供最佳连接体验，为大带宽、低时延等特殊需求业务提供高保障的承载服务，提升网络商业变现的能力。

（3）基于"SRv6+MPLS"双平面智能选路控制协议，可解决新旧网络 SRv6 与 MPLS 融合组网的问题，大幅延长现网设备的生命周期，保护存量资源的投资。

因此，通过在运营商城域层、骨干层、云数据中心和终端层引入 SRv6 技术，云、管、端基于同一个标准协议可实现端到端可管可控，为后续差异化的产品营销提供基础技术保障。

4.3.2　基于 SRv6 的网络切片场景

部署了 FlexE 网络切片技术的 STN（中国电信 5G 承载网）/SPN（中国移动 5G 承载网）都在一张网络上分别承载公众和政企业务，为 5G 2C 和 2B 场景垂直行业提供高质量承载，并且具备实现业务级和用户级的切片能力。在各个硬切片内部可部署多个 QoS 等级，匹配不同的业务 SLA 质量要求。基站流量根据不同业务属性进入相应的硬切片通道，通过承载网的硬切片导入对应的核心网业务切片，实现业务端到端的安全隔离和差异化承载。

对于有 SLA 特殊需求的 2B 业务，采用 SRv6 技术实现域内 / 跨域业务开通或一跳直达。利用 SRv6 的可编程能力和对协议的简化使其可以提供网络切片场景下的数据转发和指令控制。在数据转发过程中，网络设备为每个切片分配专用的 SRv6 Locator 作为切片标识，并用以 Locator 为前缀的 SRv6 SID 标识作为该切片分配的网络资源。不同网络设备对应的同一网络切片的 SRv6 Locator 和 SID 集合组成一张 SRv6 虚拟网络。对于每个切片内的业务报文，可使用对应切片的 SRv6 SID 生成 Segment List，并封装在 SRv6 报文头中。沿途的网络设备根据 SRv6 Locator 或 SID 识别报文所属的网络切片，使用该切片定义的拓扑和资源执行转发处理，从而为不

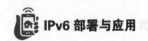

同网络切片中的业务提供差异化的转发路径和相互隔离的资源，保证切片间业务互不影响；在指令控制方面，SRv6 对协议的简化及对 SDN 的支持，网络切片控制器与网络 SDN 控制器相互配合，可以提供网络切片信息的分发、收集及基于网络切片的集中式或分布式路径计算和转发表生成。

4.3.3　基于 SRv6 的云网业务场景

为满足云网融合业务弹性、大带宽、低时延、高可靠、一跳直达、泛在接入、快速上线等需要，城域网、STN/SPN 5G 承载网、OTN 等的网络边缘设备按需随云资源池出口设备在相同局址同步部署，形成云网络出口和基础网络边缘的设备集合的 Spine-Leaf Fabric 架构，如图 4-19 所示，其中 Leaf 是 Fabric 网络功能接入节点，Spine 主要负责高速流量转发。这类云数据中心节点作为云外基础网络和云内 Overlay 网络的对接锚点可实现云资源池与基础网络一体化建设、云网融合业务端到端自动化开通。

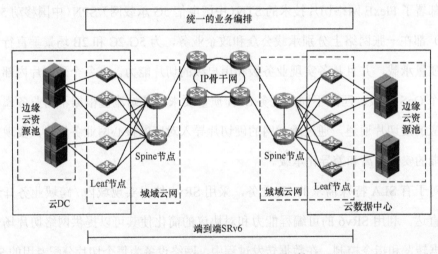

图4-19　Spine-Leaf Fabric架构

云数据中心拉通了云外基础网络与云资源池，而传输承载协议也需要拉通，因此云数据中心内的网络设备需引入 SRv6 技术，通过配置端到端的 SRv6 BE/TE（Best Effort/Traffic Engine）进行整体路径调优，同时实现业务隔离。基于 SRv6 的可编程特性，将云数据中心内设备进行统一管理，实现云网一体化管控、云网资源一体化编排和云网能力按需开放。

第 5 章

05

企业 IPv6
改造方案

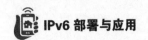

《推进互联网协议第六版（IPv6）规模部署行动计划》（以下简称《行动计划》）提出，要对中央企业网站进行 IPv6 改造，先要完成中央企业门户网站和面向公众的在线服务窗口改造，加快企业生产管理信息系统等内部系统和应用的 IPv6 改造。本章将介绍企业中包括外网网站系统和生产管理信息系统在内的 IPv6 改造的建设思路和技术实现方式。

| 5.1　企业 IPv6 改造需求分析 |

中央企业为"中央管理企业"的简称，在关系国家安全和国民经济命脉的主要行业和关键领域占据支配地位。此次中央企业进行 IPv6 技术改造，一方面，要在落实《行动计划》中发挥骨干和引领作用。另一方面，从企业自身信息化需求出发，IPv6 能够提供充足的网络地址和广阔的创新空间，高效支撑移动互联网、工业互联网、物联网、云计算、大数据、人工智能等的快速发展。通过向 IPv6 演进，中央企业推动企业网络扁平化、柔性化，打通信息孤岛、数据烟囱，建立更广泛的互联互通网络，为企业信息化发展、数字化转型打下良好的基础。此外，中央企业普遍具有网络规模庞大、结构复杂的特点，基层子企业和分支机构容易成为网络安全攻击的突破口，推动 IPv6 部署应用为解决网络安全问题提供了新平台和新契机，有助于进一步创新网络安全保障手段，增强网络安全态势感知、溯源和处置能力，提升重要网络的保护水平。

《行动计划》将中央企业提出的 IPv6 建设任务分为两大部分。其一是完成门户网站和面向公众的在线服务窗口改造。具体实现的功能包括个人和企业 IPv6 用户通过互联网能够访问企业门户网站和业务办理网站，例如，网上营业厅、业务办理系统（电网、航空、电信、石油石化）等。公众用户访问企业网站示意如图 5-1 所示。其二是加快企业生产管理信息系统等的改造。具体实现的功能包括面向特定 IPv6 用户，通过专网（非互联网）可访问网站或者企业生产管理信息系统；对企业办公自动化（OA）系统、业务管理系统、业务调度系统、生产网络等进行 IPv6 改造。企业内部系统访问示意如图 5-2 所示。

图5-1　公众用户访问企业网站示意

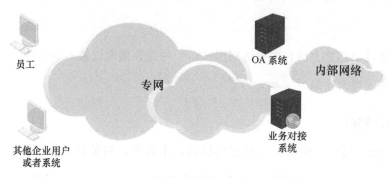

图5-2　企业内部系统访问示意

| 5.2　门户网站的工作原理 |

企业的门户网站或业务办理网站主要采用的协议是 HTTP、HTTPS，我们需要通过了解这两种协议的工作原理和过程来分析引入 IPv6 后对这两种协议产生的影响。

5.2.1　HTTP 工作原理

超文本传输协议（HTTP）的发展是万维网联盟（World Wide Web Consortium）和 IETF 合作的结果，是用于从 WWW 服务器传输超文本到本地浏览器的传送协议。

它可以使浏览器更加高效，不仅能保证计算机正确、快速地传输超文本文档，还能确定传输文档中的哪一部分内容首先显示等。HTTP 永远都是由客户端发起请求，服务器返回响应，如图 5-3 所示。

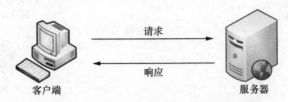

图5-3　HTTP的请求响应模型

HTTP 无法实现在客户端没有发起请求的时候服务器将消息推送给客户端。同时，HTTP 是一个无状态的协议，同一个客户端的本次请求和上次请求没有对应关系。

用户通过 HTTP 上网有两种访问形式，一种是直接通过输入 IP 地址访问，另一种是通过输入域名访问。

1. 地址解析

URL（统一资源定位符）包括主协议名、主机名、对象路径等部分，这个地址可以解析出协议名 http、装有页面的服务器的域名 cnpc.com.cn，以及对象路径 /index.htm。它通过 DNS 解析域名 cnpc.com.cn 得出主机的 IP 地址。

2. 封装成HTTP请求数据包

将协议名、主机名、端口、对象路径等相关参数结合主机自己的信息封装成一个 HTTP 请求数据包。

3. 封装成TCP包，建立TCP连接（TCP的三次握手）

在 HTTP 开始工作之前，客户端（Web 浏览器）首先要通过网络与服务器建立连接，该连接是通过 TCP 来完成的，TCP 与 IP 共同构建互联网，即 TCP/IP 协议族，因此，互联网又被称作 TCP/IP 网络。HTTP 是比 TCP 更高层次的应用层协议，根据规则，只有低层协议建立之后才能进行更高层协议的连接，因此，首先要建立 TCP 连接，一般 TCP 连接的端口号是 80。

4. 客户端发送请求命令

建立连接后，客户端发送一个请求给服务器，请求方式的格式为：统一资源定位符（URI）、协议版本号、MIME 信息（包括请求修饰符、客户端信息和可能的内容）。

5. 服务器响应

服务器接到请求后，给予相应的响应信息，其格式为一个状态行，包括信息的协议版本号、一个成功或错误的代码，后边是 MIME 信息。服务器在向浏览器发送头信息后会发送一个空白行来表示头信息的发送到此结束，接着，它就以 Content-Type 应答头信息所描述的格式发送用户所请求的实际数据。

6. 服务器关闭TCP连接

一般情况下，一旦 Web 服务器向浏览器发送了请求数据，它就要关闭 TCP 连接，然后如果浏览器或服务器在其头信息加入 Connection:keep-alive 这行代码，TCP 连接在发送后将仍然保持打开状态，于是，浏览器可以继续通过相同的连接发送请求。保持连接省去了为每个请求建立新连接的时间。

HTTP 请求报文由 3 个部分组成，分别是请求行、消息报头、请求正文。

（1）请求行：以一个方法符号开头，以空格分开，后面是请求的 URI 和协议的版本，格式如 Method Request-URI Http-Version CRLF。其中，Method 表示请求方法，包括 GET、POST、HEAD 等；Request-URI 是一个统一资源定位符；Http-Version 表示请求的 HTTP 版本；CRLF 表示回车和换行。例如，以在浏览器的地址栏中输入网址的方式访问网页时，浏览器采用 GET 方法从服务器获取资源，具体表示为 Get/form. html Http/1.1（CRLF）。

（2）消息报头：是可选的，包括普通报头、请求报头、回应报头及实体报头，这里只描述请求报头。请求报头用于客户端向服务器端传递请求的附加信息及客户端自身的信息，请求报头包括 Accept、Authorization、Host 及 User-Agent 报头域，其中 Host 报头域是必需的。Host 请求报头域主要用于指定被请求资源的互联网主机和端口号，它通常是从 Http URL 中提取出来的，例如，当在浏览器中输入 http://www.×××.com 时，浏览器发送的请求消息中就会包含 Host 请求报头域，Host:

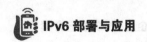

www.×××.com，此处使用默认端口号 80，若指定了端口号，则变成 Host:www.×××.com: 指定端口号。

（3）请求正文：HTTP 的请求和响应消息都可以传送一个实体。一个实体由实体报头域和实体正文组成，但并不是说要一起发送实体报头域和实体正文，可以只发送实体报头域。实体报头域定义了关于实体正文和请求所标识的资源的元信息。实体正文就是返回的网页内容代码。

HTTP 响应也由 3 个部分组成，分别是状态行、消息报头、响应正文。

（1）状态行：Http-Version Status-Code Reason-Phrase CRLF，其中，Http-Version 表示服务器 HTTP 的版本；Status-Code 表示服务器返回的响应状态代码；Reason-Phrase 表示状态代码的文本描述。

（2）消息报头：由 3 位数字组成，且有 1×× ～ 5×× 共 5 种可能取值，第一个数字定义了响应的类别。例如，HTTP/1.1 200 OK（CRLF）表示请求已被成功接收、理解、接受。

（3）响应正文：允许服务器传递不能放在状态行中的附加响应信息、关于服务器的信息和对 Request-URL 所标识的资源进行下一步访问的信息。例如，Location 响应报头域用于重定向接收者到一个新的位置，常在更换域名的时候使用。Server 响应报头域包含了服务器用来处理请求的软件信息，与 User-Agent 请求报头域是相对应的。WWW-Authenticate 响应报头域必须被包含在 401（未授权的）响应消息中。当客户端收到 401 响应消息，并发送 Authorization 报头域请求服务器对其进行验证时，服务器端响应报头就包含该报头域。例如，WWW-Authenticate: Basic realm= "Basic Auth Test!"，从中可以看出，服务器请求资源采用的是基本验证机制。

以上是用户采用输入域名方式来访问互联网网站的流程，如果用户在浏览器内直接输入 IP 地址，或者直接单击一个包含 IP 地址的 URL，流程中就不需要 DNS 进行域名解析，而是直接从 HTTP 浏览器向目的服务器发起 TCP 连接直到最后关闭网页。

从上述用户访问网页流程可以看到，引入 IPv6 后，用户是否能成功访问页面与 HTTP 本身没有关系，而与用户的浏览器对底层 IP 的调用、URL 的域名及 IP 地址，以及与之相关联的被访问的网站、承载网络和用户终端、操作系统支持的协议等有关。在域名访问时，如果用户终端是单栈，只能发起 IPv4 或 IPv6 的请求，被访问的网站如果也是单栈，则存在无法返回用户所需类型地址的情况，例如，一个纯 IPv6 用户需要访问一个 IPv4 的单栈网站，网站服务器无法返回用户所需的 IPv6 地址，导致访问失败。

如果是通过直接输入 IP 地址访问网页，情况会更复杂一些。由于 HTTP 服务器返回给客户端的网页包含的链接以 IP 形式呈现，即使被访问的网站已经实现了双栈改造，通过此 IP 地址也只能将用户引向一个单栈的网页。例如，一个纯 IPv6 用户无法通过输入一个 IPv4 地址访问一个双栈的网站，但是如果 URL 采用的是域名的方式，就可以实现访问。

5.2.2　HTTPS 工作原理

超文本传输安全协议（HTTPS）是以安全为目标的 HTTP 通道，也就是 HTTP 的安全版，即在 HTTP 下加入 SSL，HTTPS 的安全基础是 SSL。（SSL 是安全套接层，是 Netscape 公司设计的主要用于 Web 的安全传输协议。）HTTPS 在 Web 上获得了广泛的应用。通过证书认证可以确保客户端和网站服务器之间的通信数据是加密安全的，目前越来越多的主流网站都采用 HTTPS 来登录。

HTTPS 有两种基本的加解密算法类型：对称加密和非对称加密。

对称加密：密钥只有一个，加解密为同一个密码，且加解密速度快，典型的对称加密算法有 DES、AES、RC5、3DES 等。对称加密主要问题是共享密钥，除非本端计算机（客户端）知道对端计算机（服务器）的私钥，否则无法对通信流进行加解密。解决这个问题的方案为非对称加密算法。

非对称加密：非对称加密也称为公钥加密。它使用一对密钥——公钥和私钥，实现加密和解密操作。公钥是公开的，可供任何人使用，它用于加密数据。私钥则是

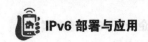

私有的，并且只能由密钥的持有者保管和使用，用于解密通过公钥加密的数据。当通信的一方想要向另一方发送加密数据时，它使用接收方的公钥对数据进行加密。然后，接收方使用其私钥来解密收到的数据。这样，即使公钥被公开，只有私钥的持有者才能解密数据，确保了通信的机密性。典型的非对称加密算法有 RSA、DSA 等。

HTTPS 的访问流程与 HTTP 基本相似，唯一的不同在于 SSL 借助下层协议的隧道安全协商出一份安全密钥，并用该密钥加密 HTTP 请求。TCP 层与 Web Server 的 443 端口建立连接，传递 SSL 处理后的数据。接收端与此过程相反。SSL 在 TCP 层上建立了一个加密通道，通过这一层的数据进行了加密，以达到保密的效果。

同样，IPv6 对 HTTPS 的影响和 HTTP 一样，与协议本身无关，只需要关注用户的浏览器、URL 的域名、IP 地址、被访问的网站、访问的承载网络及用户终端、操作系统支持情况等。

5.3　门户网站改造技术

从前面的分析可见，在对中央企业门户网站进行 IPv6 改造的过程中，用户对网页的访问与 HTTP 本身无关，而是与 URL 中的域名和 IP 地址等相关。在改造的过程中，3 种 IPv6 的过渡技术都可以用于解决门户网站的改造问题：第一种是采用双栈技术为 IPv6 访问用户提供被访问门户网站的 IPv6 信息源；第二种是将 IPv4 的报文翻译成 IPv6 的报文，即协议转换，从而为 IPv6 的访问用户提供 IPv6 的信息源；第三种是采用隧道技术，网站和用户分别安装 IPv6 隧道软件，用户应用程序通过 IPv4（私有地址）与门户网站应用通信，并把 IPv4 报文封装进 IPv6 隧道，穿透网络传输实现对门户网站的访问。3 种技术在实际的使用过程中各有利弊，同时还需要综合考虑改造的周期、效果、成本等因素。

5.3.1　双栈改造方案

在对门户网站进行改造的过程中，采用双栈技术要求涉及网站业务交互的各类应用系统、数据传输过程中的数据通信网络设备、运营支撑系统的软硬件设备同时运行 IPv4 和 IPv6 两套协议栈，并同时处理 IPv4 和 IPv6 数据包，通过双栈化路线进行 IPv6 改造，门户网站和应用系统往往需要重写代码，包括网络通信套接字、API、URL、存储结构等。用户访问门户网站模式如图 5-4 所示。

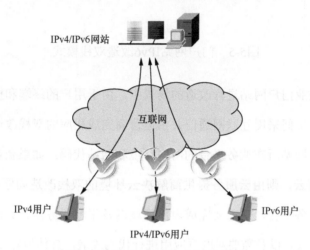

图5-4　用户访问门户网站模式

双栈改造是最为彻底的一种网站 IPv6 升级改造方案，概念清晰、易于理解，单协议栈用户之间的互通效果较好，但是由于在改造的过程中涉及用户访问门户网站全程的端到端通信，用户终端、操作系统、运营商网络、硬件设备、DNS 和网页所在的业务平台及网页应用都需要进行双栈的升级改造，对建设方而言要求较高，还会牵涉网页服务器和网络设备升级，因此，短期看投资成本较高且改造周期较长。从整体上来说，这是一种一步到位的改造技术，适合架构和业务相对简单的门户网站 IPv6 升级改造。从端到端访问的角度看，门户网站 IPv6 升级改造大致可分为以下 3 个部分。

（1）DNS 服务器改造：增加 AAAA 解析记录，完成域名和 IPv6 地址的映射；DNS 域名服务器配置 IPv6 地址，接受 IPv6 DNS 请求。

（2）网站入口改造：防火墙、负载均衡、网络设备等全部支持双栈。

（3）网站内部改造：将内部服务器、代码调用逻辑等全部改造为双栈。

门户网站 IPv6 改造双栈模式如图 5-5 所示。

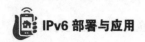

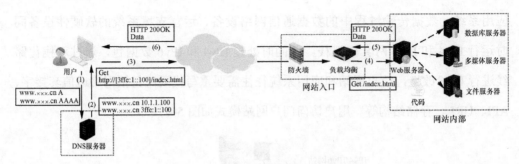

图5-5　门户网站IPv6改造双栈模式

在对中央企业门户网站进行改造的场景中，由于用户的终端和操作系统由访问用户自身决定，访问采用互联网通信并由运营商完成相应的双栈改造工作，需要建设的部分是门户网站所在业务平台的网络环境和网站代码。如果企业的门户网站服务器部署在公有云，则由云服务提供商解决云环境的双栈改造问题；如果部署在企业自身的内网业务平台，则需要完成内部局域网及平台服务器、数据通信设备升级替换，以支持双栈，以及需要对网页应用进行代码改造，具体步骤如下。

（1）把网页中以 IPv4 地址直接写入的文件 URL 或链接 URL 更换成域名。

（2）把网页代码中存在的无法处理 IPv6 地址的程序或函数更换成同时支持 IPv4 和 IPv6 的函数或程序。

（3）把程序中存储 IP 地址的数据空间（IPv4 为 32 位）更换为同时支持 IPv4 和 IPv6 的变量结构、数据库结构或（128 位）API。

门户网站网页改造双栈模式如图 5-6 所示。

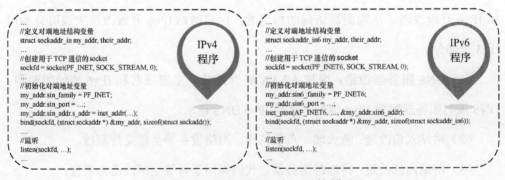

图5-6　门户网站网页改造双栈模式

5.3.2 协议转换改造方案

协议转换即在 IPv6 用户和 IPv4 网站间部署 IP 转换设备，建立 IPv6/IPv4 之间地址和端口的映射关系，以实现透明的 IPv6 和 IPv4 互访互通。采用协议转换技术进行门户网站改造对网站架构改动少、部署快捷，当然如果用户侧的网络不支持 IPv6，还需要对用户侧的网络、DNS、数据通信设备进行双栈改造。部署协议转换设备，可以实现 IPv6 用户直接访问 IPv4 站点。用户访问门户网站模式示意如图 5-7 所示。

门户网站采用协议转换的升级改造内容如下。

（1）DNS 服务器改造：增加 AAAA 解析记录，完成域名和 IPv6 地址的映射；DNS 域名服务器配置 IPv6 地址，接受 IPv6 DNS 请求。

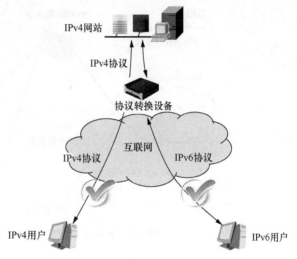

图5-7　用户访问门户网站模式示意

（2）网站入口改造：增加协议转换设备（NAT 设备），或者在防火墙和负载均衡设备上配置协议转换设备。

（3）网站内部改造：通过翻译改造，内部无须进行较大调整，只需对代码调用逻辑中涉及源 IP 地址的部分进行改造。

在对门户网站 IPv6 的改造中，目前采用的典型的协议转换技术有 NAT64、SPACE6（应用层翻译）、IVI。这 3 种技术在国内实际应用场景中都有相应的协议转换设备产品及案例。

1. NAT64

NAT64 是一种有状态的网络地址与协议转换技术，一般只支持通过 IPv6 侧网络用户发起连接来访问 IPv4 侧网络资源。同时 NAT64 也支持通过手动配置静态映射关系，实现 IPv4 网络主动发起连接访问 IPv6 网络。NAT64 可实现 TCP、UDP、ICMP 下的 IPv6 与 IPv4 网络地址和协议转换。NAT64 在实际使用中需要与 DNS64 配合工作，DNS64 主要是将 DNS 查询信息中的 A 记录（IPv4 地址）合成到 AAAA 记录（IPv6 地址）中，返回合成的 AAAA 记录给 IPv6 侧用户，NAT64 与 DNS64 的组网应用场景如图 5-8 所示。

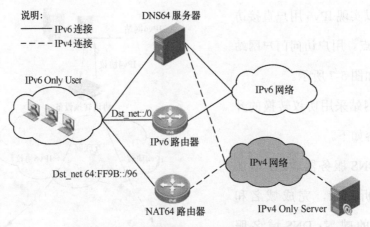

图5-8   NAT64与DNS64的组网应用场景

DNS64 服务器与 NAT64 网关是两个完全独立的部分。其中，64:FF9B::/96 为 DNS64 的知名前缀，DNS64 一般默认使用此前缀进行 IPv4 地址到 IPv6 地址的合成，同时该前缀也作为 NAT64 的转换前缀，实现匹配该前缀的流量后才进行 NAT64 转换。一般在 DNS64 与 NAT64 中该前缀被表示为 pref64::/n，该前缀可根据实际网络部署进行配置。

当 IPv6 用户发起连接访问普通 IPv6 网站时，流量将会匹配 IPv6 默认路由而直接转发至 IPv6 路由器处理。当访问的是 IPv4 单协议栈的服务器时，将经 DNS64 服务器进行前缀合成，pref64::/n 网段的流量将被路由转发至 NAT64 网关，从而实现 IPv6 与 IPv4 地址和协议的转换，访问 IPv4 网络中的资源，具体的报文交互流程如图 5-9 所示。

2. SPACE6

SPACE6 是一种网络层协议转换技术和应用层协议转换技术相融合的技术，

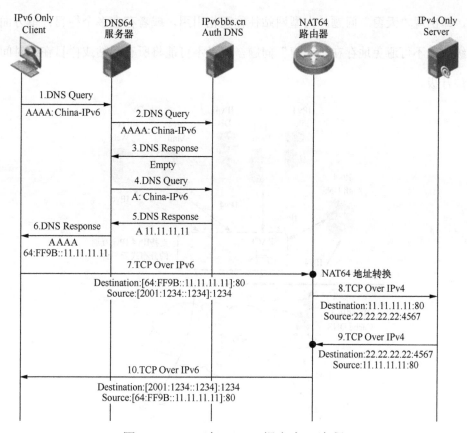

图5-9　NAT64与DNS64报文交互流程

SPACE6 协议转换技术从网络层延伸到应用层，直接修改特定应用载荷中与协议相关的内容，其他流量则在网络层直接转换。采用 SPACE6 协议转换技术能把单栈 IPv4 网站或单栈 IPv6 网站的内容自动发布到 IPv4 和 IPv6 两个网络平面，从而实现门户网站的双栈化升级。SPACE6 作为一种反向代理模式，部署灵活，门户网站服务器与物理位置无关，网站只需要在其授权 DNS 上增加一条相应的 AAAA 记录。SPACE6 技术由于工作在应用层，可以在一定程度上解决网站中外链导致的内容缺失等问题（"天窗"问题）。SPACE6 协议转换技术应用场景如图 5-10 所示。

这里简单介绍什么是"天窗"问题，"天窗"问题是中国发展下一代互联网升级 IPv6 网络中必然会遇到的问题。当网页包含其他网站内容的链接（外链）时，即使采用双栈技术，全面升级网络并修改程序，但由于被引用的其他网站未升级，IPv6 用户访问该网站时也会出现响应缓慢、部分内容无法显示、部分功能无法使用等情

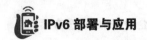

况，即出现"天窗"问题。大型网站往往互相引用，或者存在多个栏目，单方面的
升级改造不可避免地存在"天窗"问题，但又不可能将所有网站或栏目在短时间内
全部升级。

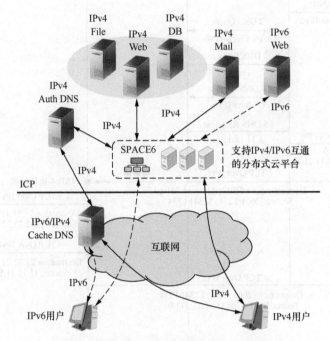

图5-10　SPACE6协议转换技术应用场景

当 IPv6 单栈用户准备访问通过该平台升级的网站时，用户首先向运营商 DNS
（或自行指定的 DNS）查询网站所对应的 IP 地址，IPv6 用户发出的 DNS 请求类
型为 AAAA，运营商 DNS 则从网站授权 DNS 上获得相应的 AAAA 记录，并把对
应的 IPv6 地址反馈给用户。该 IPv6 地址事实上就是协议转换平台给网站分配的
IPv6 地址。IPv6 用户向解析回来的 IPv6 地址发出 HTTP 请求，该请求被路由到协
议转换平台上，平台把从网站同步过来的信息直接反馈给用户，从而帮助网站满
足 IPv6 用户的访问需求，实现网站双栈化的目标。当 IPv4 单栈用户访问 IPv6 网
站时，业务流程与 IPv6 单栈用户访问 IPv4 网站的流程类似。在平台同步网站信
息的过程中，也会对网页中包含的所有链接所对应的网站进行同步，并将其 IPv4
地址改为 IPv6 地址推送给用户，用户收到经过协议转换的网页后，单击其中的子
链接，该操作系统发起 HTTP 请求至协议转换平台，平台会把同步的子链接网站

信息反馈给用户。

由于其反向代理的特性，基于 SPACE6 技术的协议转换设备并非一定部署在门户网站服务器端，部分厂家采用云计算分布处理技术，在公有云集中部署协议转换平台，为不同的门户网站用户提供协议转换服务。利用云资源的可扩展性，平台还可提供内容分发、网络加速、流量本地化等附加功能。集中部署分布式协议转换平台工作原理如图 5-11 所示。

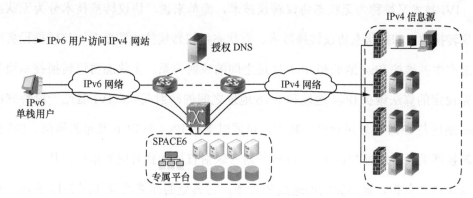

图5-11　集中部署分布式协议转换平台工作原理

3. IVI

IVI 方案是由 CNGI-CERNET2 的研究人员李星教授提出的。IVI 的名字灵感来源于罗马字母，IV 是 4，VI 是 6，所以 IVI 可代表 IPv4 和 IPv6 的过渡和互访。IVI 协议转换技术原理如图 5-12 所示，是将 IPv4 地址嵌入 IPv6 地址形成一个具有特定前缀的 IPv6 地址，地址的 0 ～ 31 位为 ISP 的 /32 位的 IPv6 前缀；32 ～ 39 位为 FF，表示这是一个 IVI 映射地址；40 ～ 71 位表示插入的全局 IPv4 空间的地址格式。嵌入 IPv4 的这个 IPv6 地址配置在 IPv6 网络的用户或者服务器上，此 IPv6 用户或者服务器可以直接访问 IPv6 域的用户和业务，也可以通过协议转换设备访问 IPv4 域的用户和业务。同时，IPv4 网络的用户和业务可以直接访问这个内嵌的 IPv4 地址，也可通过协议转换设备转换为 IPv6 报文访问实际的用户和服务器。利用 IVI 协议转换技术解决 IPv4 和 IPv6 网络的互联互通问题最大的优势是对目前的 IPv4 和 IPv6 均可做到端到端的全球唯一寻址，可溯源、可审计。

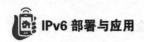

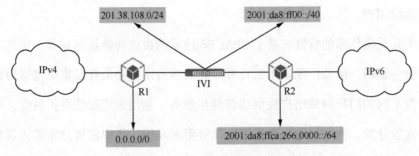

图5-12 IVI协议转换技术原理

　　IVI 技术又被称为无状态协议转换技术。简单来说，协议转换技术分为无状态协议转换技术和有状态协议转换技术。有状态协议转换技术需要在协议转换设备中动态产生并维护 IPv4 地址和 IPv6 地址之间的映射关系。无状态协议转换技术通过预先设定的算法维护 IPv4 地址和 IPv6 地址之间的映射关系。IVI 通过一段特殊的 IPv6 地址与 IPv4 地址进行唯一映射，可同时支持 IPv4 和 IPv6 发起的通信。IVI 协议转换网关设备通过 IPv4 和 IPv6 的一对一映射直接找到对应的地址，从一定程度上减轻网关负担，提高算法的速度和效率，它典型的部署场景如图 5-13 所示。从 IPv4 到 IPv6 的过渡，就是为了获取更多的 IP 地址，在 IPv4 地址紧张的情况下，IVI 会比其他协议转换技术占用更多的 IPv4 地址与 IPv6 地址进行对应，从解决地址紧张问题本身来看，这会显得矛盾。

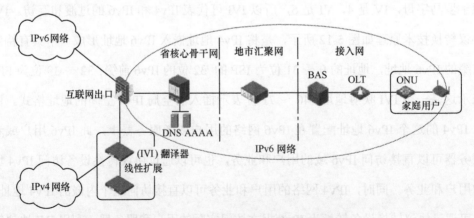

图5-13 IVI协议转换技术部署场景

　　IVI 技术的实现过程如下。

　　（1）IPv6 端发起与 IVI IPv4 服务器的连接。

（2）由于 IVI6 地址格式特殊，无法使用无状态 IPv6 地址自动配置机制，因此 IPv6 主机通过静态配置或 DHCPv6 选项得到 IVI6 地址、默认网关及 DNS 服务器地址信息。

（3）IPv6 主机向 IVI DNS 进行 AAAA 查询，IVI DNS 是双栈设备，它存放了 IVI 主机的 IVI4 地址和对应的 IVI6 地址，在收到 AAAA 查询请求后，IVI DNS 先向目标网络发送 AAAA 查询请求，如果 AAAA 记录不存在，再发送 A 查询请求，并将得到的 A 记录按照 IVI 映射的规则将其转换为 AAAA 记录，再返回给源 IVI6 主机。

（4）该 IPv6 主机发送数据包，到达 IVI 网关后，IPv6 数据包被 IVI 翻译器无状态地转换为 IPv4 数据包。其中，地址翻译是根据 IVI6 地址格式取出嵌入其中的 IPv4 地址，包头翻译是根据 SIIT 算法将翻译后的 IPv4 数据包路由到 IPv4 网络中，实现 IPv6 主机对 IPv4 主机的访问。

IVI 协议转换技术交互示意如图 5-14 所示。

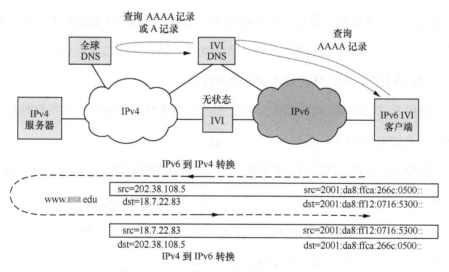

图5-14　IVI协议转换技术交互示意

与其他协议转换网关部署方式相同，在 IPv6 用户访问 IPv4 门户网站的场景中，IVI 协议转换设备部署在 IPv4 门户网站所在网络和 IPv6 网络边界处，通过地址映射翻译实现 IPv4 用户同时访问 IPv4 和 IPv6 门户网站，从而实现门户网站的 IPv6 改造，这种方式成本低、部署周期短。

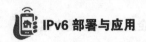

5.3.3　隧道改造方案

如图 5-15 所示，隧道改造是指网站和用户分别安装 IPv6 隧道软件，用户应用程序通过 IPv4（私有地址）与网站应用通信，并把 IPv4 报文封装进 IPv6 隧道，穿透网络。

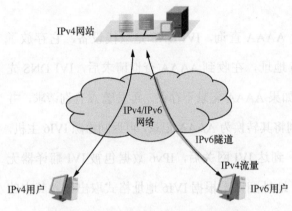

图5-15　隧道技术网站改造场景

简而言之，当 IPv4 用户访问 IPv4 网站时，信息可以直接互通；当 IPv4 用户访问 IPv6 网站时，用户给网站服务器发送信息，隧道软件会对信息进行封装，通过隧道穿透网络，将信息传送到网站服务器之后，由软件进行解封，获取信息。采用隧道技术的网站改造类似于点对点的连接。这种方式能够使来自许多信息源的网络业务在同一个基础设施中通过不同的隧道进行传输。隧道技术使用点对点通信协议代替了交换连接，通过路由网络来连接数据地址。隧道技术允许授权移动用户或已授权的用户在任何时间、任何地点访问企业网络。

隧道的建立可实现：将数据流强制送到特定的地址，隐藏私有的网络地址，在 IP 网上传递非 IP 数据包，提供数据安全支持。

隧道技术的优点是网站只需要新增一个 IPv6 隧道服务器，应用系统本身基本不受影响，方便快速部署；缺点是需要用户安装相应的 IPv6 隧道软件，其普适性和便捷性都有局限，无法解决"天窗"问题。该技术主要适用于采用 C/S 模型的应用场景，或者用户可安装终端的场景，但不宜大规模部署。

5.3.4　改造技术的比较

通过前面对目前主流的门户网站 IPv6 改造技术的分析，各技术特点对比如表 5-1 所示。

表5-1 IPv6过渡技术特点对比

技术类别	协议转换			双栈	隧道
项目	NAT64	SPACE6	IVI		
适用场景	IPv6用户访问IPv4网络	IPv6用户访问IPv4网络，IPv4用户访问IPv6网络	IPv6用户访问IPv4网络，IPv4用户访问IPv6网络	全场景	IPv6用户访问IPv4网络，IPv4用户访问IPv6网络
DNS服务器要求	DNS64	无新增	IVI DNS	无新增	无新增
地址格式要求	无要求	无要求	特定格式	无要求	无要求
会话状态	有状态	有状态	无状态	有状态	有状态
扩展性	一般	高	一般	高	一般
安全性	需安全设备辅助	由系统能力决定，对原网站安全能力影响不大	需安全设备辅助	低	一般
性能	由系统能力决定，同量级下高于应用翻译	好	由系统能力决定，同量级下高于应用翻译	好	一般
外链问题	一般	好	一般	无外链问题	一般
部署周期	短	短	短	长	短
部署成本	一般（原设备可直接升级，成本低）	低	一般	高	高
运维难度	一般	低	一般（前期地址规划工作难度较高）	高	低

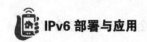

过去，中央企业主要采用协议转换技术进行门户网站 IPv6 的升级改造，主要是考虑到部署周期短、成本低、易于实现，同时可以满足国有资产监督管理委员会的测评要求。总体来说，采用协议转换技术短期内可以实现 IPv6 用户对门户网站的访问，但是存在一些网络安全问题、溯源困难和"天窗"等问题，也并没有解决 IPv4 地址紧张的问题，从长远的网络演进及发展来看，还需结合自身门户网站及业务系统的功能升级改造，实现双栈，从根本上解决 IPv6 的用户访问问题，并有序进行后续的网络演进。

5.3.5　门户网站改造的测评要求

国有资产监督管理委员会于 2018 年召开中央企业 IPv6 规模部署应用工作推进视频会议，认真贯彻落实中共中央办公厅、国务院办公厅印发的《推进互联网协议第六版（IPv6）规模部署行动计划》要求，加快推进中央企业 IPv6 部署应用工作。根据国有资产监督管理委员会关于做好互联网协议第六版（IPv6）部署应用有关工作的通知，要求各中央企业将 IPv6 部署应用工作完成情况等报送国有资产监督管理委员会综合局。

中央企业门户网站检查流程如图 5-16 所示，各企业可参考检查方案对门户网站进行自查，以确保 IPv6 改造完成并符合相关要求。

检查重点关注 3 个方面：网站域名 IPv6 支持度、网站首页 IPv6 可达性、页面深度 IPv6 支持度。

（1）网站域名 IPv6 支持度检查：主要检查 WWW 是否支持公众 IPv6 解析、是否具备完善的 IPv6 授权体系、是否使用统一域名、其他子域名是否支持 IPv6 解析，具体的支持度检查内容示例如表 5-2 所示。

（2）网站首页 IPv6 可达性自测：通过多个监测点，以及各个人计算机 IPv6 终端、手机 IPv6 终端等访问被检测门户网站，统计能够通过 IPv6 网络访问网站的成功率并记录各监测点通过 IPv6 访问网站的往返时延，具体的可达性检测内容示例如图 5-17 所示。

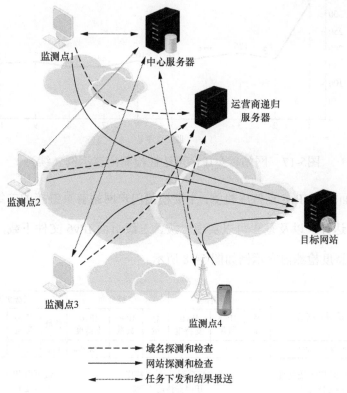

图5-16 中央企业门户网站检查流程

表5-2 网站域名IPv6支持度检查内容示例

支持解析的域名	是否支持公众 IPv6 解析	是否具备完善的IPv6 授权体系	是否使用统一域名	其他子域名是否支持 IPv6 解析
www.×××.com	是	否	是	是

序号	访问的域名	访问是否成功
1	www.×××.com	是
2	www.×××.com	是
3	www.×××.com	是
4	www.×××.com	是
5	www.×××.com	是
6	www.×××.com	是
7	www.×××.com	是
8	www.×××.com	是
9	www.×××.com	是
10	www.×××.com	是

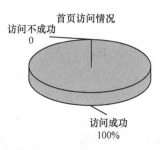

图5-17 网站首页IPv6可达性检测内容示例

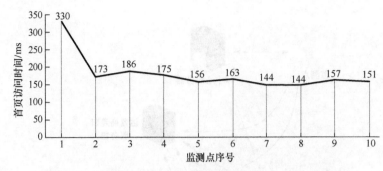

图5-17 网站首页IPv6可达性检测内容示例（续）

（3）页面深度 IPv6 支持度检测：主要检测门户网站首页链接的二级、三级页面深度 IPv6 可达性，以及是否可以实现二级、三级页面 IPv6 文件下载，具体的页面深度 IPv6 支持度检测内容示例如图 5-18 所示。

访问的域名	一级页面			二级页面			三级页面		
	总量	IPv6 数量	IPv6 支持度	总量	IPv6 数量	IPv6 支持度	总量	IPv6 数量	IPv6 支持度
www.×××.com	1	1	100%	60	59	98.3%	112	111	99.1%

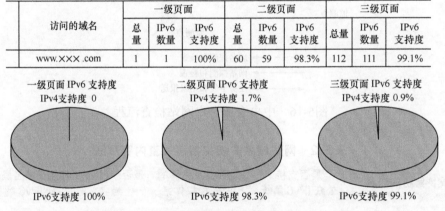

图5-18 页面深度IPv6支持度检测内容示例

网站 IPv6 支持度指标如表 5-3 所示。

表5-3 网站IPv6支持度指标

级别	指标	细化指标	指标说明
级别一（基本改造）	域名 IPv6 支持度	WWW 是否支持公众 IPv6 解析	WWW 域名是否具有 AAAA 记录，公众递归服务器能够得到解析
		是否具备完善的 IPv6 授权体系	整个递归解析过程全部通过 IPv6 完成
		是否使用统一域名	支持 IPv4 的域名和 IPv6 的域名为同一域名

级别	指标	细化指标	指标说明
级别一 （基本改造）	域名 IPv6 支持度	其他子域名是否支持 IPv6 解析	除 WWW 之外的二级及以上域名 是否具备 AAAA 记录
	网站首页 IPv6 可达性	网站首页 IPv6 是否能够 访问成功	用户能够通过 IPv6 网络访问网 站，且访问成功率大于 90%
		网站首页 IPv6 访问时延	记录用户通过 IPv6 访问网站的往 返时延
级别二 （深度改造）	页面深度 IPv6 支持度	二级、三级页面深度 IPv6 可达性	网站二级、三级页面 IPv6 可达性， 计算百分比不低于 50%
		二级、三级页面 IPv6 文件下载	网站二级、三级页面（动态内容） 是否支持 IPv6，计算百分比不低 于 50%
	业务 IPv6 支持度	网站业务 IPv6 支持占比	支持 IPv6 的业务占全部网站业务 的比例不低于 50%
级别三 （完全改造）	页面和业务 IPv6 支持度	页面和业务 IPv6 支持度占比	全部页面和业务支持 IPv6，占比 达 100%
	网站 IPv6 服务质量	网站面向公众用户 IPv6 服务质量	测试网站 IPv6 访问时延、丢包率、 带宽等数据，并评估服务质量

| 5.4 企业 IPv6 演进 |

5.4.1 中央企业 IPv6 推进现状

目前，国内中央企业已经基本完成了门户网站的 IPv6 改造，在此基础上，大型中央企业持续推进 IPv6 演进工作。根据前期统计，部分中央企业主动将面向公众服务的移动 App、微信公众号等纳入改造范围。涉及公共服务类的企业，如电力企业、石油企业、旅游企业等，也将电子商务平台纳入改造范围；同时，在全国范围内设立各级分公司，部署有专用通信网络的国有企业也都在结合自身实际的基础上积极制定本企业 IPv6 演进路线发展规划，明确未来 3～5 年 IPv6 改造任务和方案，试点完成下属企业改造验证，并在信息化、项目立项方案设计、设备采购等工作中明确 IPv6 等有关技术指标。

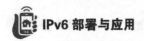

5.4.2　IPv6 演进思路及重点工作部署

对于中央企业自身的 IPv6 演进，如图 5-19 所示，建议重点关注传统业务对 IPv6 的支持、业务承载网络对 IPv6 的支持及新业务与 IPv6 技术的融合 3 个方面。

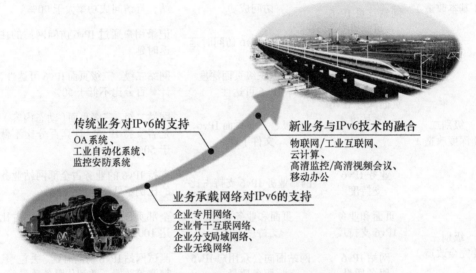

传统业务对IPv6的支持
OA系统、
工业自动化系统、
监控安防系统

新业务与IPv6技术的融合
物联网/工业互联网、
云计算、
高清监控/高清视频会议、
移动办公

业务承载网络对IPv6的支持
企业专用网络、
企业骨干互联网络、
企业分支局域网络、
企业无线网络

图5-19　中央企业IPv6演进思路

1.IPv6演进思路

中央企业现有的业务系统主要指那些已经常年在线运行的系统，比如 OA 系统、工业自动化系统、监控安防系统等。由于此类业务系统通常建设时间长，因此，系统软件的协议架构不支持 IPv6，部分自动化控制系统及视频采用非 IP 化的模拟控制信号。对这类系统进行双栈的改造，成本高、周期长、投资效益低，有些系统的原厂家甚至都已经不存在了，无法进行改造。因此对于此类系统应保持现有的运行方式，或采用前面提到的在系统平台出口侧部署协议转换设备的方式以最低的投入实现 IPv6 的终端访问。

业务承载网络主要指企业专网。企业专网主要指某个企业内部通过自行建设或利用公共资源的方式组建的电信网络，不以营利为目的，如政务专网、教育专网、铁路专网、石油专网、电力专网、广电专网、机场专网等，这些专网只为该系统服务，部分专网存在与公网的接口，可以实现企业专网内部用户的互联网接入及为公网的用户提供系统内部的访问服务。企业专网有特定的使用目的，其主要为本系统的生产经营服务，与运营商有着本质的区别。企业专网通信技术标准化程度较高，就细节而言，不同的企业专网在具体的通信质量、通信安全等方面有不同的侧重点，但各行业领域的通信技术的应用也有很多相通或类似之处，可以广泛应用于市政、电力、教育、石油、化工、煤炭、轨道交通等不同领域，因此各行业专网的网络架构有一定的共性。

从图 5-20 中可以看出，企业专网的搭建采用传统的通信网络技术及网元，主要包括光缆网、传输网、IP 数据通信网等。企业形成连接行业系统内部各节点的通信网络，以此为基础向各类生产、运营及管理信息化应用提供承载能力。所以当我们探讨对企业专网进行 IPv6 改造时，主要关注 IP 数据通信网。企业专网有点类似运营商的城域网，由三层交换机、路由器等数据通信设备组成，还包括防火墙、负载均衡等网络安全设备。在中央企业的业务承载专网 IPv6 演进的过程中，重点对上述设备进行双栈改造，同时支持 IPv4 和 IPv6 的协议运行，支持部分老旧业务系统在 IPv4 环境中的运行，也为后续与 IPv6 技术融合的新型业务系统的建设奠定了网络承载基础。

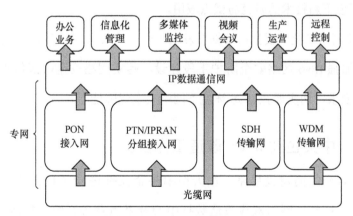

图5-20　企业专网组成架构示意

随着移动互联网的普及、两化融合及工业互联网概念的兴起，国内中央企业都在积极研发及部署与新技术相关的业务系统，以提高生产和经营效率，例如，物联

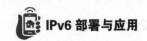

网感知系统、移动办公系统、车联网平台、高清视频会议系统等。对于新建的业务系统，建议在建设之初做好系统平台架构规划，充分考虑系统对 IPv6 的支持，尽可能部署双栈；对于部分工业控制系统，在前端的感知终端设计无法支持双栈，仅支持 IPv6 的情况下，可直接将后台系统按照 IPv6 模式建设，以降低平台复杂度，提高运行效率。

2. 重点工作部署

对于中央企业加快 IPv6 部署应用，需要重点做好以下几个方面的工作。

（1）制订发展规划。中央企业要结合自身实际，将推动 IPv6 部署应用纳入企业信息化发展战略；要充分把握《推进互联网协议第六版（IPv6）规模部署行动计划》提出的阶段性目标，着眼未来 5～10 年制订企业 IPv6 发展规划和年度任务时间表，确保企业顺利完成下一代互联网的平滑演进升级。

（2）健全工作机制。要加强与电信运营商、云服务提供商、网站备案管理部门、中共中央网络安全和信息化委员会办公室推进 IPv6 规模部署专家委秘书处等机构的沟通，建立工作协同机制，统筹推进 IPv6 改造；要及时完善企业有关管理规范，确保新采购和扩容升级的设备和应用全面支持 IPv6；关注 IPv6 技术相关人才培养，加强 IPv6 环境下新技术的研究与试点应用。

（3）强化网络安全。要把握好创新发展与安全的关系，坚持同步规划、同步建设、同步运营；加强 IPv6 网络安全防护手段建设，落实网络安全等级保护制度和 IPv6 地址备案等要求，切实增强 IPv6 环境下网络安全保障能力。

5.4.3　中央企业 IPv6 改造工作步骤

按照前面介绍的建设思路，在大型中央企业推进 IPv6 的改造工作中，通常涉及的环节包括基础网络双栈改造数据中心及重点业务系统双栈改造；互联网区实现双栈，具备 IPv6 出口访问和对外服务能力；内网其他业务系统及终端升级改造。

针对上述工作，在实际的项目推进过程中，建议采取以下步骤。

第一步：基础调研

（1）摸排全网设备针对 IPv6 与 IPv4 双栈的支持情况，同时梳理哪些设备可以直接支持，哪些设备需要通过升级固件或者软件支持。

（2）确认当前所有网络设备的性能占比情况（因为在启用 IPv6 与 IPv4 双栈时，会在一定程度上降低设备的服务性能）。

（3）针对当前网络中不支持或者性能不足的设备，由建设单位及时与各个厂家沟通升级方案或者采购新的设备。

第二步：规划与基础条件准备

（1）互联网升级与地址申请：对互联网专线进行升级以支持 IPv6，并向专线电路归属当地电信公司申请 /40 位免费 IPv6 地址段。

（2）IP 地址规划：根据申请的 /40 位 IPv6 地址段进行 IP 地址规划。

（3）路由规划：根据设备支持情况规划网络架构和路由协议。

（4）数据中心规划：数据中心双活与灾备网络和业务流规划。

（5）安全策略规划：根据业务应用情况，规划 IPv6 安全策略、IPv6 审计等。

第三步：收集试点相关信息

（1）收集试点业务应用相关信息。

（2）收集试点数据中心、网络的相关信息。

（3）根据相关业务和网络信息制订升级改造计划。

（4）试点割接测试。

第四步：全网升级改造

（1）全网基础网络设备升级双栈：对现网数据中心、接入路由器、汇聚交换设备等进行软件升级并部署 IPv6，根据网络架构设计、规划、部署路由策略。

（2）数据中心：根据数据中心规划、部署升级双栈及 IPv6 over VXLAN 或 VXLAN over IPv6。

（3）业务系统改造：根据业务系统改造计划和难度优先进行双栈改造，对短期无法改造的业务系统通过翻译设备进行 IPv4 和 IPv6 互访。

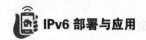

（4）IT 管理：对 DNS 和 DHCP 进行 IPv6 改造：改造 DNS 以支持 IPv6 的 AAAA 和 A6 解析，优先采用 AAAA 记录进行 DNS 解析；改造 DHCP 以支持 IPv6 的地址分配和管理。

（5）终端管理：对终端操作系统进行升级，以支持 IPv6。

第五步：运维和安全管理

运维和安全管理：对运维系统和安全设备及策略进行升级改造，基于 IPv6 部署对设备和网络流量进行运维管理。

5.4.4　基础网络改造

1. 网络双栈

建议在全网部署双栈，对同时支持 IPv4 和 IPv6 的网络设备、业务系统、终端开启双栈。涉及企业内部业务交互的各类应用系统、网络设备、终端等软硬件设备同时启用 IPv4 和 IPv6 两套协议栈，同时处理 IPv4 和 IPv6 数据包。

在具备大型基础专网的场景，在跨区域的网络的骨干层设备上部署 ISIS 多拓扑协议和 MP-BGP，提供 IPv4 和 IPv6 的路由转发；在专网内部汇聚层面部署 ISIS 多拓扑，实现终端数据路由转发。

2. 数据中心业务区域改造

在企业内部设置了数据中心的场景，可采用两种改造方案。

（1）融合改造方案

在现有设备的基础上升级改造支持双栈和翻译转换，对内网业务系统逐步进行改动。如图 5-21 所示，融合改造主要涉及数据中心业务区域的改造。建议通过支持 NAT 功能的负载均衡设备进行翻译转换，提高业务访问性能和业务的负载均衡，满足 IPv6 和 IPv4 的互访需求。

采用融合改造方案难度适中，无须调整业务系统，同时安全防护层不发生改变，满足端到端的安全性。

企业数据中心融合改造对应表如表 5-4 所示。

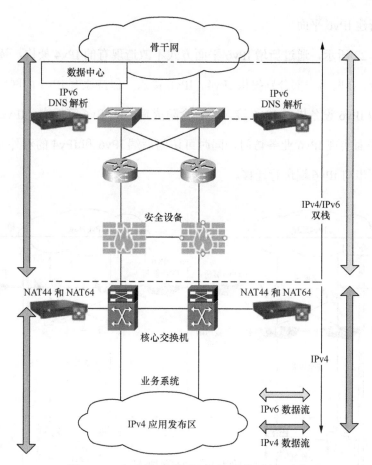

图5-21　中央企业数据中心融合改造示意

表5-4　企业数据中心融合改造对应表

序号	改造内容	软硬件设备升级	工作量或成本
1	网络层改造	1. 接入 IPv6 带宽； 2. 获得 IPv6 地址	1. IPv6 带宽费用； 2. IPv6 地址费用
2	设备层改造	1. 路由器需要启用 IPv6 协议栈实现双栈； 2. 增加转换（负载均衡）设备和 DNS 设备，可采用双机热备份，提高可靠性	1. 防火墙升级； 2. 路由器升级； 3. 负载均衡设备升级； 4. 安全设备升级； 5. 新部署转换设备； 6. 新部署 DNS 设备
3	业务系统	基本无须改造	基本无须改造
4	网站代码	基本无须改造	基本无须改造

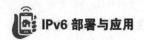

（2）新建 IPv6 平面

如图 5-22 所示，通过新增 IPv6 平面方式不改造现有的 IPv4 架构，逐步改造后端业务系统；在网络内部分别提供 IPv4、IPv6 接入，保持原有 IPv4 内网网络和应用不变。新增 IPv6 设备提供 IPv6 接入，包含防火墙、DNSv6 等能力。IPv6 客户端可通过该新平面实现 IPv6 业务访问，同时可访问后端 IPv6 和 IPv4 的对外业务，IPv4 的业务将逐步向 IPv6 端进行迁移。

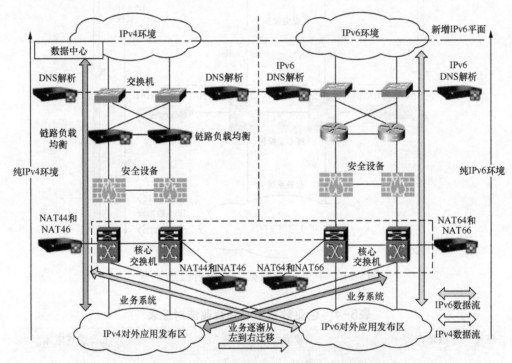

图5-22　中央企业数据中心新建IPv6平面示意

采用新建 IPv6 平面的改造方式无须对现有 IPv4 网络和应用进行改动，可降低后期 IPv4 向纯 IPv6 网络过渡的难度及改造对业务产生的影响。

企业数据中心新建 IPv6 平面的改造对应表如表 5-5 所示。

表5-5　企业数据中心新建IPv6平面的改造对应表

序号	改造内容	软硬件设备升级	工作量或成本
1	网络层改造	1. 接入 IPv6 带宽； 2. 获得 IPv6 地址	1. IPv6 带宽费用； 2. IPv6 地址费用

续表

序号	改造内容	软硬件设备升级	工作量或成本
2	设备层采购	1. 防火墙； 2. 路由器； 3. DNS 设备； 4. 安全设备； 5. 转换（负载均衡）设备； 6. 新增 IPv6 业务系统	1. 防火墙； 2. 路由器； 3. DNS 设备； 4. 安全设备； 5. 转换（负载均衡）设备； 6. 新增 IPv6 业务系统
3	业务系统	有一部分需要改造	要逐步实现向 IPv6 改造
4	网站代码	有一部分需要改造	要逐步实现向 IPv6 改造

3. 数据中心VXLAN和IPv6

如果企业有多个数据中心，则在数据中心之间构建的专网骨干网上开启双栈，并启用 MP-BGP，通过 VPN 在数据中心之间建立 VXLAN 隧道，传递不同数据中心之间的 VXLAN 数据，实现数据中心启用 IPv6 后的业务系统或虚拟机访问，以及容灾双活业务，具体如图 5-23 所示。

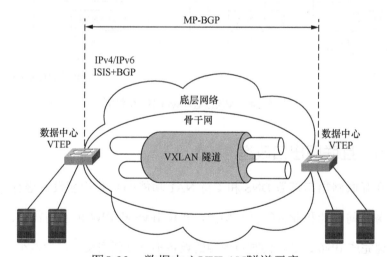

图5-23 数据中心VXLAN隧道示意

在专网骨干网上启用双栈和 VXLAN 隧道后，可支持 IPv4/IPv6 双栈场景的数据中心之间的业务互通。部分短期不支持 IPv6 改造的业务系统可通过 VXLAN over IPv6 实现数据中心之间的 IPv4 业务的互通，VXLAN over IPv6 实例如图 5-24 所示。

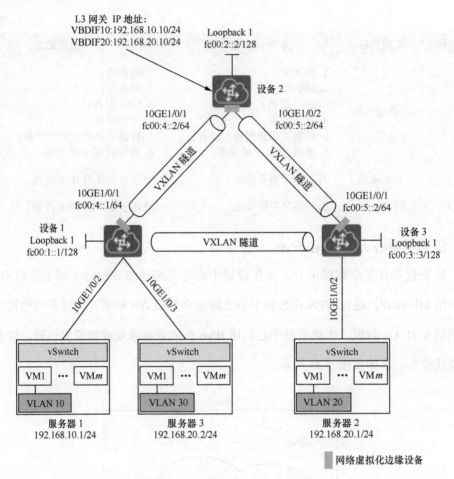

图5-24　VXLAN over IPv6实例

5.4.5　互联网出口改造

建议在互联网出口部署 DNS 和支持 NAT 功能的负载均衡设备进行翻译转换，以提高业务访问性能和业务的负载均衡，实现 IPv6 和 IPv4 的互访需求。采用这种方式可快速完成 IPv6 改造，同时对内网的设备不进行任何变动，投入小。互联网出口改造示意如图 5-25 所示。

（1）在 IPv4 网站外部挂接 NAT64/DNS64 转换设备，无须修改 IPv4 源站。

（2）把 DNS 解析 AAAA 记录指向 NAT64/DNS64 转换设备配置的 IPv6 地址。

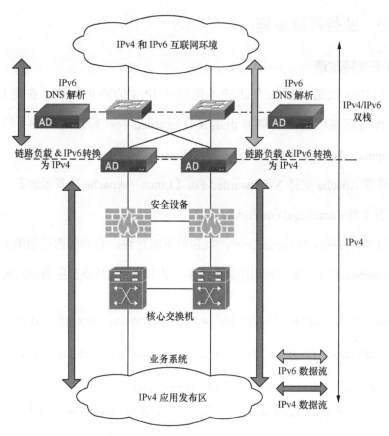

图5-25　互联网出口改造示意

（3）IPv6 用户访问目标网站，经 DNS 解析调度后转向 NAT64/DNS64 转换设备的 IPv6 地址，NAT64/DNS64 转换设备从 IPv4 源站读取数据，经过协议转换后发送数据给 IPv6 用户。

互联出口改造对应表如表 5-6 所示。

表5-6　互联出口改造对应表

序号	改造内容	软硬件设备升级	工作量或成本
1	IPv6 线路	1. 接入 IPv6 带宽； 2. 获得 IPv6 地址	1. IPv6 带宽费用； 2. IPv6 地址费用
2	网络层	NAT64/DNS64 转换设备，可采用双机热备份，提高可靠性	转换设备
3	业务系统	无须改造	无须改造
4	网站代码	增加 IPv6 标识	提供 IPv6 标识

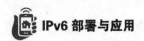

5.4.6　业务基础设施

1. XFF支持改造

考虑到 IPv6 改造后的安全防护不能低于 IPv4 的防护程度，在进行 IPv6 改造后建议保证后端的服务器能够识别 X-Forwarded-For（标准通用的）字段，IIS、Apache、nginx、Tomcat 等需要设置支持 X-Forwarded-For。

（1）设置 Apache 支持 X-Forwarded-For【Linux + Apache 场景示例】

① 打开文件：/etc/httpd/conf/httd.conf。

② 在文件中查找："CustomLog"，找到如下配置块。查看当前使用的 LogFormat 是否为"Combined"（如果实际启用的为其他日志格式，则替换相应的格式定义即可）。

```
#
# For a single logfile with access, agent, and referer
information
# (Combined Logfile Format), use the following directive:
#
CustomLog  logs/access_log combined
```

③ 在文件中查找："LogFormat"，找到如下配置块（combined 格式定义）。

```
LogFormat
" %h %l %u %t\" %r/" %>s %b\" %{Referer}i\"\" %{User-Agent}i/
""combined
```

将其修改为：

```
LogFormat
" %h %l %u %t\"%r\" %>s %b\"%{Referer}i/" \"%{User-Agent}i\"\
"%{X-Forwarded-For}i\""combined。
```

④ 保存并关闭文件 /etc/httpd/conf/httd.conf。

⑤ 重启 Apache 服务。

（2）设置 Tomcat 支持 X-Forwarded-For

① 修改 tomcat 的 server.xml，如 vi/usr/local/tomcat7/conf/server.xml。

② 修改 pattern 为 pattern='%{X-Forwarded-For}i %h %l %u %t "%r" %s %b'，记录头中的 X-Forwarded-For 信息。

```
          Note: The pattern used is equivalent to using pattern="common" -->
     <Valve className="org.apache.catalina.valves.AccessLogValve" directory="logs"
          prefix="localhost_access_log." suffix=".txt"
          pattern="%h %l %u %t &quot;%r&quot; %s %b" />
```

```
          Note: The pattern used is equivalent to using pattern="common" -->
     <Valve className="org.apache.catalina.valves.AccessLogValve" directory="logs"
          prefix="localhost_access_log." suffix=".txt"
          pattern='%{X-Forwarded-For}i %h %l %u %t "%r" %s %b' />
```

③ 重启 Tomcat。

2. DNS 改造

升级原有 DNS 服务软件以便支持 IPv6 的 AAAA 记录解析；根据本期项目业务系统升级改造情况，增加对应 AAAA 记录，提供网内和网外 IPv6 的域名解析服务。在 DNS 改造过程中需要注意的事项如下。

（1）IPv6 协议传输和 AAAA DNS 记录没有关系，即 IPv6 的 DNS 服务器可以返回域名的 A 记录；同样，IPv4 的 DNS 服务器也可以返回域名的 AAAA 记录。

（2）AAAA 记录指向的地址不应使用链路本地地址，也不应使用节点的临时地址，而应使用固定的全局或本地唯一的地址。

（3）同一个域名的 AAAA 记录的 TTL 与 A 记录应保持一致。

（4）如果域名仅支持 IPv4，一定要为域名配置 SOA（起始授权）记录。

DNS 改造功能要求如表 5-7 所示。

表5-7　DNS改造功能要求

功能	特性
健康检查	采用智能 DNS 解析对比普通 DNS 解析，可以动态返回解析记录，并针对内网服务器进行健康检查，保证服务的高可用性
动态反馈	对于单个域名存在多个服务器提供服务的情况，普通 DNS 服务器只能返回多个域名记录，要求应用客户端从多个记录中选择合适的地址进行连接，如果其中某个地址服务不可用，则应用客户端切换到其他地址的时间就会延长。智能 DNS 解析可以根据服务器的可用性动态返回地址，降低应用地址选择的难度并通过设置较小的 TTL 带来更高的可用性
与运维系统对接	通过 RESTful API 和命令行将域名记录管理与现有的 IPAM（IP 地址管理）系统对接，在分配 IP 地址的同时自动完成域名记录的添加

5.4.7　终端 IPv6 访问分析

终端 IPv6 访问主要包括地址获取和 DNS 解析两个部分。在全网部署 IPv6 时需

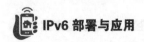

要考虑个人计算机、手机等设备地址获取方式〔包括 DHCP、SLAAC（无状态地址自动配置）〕，根据支持情况和业务访问的形式采用相应的地址分配方案，同时考虑 DNS 解析方案。

通过对终端进行 IPv6 分析，得出以下结论。

（1）微软系列的操作系统一般优先使用 DNSv6，优先查询 A 记录（不包括 Windows XP 系统等）；苹果系列的操作系统优先使用 DNSv4，优先查询 AAAA 记录。

（2）全部操作系统优先使用 IPv6（AAAA 记录）上网。

（3）当 IPv6 不可达时：微软浏览器回退较慢，用户体验差；苹果操作系统的浏览器能够快速回退。

（4）Mac/WIN/iOS 支持 SLAAC 和 DHCPv6；部分安卓版本和设备对 DHCPv6 支持不足。详细分析如表 5-8 所示。

表5-8 操作系统IPv6支持调研表

终端 OS	DNS 查询的行为		查到两个记录时，上网通道选择	IPv6 不可达处理（直接影响用户体验）
	查询通道	A/AAAA 查询顺序		
Windows XP	只支持 IPv4	AAAA → A	优先 IPv6	IE8 约需要 20 s 慢速回退至 IPv4
Windows 7	优先 IPv6	A → AAAA	优先 IPv6	IE9 约需要 20 s 慢速回退至 IPv4
Windows 8	优先 IPv6	A → AAAA	优先 IPv6	IE10 70 s 仍未回退至 IPv4 Metro 版 Chrome 20 s 仍未访问到 IPv4
Windows 10	优先 IPv6	A → AAAA	优先 IPv6	—
macOS X	优先 IPv4	同时	IPv6 → IPv4（同时）	Safari 快速访问到 A Firefox 略慢但成功访问到 A
iOS	优先 IPv4	AAAA → A	优先 IPv6	快速访问到 A
Android	只支持 IPv4	AAAA → A	优先 IPv6	自带浏览器能访问到 A；UC/百度浏览器也可访问到 A，但较慢；QQ 浏览器无法访问到 A

5.4.8 系统代码与开发

业务系统进行双栈部署时，需要将程序或者网页代码中存在无法处理的 IPv6 地址函数更换成同时支持 IPv4 和 IPv6 的函数，同时将程序或脚本中存储 IP 地址的数据空间（IPv4 为 32 位）更换为同时支持 IPv4（32 位）和 IPv6 的变量结构、数据库结构（128 位）或 API。网站的代码改造在前面已经介绍了，这里不再进行描述。

5.4.9 业务访问逻辑

由于地址设计原因，IPv6 网络无法实现平滑过渡，IPv4 网络无法访问到 IPv6 网络，因此，为了向 IPv6 网络逐步演进，出现了多种过渡技术，本次方案采用非双栈和协议转换技术实现不同场景的业务需求。

IPv4 与 IPv6 互访环境下业务访问逻辑如下。

（1）用户 IPv6 请求 DNS 解析。

（2）DNS 服务器返回公司业务系统 IPv6 地址。

（3）用户访问公司业务系统 IPv6 地址。

（4）出口负载均衡设备将用户访问请求对应到未能改造的业务系统 IPv4 地址。

（5）业务负载均衡将对应的请求转发到 Web 服务器，建立 TCP 连接。

（6）前端服务器使用 IPv4 地址与后端数据库服务器交互，前端服务器通过强逻辑隔离装置与内网服务器交互。

（7）实现前端服务器与用户之间的数据交互。

5.4.10 路由支持

1. IGP 路由选择

目前支持 IPv6 的 IGP 主要为 OSPFv3 和 ISIS 协议，考虑到 ISIS 协议的稳健性和收敛速度，在中央企业 IPv6 演进中建议部署 ISIS 多拓扑为 IGP 支持 IPv6。

ISIS 最初是为 OSI 网络设计的一种基于链路状态算法的动态路由协议。ISIS 属于 IGP，用于自治系统内部。ISIS 也是一种链路状态协议，使用最短通路优先（SPF）算法进行路由计算。之后为了提供对 IPv4 的路由支持，扩展应用到 IPv4 网络，即集成化 ISIS。随着 IPv6 网络的建设，同样需要动态路由协议为 IPv6 报文的转发提

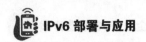

供准确有效的路由信息。ISIS 路由协议结合自身良好的扩展性的特点，实现了对 IPv6 网络层协议的支持，可以发现和生成 IPv6 路由。为了支持在 IPv6 环境中运行，指导 IPv6 报文的转发，ISISv6 通过对 ISIS 进行简单的扩展使其能够处理 IPv6 的路由信息。

2. BGP与IPv6

BGP-4 是一种用于不同自治系统之间的动态路由协议，只能管理 IPv4 的路由信息。为了提供对多种网络层协议的支持，IETF 对 BGP-4 进行了扩展，其中对 IPv6 的支持形成了 IPv6 BGP。IPv6 BGP 利用 BGP 的多协议扩展属性达到在 IPv6 网络中应用的目的，BGP-4 原有的消息机制和路由机制并没有改变。

在中央企业 IPv6 演进技术改造过程中，建议采用 6PE 技术实现 IPv6 改造的平滑升级过渡。6PE 是一种过渡技术，能利用 IPv6 IBGP 将 IPv6 路由信息打上 MPLS 标签发布到 IPv4/MPLS 骨干网中，并通过 PE 之间的 LSP 实现 IPv6 之间的互通。借助 6PE 技术，只需要在与 IPv6 网络连接的 PE 设备上实现 IPv4/IPv6 双协议栈，并进行相应的配置，就可利用自己原有的 IPv4/MPLS 网络与改造的纯 IPv6 业务提供接入和互通。

3. BGP与VXLAN

BGP 可以实现数据中心互联，它是不同数据中心 VM（虚拟机）之间互相通信的一种解决方案，使用 VXLAN、BGP EVPN 等技术，数据中心发送过来的报文能够在网络上安全、可靠地传输。BGP 不仅可以实现不同数据中心同一 VLAN 之间和 VM 之间的互相通信，还可以实现不同 VLAN 之间和 VM 之间的互相通信。前面提到在多数据中心的场景下，可考虑在骨干网上部署 BGP EVPN 实现各数据中心之间的 VXLAN 业务互通。

其中，EVPN 是一种用于二层网络互联的 VPN 技术。EVPN 技术采用类似于 BGP/MPLS IP VPN 的机制，在 BGP 的基础上定义了一种新的网络层可达信息（NLRI），即 EVPN NLRI。EVPN NLRI 定义了几种新的 BGP EVPN 路由类型，用于处在二层网络的不同站点之间的 MAC 地址学习和发布。原有的 VXLAN 实现方案没有控制面，是通过数据面的泛洪流量进行 VTEP（VXLAN 隧道端点）发现和主机信息［包括 IP 地址、MAC 地址、VNI（虚拟网络接口）、网关 VTEP IP 地址］学习的，这种方式导致数据中心网络存在很多泛洪流量。为了解决这一问题，如图 5-26 所示，VXLAN 引入了 EVPN 作为控制面，通过在 VTEP 之间交换 BGP EVPN 路由实现 VTEP 的自动发现、主机信息相互通告等，从而避免了不必要的数据流量泛洪。EVPN 通过扩展 BGP 新定义了几种 BGP EVPN 路由，这些 BGP EVPN 路由可以用于传递 VTEP 地址和主机信息，因此，EVPN 应用于 VXLAN 中可以使 VTEP 发现和主机信息学习从数据面转移到控制面。

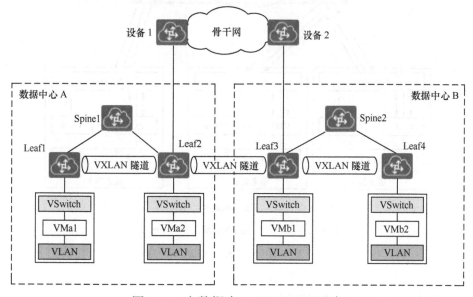

图5-26　多数据中心BGP EVPN示意

4. IPv6与VXLAN

IPv6 over VXLAN 是指 VXLAN 的 Overlay 网络，是 IPv6 网络，如图 5-27 所示，在 VXLAN 隧道上承载 IPv6 报文，通过 VXLAN 网关实现 IPv6 的终端租户的互通。IPv6 over VXLAN 能够为终端租户提供 IPv6 地址，实现 IPv6 改造。在中央企业向 IPv6 技术演进的过程中，可根据实际的设备支持情况和业务改造计划来选择采用 IPv6 over VXLAN 还是 VXLAN over IPv6。

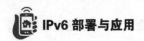

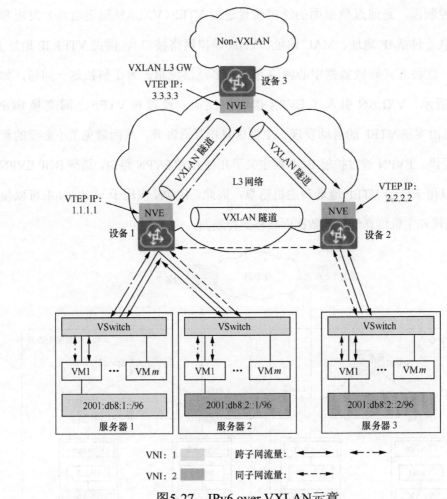

图5-27　IPv6 over VXLAN示意

5.4.11　IPv6 地址规划

IPv6 地址总长度为 128 bit，通常分为 8 组十六进制数，每组为 4 个，每组十六进制数间用冒号分隔，例如，FC00:0000:130F:0000:0000:09C0:876A:130B，这是 IPv6 地址的首选格式。若地址中包含连续两个或多个均为 0 的组，可以用双冒号"::"来代替，所以上述地址又可以进一步简写为 FC00:0000:130F::9C0:876A:130B。一个 IPv6 地址可以分为如下两个部分。

网络前缀：n bit，相当于 IPv4 地址中的网络 ID。

接口标识：$(128-n)$ bit，相当于 IPv4 地址中的主机 ID。

对于 IPv6 单播地址来说，如果地址的前三位不是 000，则接口标识必须为 64 位；如果地址的前三位是 000，则没有此限制。接口标识可通过 3 种方法生成：手动配置、系统通过软件自动生成、根据 IEEE EUI-64 规范自动生成。其中，根据 IEEE EUI-64 规范自动生成方法最为常用。

1. 地址规划——网络位置标识

在进行 IPv6 地址规划和分配时，主要是根据申请的地址前缀长度和网络范围进行合理的前缀标识规划和预留。对于 IPv6 地址规划，建议根据国家对地址安全的要求，在前缀规划中考虑网络位置标识。网络位置标识主要用来区分对应的网络地址段归属的物理位置区域（如表 5-9 所示）。一般运营商为满足国家对 IPv6 地址安全的要求，在前缀规划中根据要求以县为最小单位进行区域位置标识分配，对于大型企事业单位建议参考相关安全要求。

表5-9　地址规划——网络位置标识

0	1	10	11	100	101	110	111
××市中心区域	二级子公司区域	A 区	B 区	C 区	预留	预留	预留

2. 网络类型和业务类型

在 IPv6 规划中分配 3 ～ 6 位用于网络类型或业务类型的标识，如规定网络类型地址（办公接入网地址、业务系统地址、网络管理地址、设备互联地址等），如表 5-10 所示。

表5-10　网络类型和业务类型

0	1	10	11	100	101	110	111
办公接入	办公接入	预留	业务系统	业务系统	预留	网络管理	设备互联

上述示例在网络类型第 1、2 比特位为 0 时，即办公终端接入地址。

第 6 章

06

政府部门 IPv6
改造方案

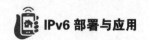

《推进互联网协议第六版（IPv6）规模部署行动计划》对政府部门提出的要求如下。

（1）政府引导、企业主导。加强政府的统筹协调、政策扶持和应用引领，优化发展环境，充分发挥企业在 IPv6 发展中的主体作用，激发市场需求和企业发展的内生动力。

（2）注重实效、惠及民生。贯彻以人民为中心的发展思想，紧紧围绕人民群众的期待和需求，不断提升网络服务水平，丰富信息服务内容，让亿万人民共享互联网发展成果。

在阶段性任务书中，明确了第一阶段实现省部级以上政府网站 IPv6 改造；初步完成国家电子政务外网改造，以及中央部委、省级政府门户网站改造。新建电子政务系统、信息化系统及服务平台全面支持 IPv6。在第二阶段的工作中完成市地级以上政府网站 IPv6 改造；继续推进电子政务系统升级改造，全面完成电子政务外网升级，完成市地级以上政府门户网站升级改造，以及政治、金融、医疗等领域公共管理、民生公益等服务平台改造。

同时，中共中央网络安全和信息化委员会办公室、国家发展和改革委员会、工业和信息化部于 2021 年联合印发《关于加快推进互联网协议第六版（IPv6）规模部署和应用工作的通知》（中网办发文〔2021〕15 号），明确提出要推动国家电子政务外网、地方政务外网、政务专网等 IPv6 改造；推动政务数据中心、政务云平台、智慧城市平台 IPv6 改造；推动新建政务网络及应用基础设施全面部署 IPv6，探索开展政务网络及应用 IPv6 单栈化试点。

| 6.1　省市级门户网站改造 |

6.1.1　省市级门户集约建设思路

2017 年 5 月，国务院办公厅印发《政府网站发展指引》，提出要通过统一标准体系、统一技术平台、统一安全防护、统一运维监管，集中管理信息数据，集中提供内容服务，最大限度共享基础设施资源，实现政府网站的 5 个统一（管理、运维、部署、监控和备份），并实现各级部门网站信息资源的集中管理，有效促进各单位政务信息资源的共享共用，为公众提供更便捷的政务服务。

总体来说，网站集约化建设就是要将政府及各部门、各辖区的网站集中融合、统一管理，强化数据资源整合，建立信息一体化支撑体系，便捷群众，避免重复投资。

通过建设区域内统一的政府网站平台，实现对内外信息服务的标准规范化，将政府网站打造成高效、精准、便捷的政府信息发布、办事交流和公共服务平台。在政府网站集约化平台的建设过程中，将充分融合人工智能、云计算、大数据、移动互联网、新媒体等技术，在顶层设计的基础上，统一规划、系统设计，面向多种服务对象、整合多种内容来源、提供多种访问渠道、支撑多层级多部门，保证高度安全的政府门户网站集群平台具备设施集约、资源集聚、内容集合、服务集成、管理集中、推广集群特点。

对政府网站的集约化建设，有利于统一标准体系、统一技术平台及统一运维管理。

统一标准体系：完善政府网站集群管理办法、制度措施和标准规范，按照统一标准，规范化政府网站建设，全面提升政府网站服务能力，让企业和群众更方便、更快捷、更高效地获取政府服务。

统一技术平台：集约化平台充分利用云计算、容器、大数据等相关技术，能够根据系统性能、用户访问并发、资源存储等阈值压力进行应用节点的自动弹性伸缩，更好地满足本地区、本部门、本系统政府网站的建设需求。集约化平台应能提供内容管理、栏目管理、资源管理、权限管理、内容发布、评价监督、统计分析、运维监控、内容安全防护等内容。同时，要具备与已有数据交换平台、各委办局政务服务系统等应用对接融合的灵活性和扩展性，使各单位根据自身需求，按照统一技术标准在平台进行网站建设和管理，支持个性化功能扩展。

统一运维管理：政府网站集约化平台统一运维服务体系，使运维管理从传统被动式服务转变为主动预防服务，实现集约化平台的高效运维，以及运维管理的标准化、规范化和流程化。以 IT 资源可用性监控为主线，对集约化平台统一集成的网络、

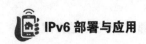

存储、物理机、虚拟机、容器、数据库、应用服务及第三方接口服务等进行运行状态、资源占用的实时监测和自动预警，实现快速、准确的故障定位与高效的诊断处理，为集约化平台的稳定、高效运行提供运维保障。

基于国务院办公厅印发的《政府网站发展指引》，目前各级政府正在积极统筹政府网站平台的建设，委办厅局现有的网站系统迁移部署到政府网站平台实现统一管理、资源整合，也为政务网站 IPv6 改造提供了良好的建设基础。

6.1.2 政府网站平台 IPv6 改造

近年来，各级政府部门根据信息系统集约建设的相关要求，将政府网站平台部署在各级政务云平台。前面多次提到 IPv6 的改造工作是一个端到端的全程概念，如图 6-1 所示，用户访问政府网站的应用场景和用户访问企业门户网站的应用场景类似，唯一不同的是，企业的门户网站通常部署在企业内部的业务平台，而政府网站平台部署在政务云内。因此，在政府网站 IPv6 技术改造过程中，除了新建的政府网站平台要求双栈功能，另一个重点是政务云要进行 IPv6 改造。

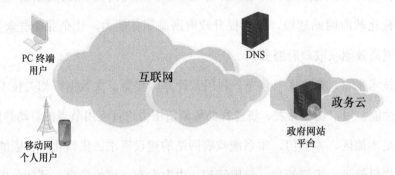

图6-1 公众用户访问政府网站示意

6.1.3 政务云 IPv6 改造

1. 基本概念

政务云指运用云计算技术，统筹利用已有的机房、计算、存储、网络、安全、应用支撑、信息资源等，发挥云计算的虚拟化、高可靠性、高通用性、高可扩展性及快速、按需、弹性服务等特长，为政府行业提供基础设施、支撑软件、应用系统、信息资源、运行保障和信息安全等服务的综合服务平台。由于结合了云计算技术的特点，政务云能够对政府管理和服务职能进行精简、优化、整合，并通过信息化手段在政务上实现各种业务流程办理和职能服务。政务云的统筹建设产生的意义如下。

（1）政务云集约化建设将大大节约建设成本，减少政府财政支出

建设统一的电子化政务云计算平台将极大地减少政府信息化支出。将政府各部门、各地区的电子政务基础承载资源的采购支出集中起来统一用于建设云计算平台，这样会比分散建设节省费用。

（2）以 IaaS 为核心的云计算中心将为政务门户网站运营、政务信息资源开发及政务系统应用提供有力的保障

一方面，政务门户网站用户数量快速增长，内容日趋多媒体化，政务信息公开包含大量的图片和视频信息，政务网站需要处理海量数据，因此，需要以 IaaS 应用为核心的云计算中心作为有效支撑。另一方面，随着政务信息资源开发利用的深入，数据大集中及信息交换要求计算能力不断提升。传统政务数据中心建设和运行的成本在不断上升，需要利用云计算模式来提高政府数据中心的运行效率，降低政府数据中心的建设成本。

（3）以 PaaS 为核心的云服务平台将助力"服务型政府"体系建设

电子政务各类系统的建立能够使政府工作人员及时了解老百姓时下最关心的问题，使政府部门制定的政策法规目的性更加明确，从而提高政府的办事效率，拉近政府与百姓之间的距离，维护社会稳定。

（4）基于云计算的交换平台将实现政府部门间信息联动与政务工作协同

云计算模式的"信息集成、资源共享"特性将在电子政务信息交换平台中发挥巨大的作用，应用基于云计算的交换平台，在政府部门之间、政府部门与社会服务部门之间建立"信息桥梁"，将各单位的电子政务系统接入云平台中，通过云平台内部信息驱动引擎，实现不同电子政务系统间的信息整合、交换、共享和政务工作协同，从而极大地提高各级政府机关的整体工作效率。

如图 6-2 所示，政务云架构和传统的云类似，由客户端、SaaS、PaaS、IaaS 4

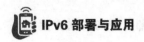

个部分组成，并通过管理和业务支撑、开发工具进行连通。

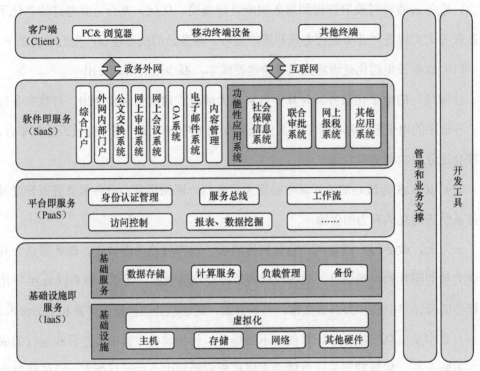

图6-2　政务云架构

由于政务云应用集中在公共服务和电子政务领域，因此，目前主流的政务云平台都被划分为公共服务区和电子政务区。电子政务区为政府部门搭建一个底层的基础架构平台，把传统的政务应用迁移到平台上，共享给各个政府部门，提高服务效率和服务能力。考虑到电子政务系统在安全方面的特殊要求，电子政务区的安全等级保护要求会更高。公共服务区有时又称为互联网区，定位为由政府主导，整合公共资源，为公民和企业的直接需求提供云服务的创新型服务区。根据公共服务的行业不同又可将公共服务区进行细分，如分为医疗、社保、园区等。公共服务区需要整合各种公共资源，适宜地部署到政务云中。

2. IPv6改造方案

前面提到，目前政务网络要求采用集约化的建设模式，新建的政府网站平台通常部署在政府云计算中心，对各部门网站进行统一建设、统一管理、统一运维，在降低政府网站建设成本的同时，实现部门网站与门户网站信息同步更新，统一政府网站风格，减少政府网站工作人员。随着政府门户网站访问量的快速增长、网站内容多媒体化，网站的计算量、存储量呈现爆炸式增长，采用政务云提供的云计算的技术特性正好契合这一需求。

因此，在政务网站 IPv6 改造的过程中，需要对政务云进行 IPv6 改造。通过在日常工作中对政务云现状的调研，对支撑部署在政务云的政府网站平台 IPv6 改造可能存在的问题和不足如下。

（1）各厅局的信息化应用以域名方式提供服务的占绝大多数，以 IP 地址 + 端口方式访问的占少数。

（2）部分云平台版本不支持 IPv6，与云平台协同进行网络配置自动下发的 SDN 控制器也不支持 IPv6，网络设备和安全设备已经基本支持双栈，但在生产环境中未经过验证。

（3）主要的监控系统支持 IPv6，但因为没有实际需求，还未进行相关改造。

（4）三大电信运营商的 4G 接入网已经完成了 IPv6 改造，现已全面支持双栈，固定网络基本完成改造，全面商用还需要一段磨合期。

为满足政府网站 IPv6 改造的需求，应该结合政府自身实际情况，选择切实可行的 IPv4 到 IPv6 的过渡方案来为应用提供 IPv6 服务能力，主要的选择还是双栈、隧道和 IPv4/IPv6 协议转换技术。

（1）双栈技术方案：指网站和业务进行重新开发，同时支持 IPv4 和 IPv6，且能够同时满足 IPv4 和 IPv6 网络双平面的独立访问服务。

优点：逻辑清晰、互通性好。

缺点：开发周期长、产业环境不成熟、IPv6 网络安全挑战大、投资成本较大、运维难度大。

（2）隧道技术方案：指通过隧道技术升级网站和应用系统，要求网站和用户分别安装 IPv6 隧道软件，用户应用程序通过 IPv4（私有地址）与网站应用通信，并把 IPv4 报文封装进 IPv6 隧道，穿透网络。

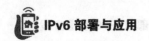

优点：沿用 IPv4 体系、部署快。

缺点：需要用户安装相应的 IPv6 隧道软件，其普适性和方便性都有局限，而且无法解决外部链接不支持 IPv6 造成的"天窗"问题，大规模部署要求条件苛刻，需要改变用户上网习惯，用户体验感差。

（3）IPv4/IPv6 协议转换技术方案：采用 IPv4/IPv6 间的协议转换技术能够成功实现 IPv4 网络与 IPv6 网络之间的互访，协议转换技术主要包括网络层协议转换技术、应用层协议转换技术及融合性协议转换技术。

优点：网站应用改造少，复用 IPv4 网络安全体系，技术成熟，部署快速，是业内主流的技术方案。

缺点：网站和业务协议转换不彻底，效果参差不齐。

同样，通过上述 3 种 IPv6 技术方案进行多维度对比可知，双栈技术方案不能在短期内完成，同时 IPv6 网络安全体系匮乏，新开发支持 IPv6 网站和业务系统，因不能实现在 IPv6 环境下的安全防护，信息安全风险因素极大；隧道技术方案要求所有访问网站和业务的终端安装隧道插件，且不能解决因外部链接导致的"天窗"问题及业务系统无法登录的问题，不具有实操性，在结合满足国家的考核指标和考核时间点及 IPv6 改造效果排名的背景下，大多数政务云都会选择 IPv4/IPv6 协议转换技术进行政务云的 IPv6 技术改造，其是现阶段中央企业的门户网站 IPv6 改造中业内选择的主流。

通过对部分省级政务云进行调研，在明确采用协议转换的过渡方案后，通过部署 SPACE6 协议转换设备，能够在满足网站和业务 IPv6 升级改造的快速部署实施的同时，解决"天窗"问题，可以达到国家考核指标，且 IPv6 改造效果与 IPv4 展现效果一致，用户体验感良好。

在政务云互联网出口区部署地址翻译设备，能够实现 IPv4/IPv6 的转换及通信。结合政务云互联网区实际部署架构，该地址翻译设备旁挂在出口负载均衡设备处，互联网侧使用 IPv6 链路与负载均衡设备连接，实现 IPv6 流量导入；内部服务器侧使用 IPv4 链路与负载均衡设备连接，实现转译后流量转发。政务云 IPv6 改造网络拓扑如图 6-3 所示。

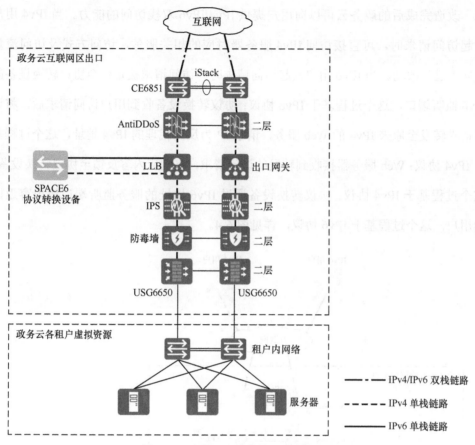

图6-3 政务云IPv6改造网络拓扑

除需要在互联网出口区新增协议转换设备外，还需要完成运营商接入侧链路改造，实现互联网 IPv4/IPv6 双栈接入，新增 IPv6 访问入口。其中，出口交换机与 AntiDDoS 设备为二层设备，无须改造；负载均衡为三层出口网关，需要在运营商接入侧接口使能 IPv6 功能，配置 IPv4/IPv6 双栈地址，具体的实施工作如下。

（1）向运营商申请 IPv6 链路和 IPv6 地址，提供 IPv6 接入能力。

（2）选择协议转换设备服务商，进行设备选型、测试及采购。

（3）互联网出口架构改造，出口设备使能 IPv6。

（4）协议转换设备部署，旁挂至出口负载均衡处。

（5）协议转换设备配置，网站应用改造。

（6）应用 DNS 公网发布，提供 IPv6 用户访问。

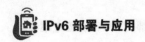

改造完成后的政务云可以向用户提供 IPv4/IPv6 双栈访问的能力。当 IPv4 用户发起访问请求时，可直接访问 IPv4 服务器对应的相关服务，访问方式及访问流量走向未进行改动。当 IPv6 用户发起访问请求时，访问请求被定位至协议转换设备的 IPv6 监听端口，这个过程基于 IPv6 协议；协议转换设备收到用户访问请求后，将访问请求转发至原来 IPv4 的 Web 服务，请求 IP 为反向代理的 IPv4 地址，这个过程基于 IPv4 协议；Web 服务器接收到转发的访问请求，将响应内容反馈至协议转换设备，这个过程基于 IPv4 协议；协议转换设备通过 IPv6 地址的服务监听端口将内容返回给用户，这个过程基于 IPv6 协议，详见图 6-4。

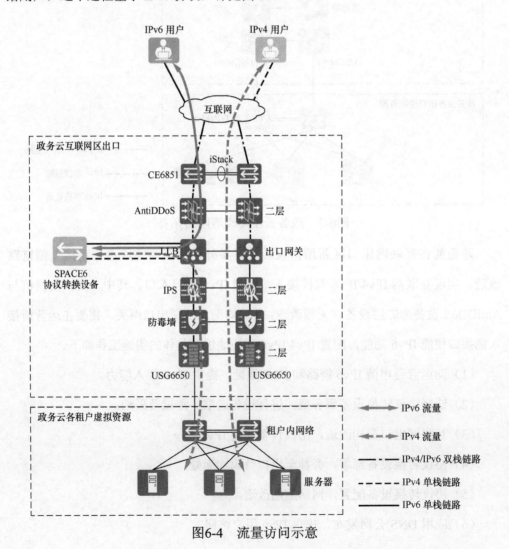

图6-4 流量访问示意

部署协议转换设备,可以在短期内满足政务门户网站的 IPv6 改造需求,从长远来看,随着升级改造进程的不断深入,政务云整体基础设施平台还将朝着提供 IPv4/IPv6 双栈的能力演进。为了实现下一阶段的 IPv6 演进,基础设施平台将逐步实现提供 IPv4/IPv6 双栈部署的功能,具体涉及网络设备、安全设备、云平台及 SDN 等软件,逐步对所有已建成设备进行升级改造,直到政务云全面兼容 IPv6,实现 IPv4 到 IPv6 的平滑演进。

| 6.2 电子政务外网 IPv6 改造 |

《关于加快推进互联网协议第六版(IPv6)规模部署和应用工作的通知》明确提到要完成电子政务外网的 IPv6 升级改造。电子政务外网主要承载各级政务部门经济调节、市场监管、社会管理、公共服务、生态保护、协同办公等非涉密的业务应用,支撑跨部门、跨层级、跨区域数据共享和业务协同。

6.2.1 电子政务外网的基本概念

电子政务外网作为政务信息高速公路,为跨部门、跨地区的网络互联互通、信息共享和业务协同提供网络支撑服务,满足各级政务部门部署面向社会管理和公共服务的各类业务应用的需要;满足各级政务部门开展跨部门、跨地区的业务应用的需要;满足各级政务部门联动解决重大社会问题和突发事件的需要;助力服务型政府建设,充分发挥国家政务公用网络行政基础设施的作用和效能。

如图 6-5 所示,电子政务外网由广域骨干网和城域网组成,纵向分为中央、省、市、县四级。各级政务部门根据业务需要分别接入相应层级的电子政务外网。

各省级电子政务外网是根据自身业务要求,按照电子政务外网统一标准规范,自行建设的连接省内各单位、各市州的网络,实现与国家电子政务外网中央广域骨干网的连接,包含省级及省级以下网络。省电子政务外网采用分层结构,分为省级、地市级及县区级,其网络管理层次分别为二级网络、三级网络和四级网络(一级网

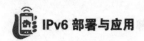

络为国家网络平台）。

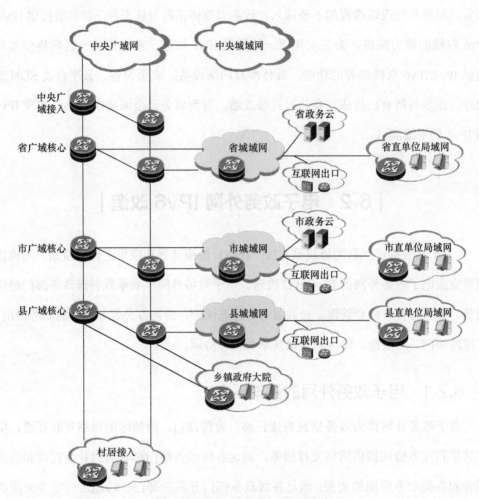

图6-5 国家电子政务外网结构

如图 6-6 所示，省级平台由省外网核心局域网、连接省级各委办厅局及其组成与直属单位的网络构成；市州级平台由市州外网核心局域网、连接市级各委办局及其组成与直属单位的网络构成；区县级平台由区县外网核心局域网、连接区县级行政管理部门及其组成与直属单位的网络构成。省外网核心局域网与市州外网核心局域网连接、市州外网核心局域网与区县外网核心局域网连接，省外网核心局域网与区县外网核心局域网不直接连接。各级网络平台应建设的主要内容包括网络基础平台、网络安全体系、网络管理体系、认证体系、用户接入体系、网络核心运行体系等。

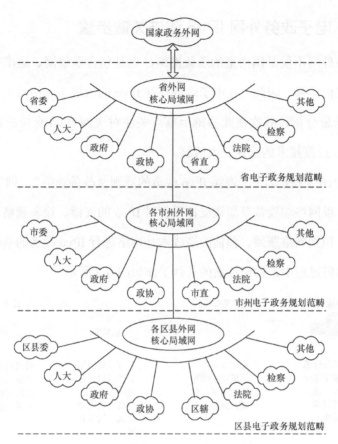

图6-6　省级电子政务外网层级

6.2.2　电子政务外网 IPv6 演进思路及原则

由于电子政务外网通常采用分级建设的模式，因此，在积极响应国家 IPv6 规模部署的战略发展背景下，各级信息中心都将在几年里完成本级电子政务外网的 IPv6 改造工作，在网络的演进过程中，综合参考运营商及企业的 IPv6 改造的经验，建议采取网络和安全先行、业务随后接入的策略，并遵循以下原则推进。

保障网络质量：IPv6 过渡应实现平滑过渡，保障现有 IPv4 业务不受影响，IPv6 业务质量不低于 IPv4 业务质量。

控制改造成本：IPv6 过渡应保护现有投资，尽量降低升级成本和网络改造量。

选择通用技术：IPv6 过渡技术应选择符合国内外相关标准的通用技术，避免选择私有标准或非开放协议。

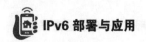

6.2.3 电子政务外网 IPv6 演进关键步骤

电子政务外网不仅是路由型的承载网络，也是包含承载网、运维支撑系统、终端的一整套架构体系，因此，在电子政务外网 IPv6 的改造工作中首先要进行基于端到端的业务场景分析，其次在此基础上重点关注对现网 IPv6 支持的评估、IPv6 地址规划和 IPv6 过渡技术的选择三大问题。

对现网 IPv6 支持的评估：遵循 IPv6 改造的原则及政务业务"一网"化演进需求，从网络架构、现网终端设备及周边支撑系统对 IPv6 的支撑、设备规格性能等角度综合评估现网、识别网络瓶颈、预估改造成本是网络进行 IPv6 改造的基础工作，在端到端的业务访问过程中，调研评估的具体工作如图 6-7 所示。

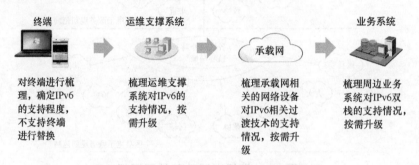

图6-7 基于端到端的业务访问调研评估

IPv6 地址规划：包括对设备管理和互联地址、IPv6 业务地址及 IPv6 用户地址进行规划。

IPv6 过渡技术的选择：包括对 IPv6 接入技术、网络承载过渡技术、业务承载过渡技术和 IPv6 业务安全保障技术的选择。

6.2.4 电子政务外网 IPv6 改造的评估

如图 6-8 所示，针对电子政务外网 IPv6 改造的评估，需要对整个网络中所有涉及 TCP/IP L3 以上的设备进行 IPv6 评估及改造，L2 的设备基于需求进行评估改造；具体包括如下内容。

（1）摸排全网设备对 IPv6 与 IPv4 双栈的支持情况，同时梳理哪些设备可以直接支持，哪些设备需要通过升级固件或者软件支持。

（2）确认当前所有网络设备中性能占比情况（因为在启用 IPv6 与 IPv4 双栈时，会一定程度地降低设备的服务性能）。

（3）针对当前网络中不支持或者性能不足的设备，需要由建设单位及时与各个厂家沟通升级方案或者采购新的设备。

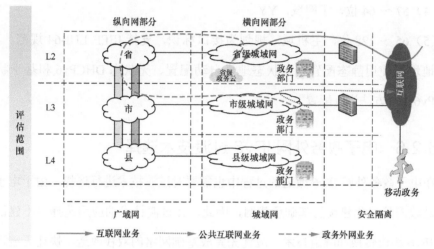

图6-8　电子政务外网各端到端访问业务场景示意

6.2.5　电子政务外网 IPv6 地址规划

各级信息中心根据接入电子政务外网的政府部门、组织机构的数量及终端用户规模制订相应的 IP 地址规划，电子政务外网的 IPv6 地址分配可参考以下原则。

（1）有效路由聚合：基于地域、网络层次化结构，有效聚合路由。

（2）按地域精管理：Region 字段和行政地域管理匹配，做到地址所见即所得，降低溯源难度。

（3）简单路由策略：根据业务类型、网络类型、区域位置字段，实现灵活多样的路由策略。

（4）精细业务划分：通过 Service 字段，实现业务精细划分，基于 IP 地址对不同业务进行大颗粒策略处理。

目前国家电子政务外网管理中心已经为政务外网申请 /21 网段的全球单播地址，该地址用于政务外网 IPv6 网建设，IPv6 地址段结构为：240B:8TZZ:ZZZW:WWYY::/

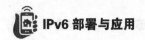

64。政务外网 IPv6 地址采用结构化编制方式，分为以下 5 个字段。

（1）1 ~ 24 位，类型域，240B:8T。

（2）25 ~ 44 位，区划域，ZZ:ZZZ。

（3）45 ~ 56 位，部门域，W:WW。

（4）57 ~ 64 位，子网域，YY。

（5）65 ~ 128 位，主机域，规划为接口标识，支持 IEEE EUI-64 规范。其中，主机地址可使用静态配置、无状态地址自动配置、无状态 DHCPv6 和基于状态的 DHCPv6 4 种方法进行配置。

6.2.6　电子政务外网 IPv6 过渡技术选择

在电子政务外网 IPv6 改造的过程中也需要对过渡技术进行选择，由于电子政务外网是政府信息化建设的基础承载网，因此，在过渡技术的应用选择中不建议采用 IPv4/IPv6 协议转换和隧道技术，应优先完成基础网络的双栈改造，快速无缝迁移支持 IPv6，同时采用基于 6VPE 技术进行业务逻辑隔离。

从图 6-9 可以看出，完成改造后，终端和城域网具备双栈功能，为网关分配 IPv4 和 IPv6 公网地址，流量转发过程清晰，各协议栈访问各自的服务。

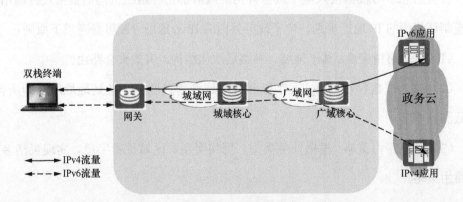

图6-9　电子政务外网双栈改造示意

根据国家规范和专网整合要求，采用"一网多平面"的架构设计。利用网络切片、SRv6 技术将一张物理网络逻辑上切分为多个业务平面，各网络平面具备独立的资源保障能力，实现互联网业务、政务公用业务、云视频会议业务和部门专网业务的逻辑隔离，满足专网整合及统一互联网出口的网络质量和安全防护要求。

6.2.7　电子政务外网 IPv6 改造方案实施

对于电子政务外网的 IPv6 改造建议分为 3 个阶段。

第一阶段　政务外网基础设施全面升级，奠定持续演进基础。

广域网、城域网硬件设备全面升级。广域网、城域网连接各部门局域网和政务云，是政务外网用户和政务外网应用互访的关键通道。通过优先对广域网和城域网改造，为各部门局域网和政务云大规模改造奠定 IPv6 互联基础。对于网络硬件设备，建议采用双栈方案改造，兼容 IPv4 和 IPv6 两种协议，对于未完成 IPv6 改造的网络，使用 IPv4 协议进行对接，保障现有 IPv4 业务不受影响，另外，由于网络硬件设备开启双栈后性能会有一定程度的下降，因此，在对存量硬件设备进行升级、改造时，需要首先通过相应的评估来制定实施策略。对于广域网和城域网的边界安全和准入认证系统，需要同时支持 IPv4 和 IPv6 用户和业务。网络管理运维系统仅涉及内部管理，不涉及业务，可优先改造完业务面后，再进行改造。考虑到持续演进，广域网 / 城域网 IPv6 改造建议采用 IPv6+ 方案。

政务云数据中心网络全面升级。分别对政务云数据中心互联网区和内部网络进行全面 IPv6 升级。逐步对政务外网原有应用进行开发改造，并经测试区验证后部署上线，此阶段正式为政务外网用户提供 IPv6 应用访问服务。同时，新建的政务外网应用为匹配迁移过程 IPv4、IPv6 内部用户并存的过渡临时状态，支持 IPv4、IPv6 内部用户以双栈模式接入。

互联网区的云平台、数据库、应用监测系统、身份认证管理系统、网络设备、安全设备等基础设施改造支持 IPv4、IPv6 双栈，具备双栈业务承载能力。升级互联网区 DNS，具备 IPv4/IPv6 域名递归解析能力。互联网出口与运营商对接，对外的 IPv6 业务地址建议采用运营商地址，政务外网地址和运营商地址解耦，避免相互影响。部署在互联网区的应用系统及网站需要支持 IPv4 和 IPv6 用户同时访问，已建的不支持 IPv6 的应用通过 NAT64 方式支持 IPv6 用户访问。对于政府网站中的外链

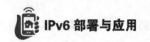

问题，可通过代理等方式解决，避免出现"天窗"问题，后期随着社会面 IPv6 改造的逐步深入，"天窗"问题会逐渐消失。

电子政务外网公用网络区与互联网区类似，对云平台、数据库、应用监测系统、身份认证管理系统、网络设备、安全设备等基础设施进行改造，使其支持 IPv4、IPv6 双栈。改造公用网络区 DNS，具备 IPv4/IPv6 域名递归解析能力。部署在公用网络区的新建应用系统，建议部署双栈，同时支持 IPv4 和 IPv6 用户的访问。存量应用系统根据业务需要逐步进行改造。

一体化安全防护能力全面升级。在 IPv6 网络改造的同时，同步构建网络安全等级保护 2.0 框架下的电子政务外网安全综合防御体系，进一步提升电子政务外网在 IPv6 网络下的安全防护能力，促进电子政务外网 IPv6 网络的安全、稳定运行。结合 SRv6 网络编程能力，实现省级电子政务外网安全态势感知。

第二阶段 各部门局域网升级，业务访问优选 IPv6。

通过政务云逐步推进 IPv6 应用系统的服务能力，启动省直部门局域网 IPv6 改造。优先选择网络基础好的部门，形成局域网改造样板和规范，逐步推进其他部门局域网改造。在各部门局域网 IPv6 改造过程中，重点对网络设备和终端进行改造，部署双栈。当部门局域网与城域网对接时，不需要网络地址转换。当终端访问政务外网时，采用网络安全设备逻辑隔离或者终端准入控制机制，不允许终端同时访问互联网和政务外网，以避免跳板攻击。

第三阶段 政务外网应用访问切换 IPv6 通道，对外互联网访问按需保留 IPv4 能力；通过试点引入网络切片、SRv6、随流检测等 IPv6+ 新技术。

本阶段聚焦政务外网应用系统的 IPv6 逐步迁移工作，本阶段末应已全面完成政务外网应用系统、政务云数据中心网络、广域网、城域网、各部门局域网的 IPv6 升级，此时从局域网到政务云数据中心业务系统的访问实质已切换到 IPv6 互联通道，可将政务云数据中心网络和应用系统切换到 IPv6 单栈。另外，考虑到政务用户可能存在访问外部 IPv4 互联网应用需求，过渡阶段互联网出口和局域网可保持双栈运行，待外部内容 IPv6 全面升级后，再切换到 IPv6 单栈，从而降低运维复杂度。

本阶段建议在网络中引入 SRv6 技术、试点网络 Underlay 层 IPv6 单栈，并通过 Overlay 层提供双栈隧道。同时，结合 SDN 架构部署 SRv6 TE Policy，实时采集整网链路的时延、丢包等质量信息，并根据各部门不同信息化业务应用需求，选择最佳的网络路径进行承载，在存在多条专线链路路径时，还可以提供专线链路负载均衡，全面实现网络和业务的可视、可管、可控，满足持续演进需求。

在电子政务外网广域网、城域网中启用 FlexE/ 信道化子接口的网络硬切片技术，在一个通用的物理网络上构建多个专用的、虚拟的、互相隔离的逻辑网络，实现"一网承载、一纤多用、安全隔离"，可为应急视频指挥调度、远程医疗等重点保障业务提供独立的带宽资源。在此基础上融合 SRv6 技术，网络切片可以采用 SRv6 SID 中的 Locator 作为虚拟网络切片的唯一标识，以标识为虚拟专网切片分配的网络资源。在电子政务外网进行数据转发时，根据 SRv6 SID 识别报文所属的虚拟网络，使用该虚拟网络切片定义的拓扑和资源进行转发处理即可。总体来说，将 SRv6 的可编程能力和网络简化能力应用在网络切片场景，可实现网络切片的灵活定制，更好地满足不同业务的隔离和差异化服务需求。

在网络中部署 IFIT（随流检测）技术，在政务外网传输的真实业务报文中插入 IFIT 报文头可实现随流检测。在 IFIT over SRv6 场景中，IFIT 报文头封装在 SRv6 的 SRH 中，当业务出现异常时，自动在业务路径上逐跳收集业务质量信息，界定故障位置，恢复业务，保障政务业务的连续性。同时结合 APN6 技术，可将视频会议等与网络深度协同，实现应用端到端可视化运维。

6.3　政务纵向专网 IPv6 技术改造

在政务专网中，除各级政府集约化建设的电子政务外网外，还建设有纵向专用通信网络。其主要指由部门组建的用于其内部业务运行的网络，该网络自上而下，覆盖部门的部级、省级、市州级、区县级及以下组成机构，与互联网物理隔离，满足部门内部垂直管理的办公、管理、协调、监督和决策需要。政务纵向专网通常采用多级的星形

网络架构，根据省、市、县等各级机构的设置逻辑组建。近年来，各级政府在推进集约化建设的工作中，均提出部门自建专网与电子政务外网融合互通，要求各级各部门统一依托电子政务外网开展政务服务业务，形成政务服务"一张网"。但是结合部分行政府管理部门特定的工作职能，或部分业务的紧急性、保密性需求，政务的纵向专用通信网络还存在建设的必要性，如公安部的全国公安专网、国家卫生健康委员会的健康信息专网、应急管理部的指挥信息网等。为适应政务信息化技术的飞速发展及积极响应国家 IPv6 规模部署的战略发展，上述专用通信网络 IPv6 的演进改造也都势在必行。

如图 6-10 所示，纵向专网通常采用自上而下统筹部署、分级建设的模式。下面以省级为例简要介绍几种纵向专网的建设模式和 IPv6 改造方案。

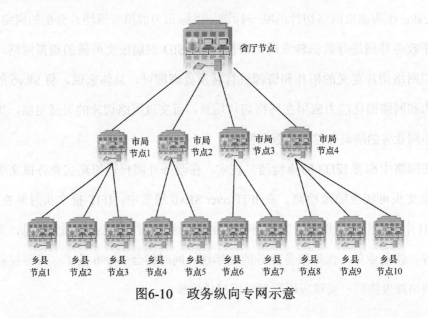

图6-10　政务纵向专网示意

6.3.1　纵向专网组网

湖北省纵向专网组网方式主要分为电子政务外网、电子政务外网 VPN、Internet VPN 与专用网络 4 种。

1. 电子政务外网方式

利用电子政务外网方式组建纵向网络指利用电子政务外网平台资源来承载纵向网络，如图 6-11 所示。

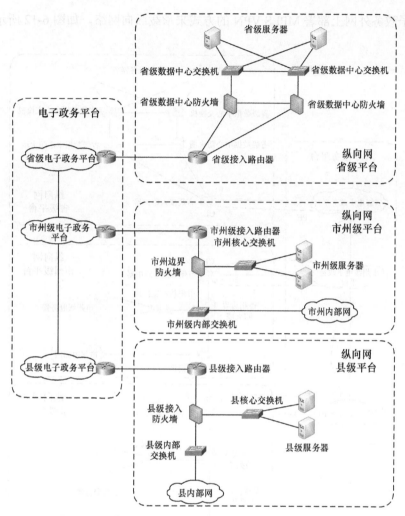

图6-11　利用电子政务外网方式组建纵向网络示意

　　在这种组网方式中，各级网络节点通过租用运营商专线的方式接入本地的电子政务外网节点；IP 地址段使用电子政务外网统一规划 IP 地址。在地址资源不够用的情况下，可以使用私有地址作为纵向网的局部网络的地址。如果采用私有地址，则该纵向网的局部网络只能通过 NAT 方式访问电子政务外网或纵向网的其他部分；在纵向网内部提供业务服务的网络部分，必须使用电子政务外网规划 IP ；网络中用 OSPF 作为网络平台的内部网关路由协议。

2. 电子政务外网VPN方式

　　利用电子政务外网 VPN 方式组建纵向网络指利用电子政务外网平台资源，通

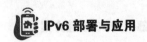

过在电子政务外网上部署 MPLS VPN 的方式来承载纵向网络，如图 6-12 所示。

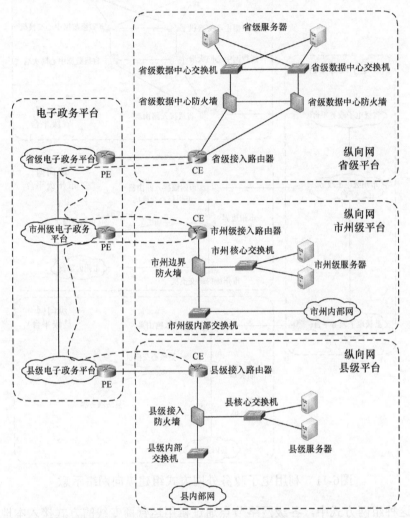

图6-12　利用电子政务外网VPN方式组建纵向网络示意

在这种组网方式中，各级网络节点通过租用运营商专线的方式接入本地的电子政务外网节点；由电子政务外网管理中心统一管理电子政务外网 VPN 资源，使用部门按照 IP 地址资源申请流程向电子政务外网管理中心申请电子政务外网 VPN 资源；IP 地址段使用电子政务外网统一规划的 IP 地址，当地址资源不够用时，可以使用私有地址作为纵向网地址，如果采用私有地址，则只能局限在 VPN 内部使用；网络中用 OSPF 作为网络平台的内部网关路由协议。

3. Internet VPN方式

利用 Internet VPN 方式组建纵向网络指通过在 Internet 上部署 VPN 来连接各级网络，其组网方式如图 6-13 所示。

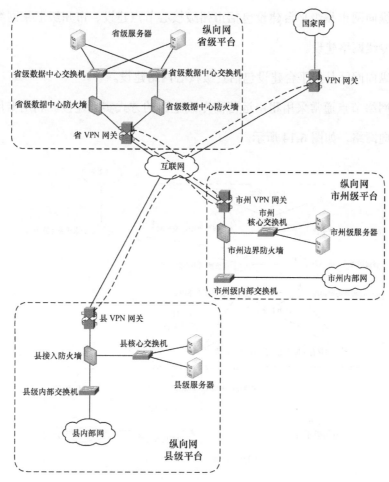

图6-13 利用Internet VPN方式组建纵向网络示意

在这种组网方式中，各级网络节点只涉及城区链路租用和 Internet 出口链路租用，可以灵活使用 Internet 出口链路租用的带宽和组网方式。IP 地址段用私有地址作为纵向网地址，采用 Internet VPN 组网方式的网络拓扑结构宜为星形，通常采用 IPSec 作为 VPN 协议。网络中采用 OSPF 作为网络平台的内部网关路由协议。

4. 专用网络方式

利用专用网络方式组建纵向网络平台，应分为 3 个平台级别：纵向网省级平台、

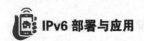

纵向网市州级平台及纵向网区县级平台。各平台组成及特点如下。

（1）纵向网省级平台建设包括省级核心节点建设、省级核心网络建设及省市长途专线网络建设。

（2）纵向网市州级平台建设包括市州级核心节点建设、市州级汇聚网络建设及市县长途专线网络建设。

（3）纵向网区县级平台建设包括县级核心网络建设。

各级网络节点通常采用租用运营商专线电路的方式实现连接。利用专用网络方式组建纵向网络，如图 6-14 所示。

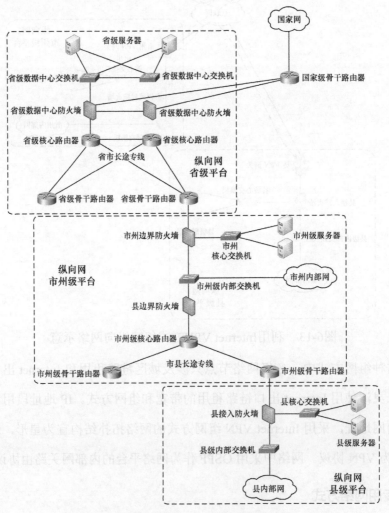

图6-14　利用专用网络方式组建纵向网络示意

在这种组网方式中，各级网络节点通过租用运营商专线的方式直连，IP 地址段使用私有地址作为纵向网地址。

6.3.2 政务纵向专网 IPv6 改造

1. 网络改造

由于近年来电子政务外网的规模建设，及对政务信息安全的需求增加，上述 4 种政务纵向专网组网模式中的 Internet VPN 方式正在被逐步改造，通过接入电子政务外网方式组建专用通信网。

在电子政务外网和电子政务外网 VPN 两种模式中，IPv6 技术的改造升级除对专网本身涉及 TCP/IP L3 以上的设备进行双栈改造外，还需要评估本地电子政务外网是否完成 IPv6 技术改造、是否可以提供支持 IPv6 节点局域网的接入，或者边界路由设备是否已经部署 6VPE 技术。接入电子政务外网的部门节点 IP 地址严格按照当地信息中心的电子政务外网 IP 地址规划统一分配。

采用租用运营商专线电路组建的纵向专网，运营商专线提供的 MSTP、PTN 或者 OTN 等技术都不属于 TCP/IP L3 以上的技术，无须专门进行 IPv6 技术改造，只需要在全网部署双栈，对同时支持 IPv4 和 IPv6 的网络设备、业务系统、终端开启双栈。涉及部门内部业务交互的各类应用系统、云平台、网络设备、终端等软硬件设备同时启用 IPv4 和 IPv6 两套协议栈，同时处理 IPv4 和 IPv6 数据包。在跨地市、跨省的网络骨干层设备上部署 ISIS 多拓扑协议和 MP-BGP，提供 IPv4 和 IPv6 的路由转发；在专网内部汇聚层面部署 ISIS 多拓扑协议，实现终端数据路由转发。

2. IPv6 地址分配

在电子政务外网和电子政务外网 VPN 两种模式中，接入电子政务外网的部门节点 IP 地址严格按照当地信息中心的电子政务外网 IP 地址规划统一分配。

在 IPv6 规划中，可遵循以下原则。

（1）集约分配原则：充分利用 IPv6 地址资源，为各系统单位合理分配 IPv6 地址段，实现 IPv6 地址的有序管理。

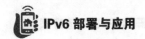

（2）业务分类原则：按照网络业务分类，便于地址快速识别和流量调度，提高路由可聚合性。

（3）层级划分原则：参考国家行政区划进行层级划分，便于各级行政单位根据实际情况灵活分配 IP 地址资源，实现纵向专网 IPv6 地址的分层、分级管理。

（4）可扩展性原则：预留部分地址资源，适当考虑未来地址调整的需要。

IPv6 地址分为 3 个区域：固定前缀区、自定义前缀区、主机地址区，如图 6-15 所示。

图6-15　IPv6地址区域划分示意

固定前缀区是中国互联网络信息中心（CNNIC）分配的固定地址字段，长度为 32 bit。自定义前缀区是电子政务外网内部标识各个子网的标识符，共计 32 bit。通过对自定义前缀区进行区隔划分，兼顾不同种类设备、不同行政层级单位的地址分配，实现 IPv6 地址分类和层级管理。主机地址区是用于标识电子政务外网内各种设备网络接口的标识符，共计 64 bit。末级单位应以自定义前缀区的子网地址块为最小单位对主机地址进行分配使用。

在纵向专网 IPv6 的地址分配过程中，可采用"先申请、后使用"的原则，由最上级部门统一分配各系统单位的 IPv6 地址前缀，并为每个系统单位分配足够容量的地址块。然后各级单位统一分配，为本级及本级以下的单位进一步分配 IPv6 地址块。各级单位最上级统一的地址管理系统上报登记已分配的 IPv6 地址，防止重复使用。纵向专网中涉及 TCP/IP L3 以上网络设备的互联地址和 Loopback 地址由最上级部门统一分配。

由于 IPv6 地址中具有长度为 32 bit 的自定义前缀，因此，可以从业务、行政部门划分等多个维度进行地址的规划。以一个省级部门为例，在一个自定义前缀区中（长度为 32 bit），4 bit 用于业务地址分类、8 bit 用于一级区域（省市级）、8 bit 用于二级区域（区县级）、12 bit 用于子网空间，用于不同种类设备、不同行政层级单位的地址分配，其字段划分如图 6-16 所示。

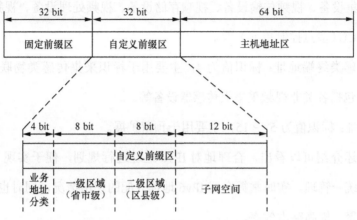

图6-16 自定义前缀区字段划分示意

上述举例中业务地址分类字段长度为 4 bit，共有 16 种取值，可用于标识纵向专网承载的业务系统或功能性网络地址，详见表 6-1。

表6-1 业务地址分类字段编码表（例）

序号	地址分类	标识值	业务地址分类字段二进制编码
1	网络互联类设备地址	0	0000
2	服务器类地址	1	0001
3	用户终端类地址	2	0010
4	视频终端类地址	3	0011
5	采集传感类终端地址	4	0100
6	预留地址	5 ~ 15	0101 ~ 1111

网络互联类设备地址：标识值为 0，主要用于标识网络类设备的 IPv6 地址，包括构建网络的路由器、交换机、安全设备等。

服务器类地址：标识值为 1，主要用于标识承载业务运行的服务器类设备的 IPv6 地址，包括各类服务器、存储设备、嵌入式处理设备等。

用户终端类地址：标识值为 2，主要用于标识用户计算机终端、移动终端等设备的 IPv6 地址，包括台式计算机、笔记本计算机、便携式平板计算机、智能手机等相关设备。

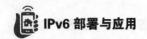

视频终端类地址：标识值为 3，主要用于标识视频业务类相关设备的 IPv6 地址，包括视频采集设备、视频传输设备、视频存储设备、视频处理设备、视频会议终端、视频会议 MCU（多点控制单元）等。

采集传感类终端地址：标识值为 4，主要用于标识采集传感类物联感知设备的 IPv6 地址，包括各类非视频采集类传感器设备等。

预留地址：标识值为 5 ~ 15，主要用于预留扩展。

通过上述介绍可以看出，合理地对 IPv6 地址进行规划，便于实现 IPv6 地址的统一维护、统一管理，实时掌握全网 IPv6 地址分配的使用情况，同时也有利于关键业务路由汇聚，提高路由效率。

第 7 章

07

工业互联网及
IPv6 技术

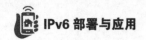

进入 21 世纪后，美国"工业互联网"、德国"工业 4.0"、日本"工业智能化"等国家级战略、行动计划纷纷制定，互联网与传统产业深度融合并不断加快，打造出由机器、设备、集群和网络组成的庞大的物理世界，使需要连接到互联网的设备数量成倍到数十倍增加，以 IPv4 为核心技术的互联网面临着越来越大的技术挑战及规模上的限制，因此加速推进工业互联网的建设、发展和应用，需要提升以 IPv6 为核心的下一代互联网等技术的适配能力，以 IPv6 建设应用作为工业网络化的新动力，大幅度推动制造业提质升级，实现转型升级，以及实现数字化、网络化、智能化的制造业。在此背景下，本章将简要介绍工业互联网的基本概念及与工业互联网相关的 IPv6 技术的应用。

| 7.1 工业互联网的发展历程 |

新一轮科技革命和产业变革的兴起，对互联网和先进制造业的融合发展具有重要推动作用，加速发展工业互联网平台，已经成为一些国家抢占全球产业竞争新的制高点、重塑工业体系的共同选择。中国、韩国、印度等亚洲国家和地区不断加大力度以应对制造业的变革。

在欧洲，以德国为首的国家为了长期保持较高的竞争力，很早就重点发展物联网技术，并在 2013 年拨出了 2 亿欧元的预算推动物联网发展。德国引以为傲的是以汽车产业为首的高科技，以此为依托，提出了"工业 4.0"的高科技战略计划，如图 7-1 所示，该战略旨在充分利用信息通信技术和网络空间虚拟系统——信息物理系统相结合的手段，推动制造业向智能化转型。在"工业 4.0"中，通过为生产过程的所有元素分配 IP 地址来获取实时信息并进行管理。德国希望通过推进"工业 4.0"，在工业制造中嵌入信息化元素，根据市场需求和物流状况，灵活应对各种外部环境的变化，实现开发、制造和生产管理的最佳流程，提高生产率，减少库存，降低制造和供应链成本，并增加收入。"工业 4.0"在重点关注物联网、大数据和人工智能等关键技术的同时，在安全方面也有深厚布局，不仅可以防止恶意软件的攻击，还可以控制信息公开的范围，防止专业技能流出。

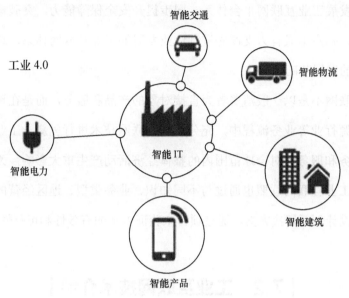

图7-1 德国"工业4.0"

在美国，类似的工作主要由罗克韦尔自动化公司、思科公司和泛达公司等组成的非营利性组织 ODVA（开放式设备网络供应商协会）与行业协会合作开展。用户可以将人员、流程、数据和物体连接到网络，提高生产力并增强竞争力，使用标准以太网和互联网协议建立高安全性的通信。此外，通用电气公司把传感器搭载到飞机、火车和燃气轮机等各种工业设备上，实时发送有关设备的信息，通过分析上述数据，达到减少燃料消耗、及时添加消耗品、提高效率、推动工业互联网发展等目的。此外，AT&T 公司、思科公司、通用电气公司、IBM 公司和英特尔公司成立了工业互联网联盟（IIC）行业协会，目前世界上已有超过 235 家主要公司参与其中，且参与者仍在增加。

中共中央办公厅、国务院办公厅印发的《推进互联网协议第六版（IPv6）规模部署行动计划》要求在工业互联网等重大战略行动中加大 IPv6 推广应用力度；创新工业互联网应用，构建工业互联网 IPv6 标准体系；不断完善工业互联网 IPv6 应用、管理、安全等相关标准。《工业互联网发展行动计划（2018—2020 年）》和《工业互联网专项工作组 2018 年工作计划》文件提出，要以供给侧结构性改革为主线，以

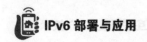

全面支撑制造强国和网络强国建设为目标，着力建设先进网络基础设施，打造标识解析体系，发展工业互联网平台体系，同步提升安全保障能力，突破核心技术，促进行业应用，初步形成有力支撑先进制造业发展的工业互联网体系，筑牢实体经济和数字经济的发展基础。

工业互联网不是以一般消费者为直接对象的产品和服务，而是在设备制造、医疗服务、能源行业等业务流程中，充分利用物联网技术进行创新。工业互联网通过创造新型业务和服务，对全球范围内的整体经济活动产生重大影响，为行业带来了新的秩序。工业互联网联盟也通过与不同知识、业务类型、地区经营的企业和组织进行合作，设计创新解决方案，通过项目来验证方案的有效性和可行性。

|7.2 工业互联网技术介绍|

7.2.1 工业互联网架构

与传统意义上的网络不同，工业互联网是一个体系化的架构，更类似于一个云平台。工业互联网是以互联网、物联网为基础，以智能机器为载体，以大数据保存与处理分析为核心价值，实时采集设备的动态运行数据，并对海量的工业动态数据进行保存和处理的系统平台，主要面向制造业数字化、网络化、智能化需求，构建基于海量数据采集、汇聚、分析的服务体系，支撑制造资源泛在连接、弹性供给、高效分配。如图 7-2 所示，工业互联网主要包括边缘层、平台（工业 PaaS）层、应用层。本质上是在传统的云平台的基础上叠加物联网、大数据、人工智能等技术，构建更精准、更高效的数据采集体系，建设具有存储、集成、访问、分析、管理功能的使能平台，用于实现工业技术、经验和知识模型化、软件化、复用化，以工业 App 的形式为制造企业实现各类创新应用。

第一层（最底层）是边缘层。边缘层通过大范围、深层次的数据采集，以及异构数据的协议转换与边缘处理，构建工业互联网平台的数据基础：首先通过各类通信手段接入不同设备、系统和产品，采集海量数据；然后依托 IPv4/IPv6 协议转换技术实现多源异构数据的归一化和边缘集成；最后利用边缘计算设备实现底层数据的汇聚处理，并实现数据向云端平台的集成。

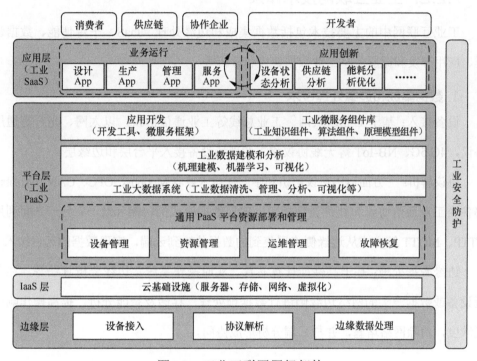

图7-2　工业互联网层级架构

第二层是平台层。平台层基于通用 PaaS 叠加大数据处理、工业数据分析、工业微服务等创新功能，构建可扩展的开放式云操作系统；提供工业数据管理能力，将数据科学与工业机理相结合，帮助制造企业构建工业数据分析能力，实现数据价值挖掘；把技术、知识、经验等资源固化为可移植、可复用的工业微服务组件库，供开发者调用；构建应用开发环境，借助微服务组件和工业应用开发工具，帮助用户快速构建定制化的工业 App。

第三层是应用层。应用层形成满足不同行业、不同场景的工业 SaaS 和工业 App，实现工业互联网平台的最终价值；可以提供设计、生产、管理、服务等一系列创新性业务应用；构建良好的工业 App 创新环境，使开发者基于平台数据及微服务功能实现应用创新。

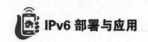

除此之外，工业互联网平台还包括 IaaS 层，以及涵盖整个工业系统的安全防护体系，这些构成了工业互联网平台的基础支撑和重要保障。

7.2.2　工业互联网技术体系

工业互联网中的主要技术包括数据集成和边缘处理、IaaS、平台使能、数据管理、应用开发和微服务、工业数据建模和分析等。

1. 数据集成和边缘处理技术

设备接入：基于工业以太网、工业总线等工业通信协议，以太网、光纤等通用协议，4G/5G、NB-IoT 等无线协议将工业现场设备接入平台层和边缘层。

协议解析：一方面运用协议解析和中间件技术兼容 Modbus、OPC、CAN、Profibus 等各类工业通信协议和软件通信接口，实现数据格式的转换和统一；另一方面利用 HTTP、MQTT 等方式从边缘侧将采集到的数据传输到云端，实现数据的远程接入。

边缘数据处理：基于高性能计算芯片、实时操作系统、边缘分析算法等，在靠近设备或数据源头的网络边缘侧进行数据预处理、存储及智能分析，提高操作响应灵敏度，消除网络堵塞，并与云端分析形成协同。

2. IaaS技术

基于虚拟化、分布式存储、并行计算、负载调度等技术，实现网络、计算、存储等计算机资源的池化管理，根据需求进行弹性分配，并确保资源的安全，为用户提供完善的云基础设施服务。

3. 平台使能技术

资源调度：通过实时监控云端应用的业务量的动态变化，结合相应的调度算法为应用程序分配相应的底层资源，从而使云端应用可以自动适应业务量的变化。

多租户管理：通过虚拟化、数据库隔离、容器技术等实现不同租户应用和服务的隔离，保护其隐私与安全。

4. 数据管理技术

数据处理框架：借助 Hadoop、Spark、Storm 等分布式处理架构，满足海量数据的批处理和流处理计算需求。

数据预处理：运用数据冗余剔除、异常检测、归一化等方法对原始数据进行清洗，为后续存储、管理与分析提供高质量的数据来源。

数据存储与管理：通过分布式文件系统、NoSQL 数据库、关系数据库、时序数据库等不同的数据管理引擎实现海量工业数据的分区选择、存储、编目与索引等。

5. 应用开发和微服务技术

多语言与工具支持：支持 Java、Ruby 和 PHP 等多种语言编译环境，并提供 Eclipse Integration、JBoss Developer Studio、Git 和 Jenkins 等各类开发工具，构建高效便捷的集成开发环境。

微服务架构：提供涵盖服务注册、发现、通信、调用的管理机制和运行环境，支撑基于微服务单元集成的"松耦合"应用开发和部署。

图形化编程：通过类似 LabVIEW 的图形化编程工具，简化开发流程，支持用户采用拖曳方式进行应用创建、测试与扩展等。

6. 工业数据建模和分析技术

数据分析算法：运用数学统计、机器学习及最新的人工智能算法实现面向历史数据、实时数据、时序数据的聚类、关联和预测分析。

机理建模：利用机械、电子、物理、化学等领域的专业知识，结合工业生产实践经验，基于已知工业机理构建各类模型，实现分析应用。

7. 工业互联网平台安全技术

数据接入安全：通过工业防火墙技术、工业网闸技术、加密隧道传输技术，防止数据泄露、被侦听或篡改，保障数据在源头和传输过程中的安全。

平台安全：通过平台入侵实时检测、网络安全防御系统、恶意代码防护、网站威胁防护、网页防篡改等实现工业互联网平台的代码安全、应用安全、数据安全和网站安全。

访问安全：通过建立统一的访问机制，限制用户访问、所能使用的计算资源和

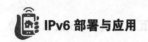

网络资源，实现对云平台重要资源的访问控制和管理，防止非法访问。

在上述关键技术中，平台使能技术、工业数据建模和分析技术、数据集成和边缘处理技术、应用开发和微服务技术正快速发展，对工业互联网平台的构建和发展产生了深远影响。在平台层，PaaS 技术、新型集成技术和容器技术正加速改变信息系统的构建和组织方式。在边缘层，边缘计算技术极大地拓展了平台收集和管理数据的范围。在应用层，微服务等新型开发框架驱动工业软件开发方式不断变革，而工业机理与数据科学深度融合正在引发工业应用的创新浪潮。

7.2.3 IPv6 技术在工业互联网中的应用

1. 工业互联网IPv6改造关键点

《推进互联网协议第六版（IPv6）规模部署行动计划》多次提到要促进 IPv6 技术在工业互联网领域的应用，通过积极推进 IPv6 的规模部署，提升我国网络信息技术自主创新能力和产业高端发展水平。在《工业互联网发展行动计划（2018—2020年）》中，首次提出"初步建成适用于工业互联网的高可靠、广覆盖、大带宽、可定制的企业外网络基础设施，企业外网络基本具备互联网协议第六版（IPv6）支持能力；形成重点行业企业内网络改造的典型模式"，并在重点任务中明确"实施工业互联网 IPv6 应用部署行动。组织电信企业初步完成企业外网络和网间互联互通节点的 IPv6 改造，建立 IPv6 地址申请、分配、使用、备案管理体制，建设 IPv6 地址管理系统，推动落实适用于工业互联网的 IPv6 地址编码规划方案，通过支持建设测试床、开展应用示范等方式，加快工业互联网 IPv6 关键设备、软件和解决方案的研发和应用部署"。企业外网络基本能够支撑工业互联网业务对覆盖范围和服务质量的要求，IPv6 改造基本完成，实现重点行业超过 100 家企业完成企业内网络改造。

如图 7-3 所示，在对工业互联网的概念及互联方式的分析中，涉及工业互联网的 IPv6 技术应用的重点包括厂区网络、外部网络、云平台及应用业务系统。外部网络包括运营商提供的互联网接入服务网络、大型企业自建的专用通信网络。目前工业云平台的建设主要采用两种模式，一种是大型企业自建工业云平台；另一种是由各级经济和信息化委员会积极主导，推动"万企上云"社会化工业云平台，主要为中小企业提供工业互联网应用服务，因此，对于工业云平台和应用业务系统的 IPv6 技术改造可以参照企业的业务基础设施和系统代码改造。社会化的工业云平台对 IPv6 协议的支持需要依据工业云平台部署的位置（政务云的 IPv6 改造参考 6.1.3 节）。在公有云的建设模式中，公有云提供商（阿里云、华为云和腾讯云）已经完成了 IPv6 的改造，可以为平台及业务应用系统提供 IPv6 部署服务。厂区网络和传统的局域网相比，在生产车间网络中会涉及更多的工业控制系统，IPv6 的技术改造重点是物联网感知领域。总体来说，工业互联网场景下的 IPv6 技术改造需要企业根据自身特点，同时充分考虑改造成本、改造需求、时间紧迫程度等因素，初期采用 IPv4/IPv6 协议转换等技术手段快速解决 IPv6 的访问和接入问题；后期建议结合企业自身信息化建设，进行网络、系统等全面的双栈改造工作。

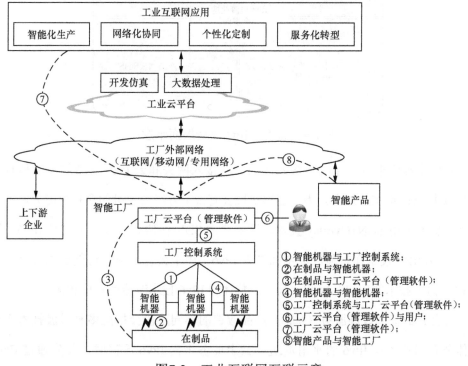

图7-3　工业互联网互联示意

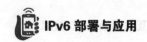

工业互联网的 IPv6 改造场景在前面都有相应的介绍，此处不再赘述，接下来将简要分析公有云和厂区网络中的 IPv6 演进情况。

2. 公有云的IPv6支持

目前主流的公有云服务提供商都可以为用户提供业务系统的部署及 IPv6 的访问，在公有云 IPv6 演进的过程中，主要完成以下 4 个层面的改造，如图 7-4 所示。

从改造周期来看，互联网接入区和 IDC 区 IPv6 的改造周期最长，因为它们和第三方（运营商、设备厂商等）相互依赖，网络架构复杂，设备众多，但是经过多年的 IPv6 演进，运营商及设备厂家对 IPv6 的技术支持相对成熟，从总体上来说不会存在太多的技术问题。

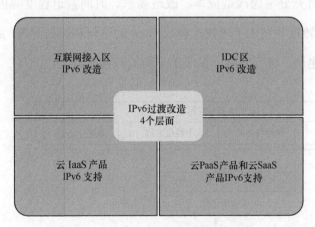

图7-4 公有云IPv6改造层面示意

从技术难度来看，互联网接入区的公网接入网关和云 IaaS 产品的虚拟私有云（VPC）网络改造难度最大。为了能够实现公有云千万级云主机的多租户能力，主流公有云普遍采用 SDN+Overlay 技术，这就要求 SDN 在协议层面全面支持 IPv6，同时要求 Overlay 技术在封装层面全面纳入 IPv6，由于公有云内部可能已同时存在多种 IPv6 过渡技术的应用，因此，公有云整体的 IPv6 技术改造的难度较大。

公有云的基础设施服务（IaaS）产品改造的不同阶段会搭配多种过渡技术实现整体公有云业务向 IPv6 的平滑演进。云上业务未向 IPv6 迁移时，首先通过 IPv4/IPv6 协议转换技术帮助互联网的 IPv6 用户访问云上的 IPv4 主机应用；然后使云上的 VPC、CVM（云服务器）、CBS（云硬盘）等产品逐步支持双栈，通过双栈技术和隧道技术实现互联网 IPv6 用户和 IPv6 云主机的通信；最后在所有 IDC 和骨干网的双栈能力全部上线后，通过双栈技术可灵活地实现云上云下的互访互通。

对于 PaaS 和 SaaS 层的改造，在公有云的 IaaS 逐步支持 IPv6 后，公有云内其他采用 IaaS 产品为互联网用户提供 PaaS 和 SaaS 的供应商也逐步将自己的应用方案向 IPv6 过渡。同时，公有云自身 PaaS 产品和 SaaS 产品的 IPv6 改造也同步进行，提供类似视频直播、大数据套件、机器学习平台、舆情分析、物联网等成熟的 IPv6 产品。

3. 工业互联网厂区网络改造

近年来，制造业企业正面临着供给侧改革，转型升级的需求十分迫切。而传统厂区 IT 系统与工业控制系统间的通信往往存在较多障碍，具体表现如下。

（1）工业控制协议标准各异，各厂家设备难以互通。

（2）工业现场存在很多信息孤岛，网络性能亟待提高。

这些问题导致现有厂区网络无法支撑数字经济下的制造业生产运营模式。继续引入物联网、SDN、IPv6、PON 等技术，可帮助制造业企业完成工厂网络的升级改造。

目前主流的厂区网络改造方式主要是将无源光网络（PON）技术用于制造领域的数据采集、监测、生产控制等场景，建设制造车间生产制造自动化和智能化的基础高速通信网络，为企业的智能化转型提供底层承载保障。在工业厂区场景中采用 PON 组网可以实现现场设备与上层实体（如服务器、SCADA 系统等）的连接，支持数据采集、生产指令下达、传感数据采集、厂区视频监控等功能。工业 PON 作为各种信息集成的基础通道，是智能制造纵向集成的基础，基于 PON 技术的工业网络平台将产品设计研发、制造生产、销售、物流、售后各工业化环节融合集成，最终实现企业 CRM（客户关系管理）、MES（制造执行系统）、ERP（企业资源计划）、SCM（供应链管理）、SCADA（数据采集与监视控制）等系统信息的统一控制和管理。

工业 PON 处于车间级网络位置，通过工业级 ONU 设备可实现光网络到设备层的连接，通过光分配网络（ODN）可实现工业设备数据、生产数据等到 OLT 的汇聚，

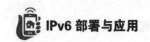

最终通过 OLT 与企业网络对接，从而实现产线数据到工厂 / 企业 IT 系统的可靠与有效传输。工业 PON 是车间级局域网，对生产线设备（如数控机床）实现有线网络覆盖，同时通过对无线网络承载实现车间有线、无线一体化网络覆盖。工业 PON 针对工业各类应用场景，满足工业场景下的各种工业控制总线场景要求，提供工业场景类型接口，可为工业控制、信号量监控、数据传输、语音通信、视频监控等各种业务应用提供支持。各业务流通过 PON 系统上行后，由 OLT 汇聚上联 GE/FE 接口连接到工厂级网络，实现 MES、ERP、PLM 等系统和下层物理设备的对接，从而实现工业控制、数据采集分析、视频监控等功能。

对厂区网络的 IPv6 改造，重点关注新建的 PON 系统中 OLT、ONU 设备的软件版本是否支持 IPv6 DHCP 报文等相关 IPv6 报文的透传。从运营商接入网的 IPv6 改造可以看出，从技术角度，PON 体系是一个二层网络，业务报文均封装在以太网帧中，在设备间进行传送。PON 设备目前主流的转发规则包括 MAC+VLAN ID 和 CVLAN+SVLAN 两种方式，因此接入网设备在大部分情况下不涉及 IP 地址类型的问题，均服务于业务透传。所以如果在厂区网络中引入三层功能，可能对 OLT 接入设备的 IPv6 功能及协议提出更高的需求。

4. 工业互联网传感网络的IPv6应用

大型工业企业存在生产地域分散、业务分工复杂、设备数量多、生产成本高、环境恶劣等问题。企业需要对各种设备的状态进行实时监控，以便出现问题时能够及时报警与处理。现有的工业控制系统一般使用工业以太网与现场总线，这两种方式都有布线麻烦、接线复杂、维护困难、生产成本高等缺点。因此在工业互联网场景中，将 LP-WAN 技术应用于底层网络构建。LP-WAN 具有成本低、覆盖广、组网灵活等特点，不仅能在供应链企业间实现信息交互、网络化协同，还能很好地满足工厂内各种传感器、机器或设备之间通信的需求。

低速率无线个域网（LR-WPAN）是一种集成网络技术、嵌入式技术和传感器技术的网络，主要是为短距离、低速率、低功耗无线通信而设计的，可广泛应用于工业控制领域，基于 LR-WPAN 研发的微型传感器构成的传感器网络综合了传感器技术、嵌入式计算技术、分布式信息处理技术和通信技术，能够实时监测、感知和采集网络分布区域的各种环境或监测对象的信息，并对这些信息进行处理，最终获得详细而准确的信息，传送给需要这些信息的用户。IETF 于 2004 年 11 月正式成立了 IPv6 over LR-WPAN（以下简称 6LoWPAN）工作组，着手制定基于 IPv6 的低速无线个域网标准，即 IPv6 over IEEE 802.15.4，旨在将 IPv6 引入以 IEEE 802.15.4 为底层标准的无线个域网，这推动了短距离、低速率、低功耗的无线个域网的发展。IEEE 802.15.4 是 LR-WPAN 的典型代表，其应用前景非常广阔，6LoWPAN 拓扑结构示意如图 7-5 所示。

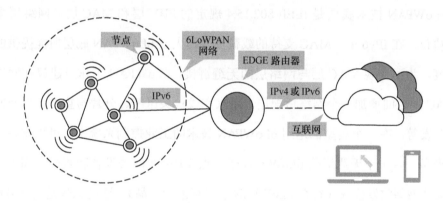

图7-5　6LoWPAN拓扑结构示意

6LoWPAN 技术具有以下特点。

（1）普及性：IP 网络应用广泛，作为下一代互联网核心技术的 IPv6，也在加速其普及的步伐，在 LR-WPAN 网络中使用 IPv6 更易于被接受。

（2）适用性：IP 网络协议栈架构得到广泛的认可，LR-WPAN 网络完全可以基于此架构进行简单、有效的开发。

（3）更大的地址空间：IPv6 应用于 LR-WPAN 的最大亮点就是庞大的地址空间，这恰恰满足了部署大规模、高密度 LR-WPAN 设备的需要。

（4）支持无状态自动配置地址：在 IPv6 中，当节点启动时，可以自动读取 MAC 地址，并根据相关规则配置好所需的 IPv6 地址。这个特性对传感器网络来说非常具有吸引力，因为在大多数情况下，不可能为传感器节点配置用户界面，节点

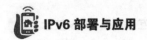

必须具备自动配置功能。

（5）易接入：LR-WPAN 使用 IPv6 技术更易于接入其他基于 IP 技术的网络及下一代互联网。

（6）易开发：目前基于 IPv6 的许多技术已比较成熟，并被广泛接受，针对 LR-WPAN 的特性对这些技术进行适当的精简和取舍，简化了协议开发的过程。

IPv6 技术在 LR-WPAN 上的应用具有广阔的发展空间，在工业控制领域中部署 LR-WPAN 将大大扩展其应用，使在工业互联网中建设大规模的传感控制网络的实现成为可能。

6LoWPAN 技术底层是 IEEE 802.15.4 规定的 PHY 层和 MAC 层，网络层采用 IPv6 协议。在 IPv6 中，MAC 支持的载荷长度远大于 6LoWPAN 底层所能提供的载荷长度，为了实现 MAC 层与网络层的无缝链接，6LoWPAN 工作组建议在网络层和 MAC 层之间增加一个网络适配层，用来完成包头压缩、分片与重组，以及网状路由转发等。在一个典型的运用 6LoWPAN 技术的工业控制系统中，可以安装一台网关设备、若干个无线通信 6LoWPAN 子节点模块；在网关设备和智能终端上各接一个无线网络收发模块（符合 6LoWPAN 技术标准的产品），通过这些无线网络收发模块，数据可在网关和智能终端之间进行传送。由于 6LoWPAN 技术允许同一网络内的数据共享，智能终端可将采集到的信息共享至其他指定的智能终端，这就可以实现将整个系统建设成为由多个独立的智能控制单元和一个云端智能控制单元组成的智能控制系统，其对工业过程中对时效性要求高的控制过程有非常好的适用性。

第 8 章

03

城市 IPv6 应用
创新及产业生态

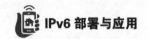

在第 1 章提到过，2021 年中共中央网络安全和信息化委员会办公室、国家发展和改革委员会、工业和信息化部等部门印发《关于开展 IPv6 技术创新和融合应用试点工作的通知》，联合组织开展 IPv6 技术创新和融合应用试点工作，通过探索 IPv6 全链条、全业务、全场景部署和创新应用，整体提升 IPv6 规模部署和应用水平。其中城市试点项目主要涉及在政府信息化建设中如何通过加大政策支持和引导力度来推动区域内网络、平台、应用、终端及各行业全面支持 IPv6，加快实现网络设施优化升级、应用设施整体提升、商业应用深度改造、终端设备广泛支持、行业应用全面落地和网络安全保障能力提升。2022 年 4 月，中共中央网络安全和信息化委员会办公室等 12 部门又确认了 IPv6 技术创新和融合应用试点名单，确定了天津市滨海新区、河北省雄安新区、上海市、武汉市等 22 个综合试点城市 / 地区。本章主要结合智慧城市信息化建设，简要介绍政府在推进城市 IPv6 应用及产业生态发展工作中的政策建议、实施措施和可行的技术手段。

| 8.1　政府推动城市 IPv6 技术发展的目标 |

2022 年 4 月，IPv6 技术创新和融合应用试点名单确定后，各选中试点城市陆续发布了落实 IPv6 技术创新和融合应用试点的发展规划和行动计划，例如，南阳市人民政府办公室发布了《南阳市 IPv6 技术创新和融合应用综合试点城市建设工作实施方案的通知》（宛政办〔2022〕51 号）、石嘴山市人民政府办公室印发了《石嘴山市 IPv6 技术创新和融合应用试点城市实施方案》、武汉市网信办发布的《武汉市建设 IPv6 技术创新和融合应用综合试点城市实施方案》等，深圳、无锡等城市也陆续启动相关工作。

以武汉市为例，《武汉市建设 IPv6 技术创新和融合应用综合试点城市实施方案》提出，全市开展 IPv6 技术创新和融合应用综合试点城市建设工作，充分发挥政府的引领作用，协同电信运营商、高校科研机构及互联网企业等资源力量，从网络承载能力、应用性能服务、终端支持能力、行业融合应用、政务应用改造、商业应用部署、创新产业生态、关键技术研发、标准规范制定及安全保障等方面推进 IPv6 技术创新和融合应用，探索具有武汉特色的 IPv6 全链条、全业务、全场景部署和创新应用的目标。计划到 2023 年年底，全市政务领域重点信息基础设施实现平滑演进升级，新建政务应用系统全面支持 IPv6 技术。政府网站 IPv6 支持率达到 95%，主要商业网站及移动互联网应用 IPv6 支持率达到 95%。主流电信运营商基础承载网、数据中心、云平台及 CDN 等基础设施全面支持 IPv6。全市 IPv6 活跃用户数占比达到 80%，移动网络 IPv6 流量占比达到 70%，固定网络 IPv6 流量占比 20%，家庭无线路由器 IPv6 支持率达到 50%，培育基于 IPv6 的创新应用项目 10 个。下一代互联网产业创新体系和产业生态逐步健全，基本建成全国"IPv6+"技术和产业创新的示范城市。同时，《武汉市建设 IPv6 技术创新和融合应用综合试点城市实施方案》将市、区相关单位，中国电信、中国移动、中国联通、中国广电等运营商作为牵头单位，提出了强化网络承载能力、优化应用服务性能、提升终端支持能力、拓展行业融合应用、加快政务应用改造、深化商业应用部署、培育创新产业生态、加强关键技术研发、推动标准规范制定、强化安全保障 10 个重点任务。

目前各 IPv6 试点城市提出的政策、实施方案基本类似，其目的都是希望通过政府主导的信息化建设、政务信息化项目审批审查、IPv6 工作推进监督考核及产业政策引导等方式发挥政府在推动市域 IPv6 规模部署及技术融合创新工作中的重要作用，同时结合网络及信息化技术的赋能，保障 IPv6 试点城市的落地见效，促进 IPv6 技术产业蓬勃发展。

| 8.2 政府在推动城市 IPv6 技术发展中的定位 |

8.2.1 IPv6 在市域范围内的主要应用

IPv6 技术作为网络通信协议，主要实现不同设备之间的数据通信。在一个端到端的数据通信过程中，IPv6 协议的部署贯穿了端、管、云，是各类终端、设备互联

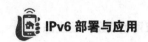

互通的协议基础。目前 IPv6 逐渐从通信承载网络延伸到端、边、云，驱动着海量物联网、个人终端规模化的发展，每个物联网、个人终端可具备唯一的 IPv6 地址。因此，城市 IPv6 相关的技术应用主要聚焦于终端、网络管道和云端 3 个方面。

终端：包括个人终端和物联网终端。个人终端在 IPv6 推广方面主要通过中国电信、中国移动、中国联通、中国广电等电信运营商为公众用户的移动、固定终端配置 IPv6 地址，增加活跃用户数及 IPv6 移动流量占比；物联网终端的 IPv6 技术普及现阶段需要通过政府信息化建设项目实现，在城市公共安全、平安城市的推进过程中带动 IPv6 的物联网终端产业发展。

网络管道：包括运营商基础承载网络及电子政务外网。目前主流的电信运营商基础承载网（城域网、接入网、移动网络）已基本支持 IPv6。推动了政府电子政务外网的升级改造，全面支持 IPv6，同时积极引入 SRv6 与网络切片技术，实现全覆盖的"一网多平面"能力，为各部门、各类业务提供专网级的承载支撑。

云端：包括运营商数据中心、云服务平台、市政务云及云端承载的各类信息化应用系统。目前运营商数据中心、云服务平台、市政务云等基础设施已基本完成 IPv6 技术改造，具备 IPv6 访问环境。对于政府财政投资的新建信息化系统，建议通过行政核准及绩效考核等方式要求其具备 IPv6 相关技术能力。

8.2.2 政府在市域推动 IPv6 技术发展的定位

在推动市域 IPv6 应用及产业生态的过程中，应以政府为核心，配合电信运营商、产业供应商、企业等各方推动 IPv6 应用。IPv6 应用及产业生态逻辑架构如图 8-1 所示。

（1）网络安全和信息化委员会办公室、大数据局、政法委员会、公安、城管、应急、水务、各区级政府相关部门重点在政府财政投资的信息化建设中加强 IPv6 技术的应用、政府门户网站 IPv6 改造及所管辖领域的 IPv6 产业引导等工作。网络安全和信息化委员会办公室协同大数据局将新建系统对 IPv6 的支持纳入绩效评估来推动 IPv6 产业的发展，同时，网络安全和信息化委员会办公室建设 IPv6 应用及产业监管平台，以物联网技术应用为切入点，对接智慧城市物联网平台、各区级物联网平台、各行业主管部门物联网平台，并采集物联感知终端的数量及 IPv6 地址使用情况。大数据局推动对市政务外网的 IPv6 升级改造，积极采用以 SRv6 为基础的 IPv6+ 技术体系。

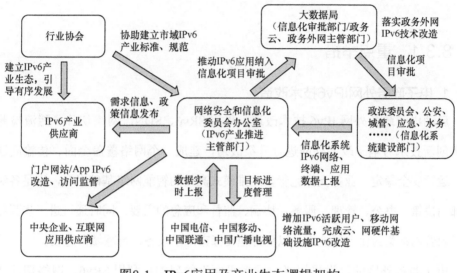

图8-1 IPv6应用及产业生态逻辑架构

（2）中国电信、中国移动、中国联通、中国广播电视等基础通信运营商重点关注基础承载网络（固网、4G、5G）、CDN、云数据中心的 IPv6 改造及公众有线、无线用户数和流量的增长数据。网信办通过接入运营商网管系统、地址解析系统获取上述信息的实时数据并进行目标进度管理。

（3）IPv6 产业供应商的重点是根据政府层面的产业引导和应用场景提供产品支持。网信办通过从智慧城市、各行业主管部门物联网平台采集的终端类型及数量等基本信息，与相关 IPv6 产业供应商建立供需的共享机制，引导 IPv6 产业供应商在重点、热点领域加大感知设备的 IPv6 改造研发力度。同时，通过行业协会配合制定相关标准、规范等方式，推动各类软硬件供应商进行产品的 IPv6 升级改造，逐步建立产业生态。

（4）中央企业及市域互联网应用供应商重点关注中央企业外网网站 IPv6 升级改造进度及市域范围内用户量大、服务面广的门户，以及上线应用支持 IPv6 的情况。网信办通过 IPv6 应用和产业监管平台，以及采购相应监测服务，建立常态化的

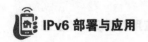

IPv6 支持度监督检查机制。

| 8.3 政府在市域推动 IPv6 技术发展的举措和建议 |

8.3.1 重点举措

1. 电子政务外网IPv6技术改造

启动电子政务外网 IPv6 技术改造，采用 SRv6、SDN、网络切片、随流检测等网络创新技术对电子政务外网进行升级改造，建成一个网络覆盖全面、传输高速畅通、运行安全稳定、业务支撑完善、运维模式高效的智能网络基础平台，满足各级政务部门决策、办公、管理、服务、协调、监督和应急的需要，同时通过进一步强化市电子政务网络集约化支撑能力，以更好地支撑市电子政务、智慧城市建设。

电子政务外网的建设采用"一网多平面"的架构，利用 SRv6、网络切片技术将一张物理网络逻辑上切分为多个业务平面，各业务平面具备独立的资源保障能力，将互联网业务、政务公用业务、云视频会议业务和部门专网业务进行逻辑隔离，满足专网整合及统一互联网出口的网络质量和安全防护要求；与随流检测技术相结合，实现电子政务外网网络质量可视、业务质量监测和故障快速定界；同步电子政务外网部署 IPv6 检测系统，通过对电子政务外网 IPv6 资源数据的收集，实现全市政务外网 IPv6 活跃用户数、IPv6 网站、IPv6 流量统一监测和管理。

通过对电子政务外网进行 IPv6 技术改造，要求新增及改造网络设备必须具备 IPv6、VPN、SRv6、SDN、网络切片等业务功能，能够提供完善的 QoS 保障、安全管理机制，从而推动市域 IPv6 的规模化部署。

2. 启动市域IPv6应用及产业监管平台建设

启动市域 IPv6 应用及产业监管平台建设，通过信息化技术手段进一步发挥政府对 IPv6 规模部署的工作推进及产业发展的引导作用。平台架构如图 8-2 所示。

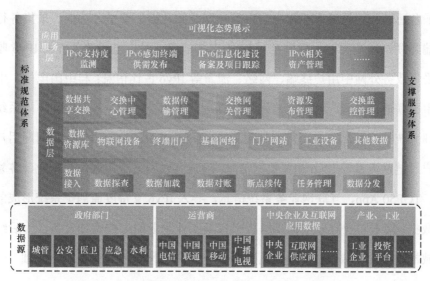

图8-2　市域IPv6应用及产业监管平台体系架构

整个平台采用层级结构设计，包括数据层和应用服务层建设，其中数据层提供数据接入、数据资源库及数据共享交换能力。应用服务层建设包括 IPv6 支持度监测、IPv6 感知终端供需发布、IPv6 信息化建设备案及项目跟踪、IPv6 相关资产管理等子模块，配合标准规范体系及支撑服务体系建设，赋能市域 IPv6 应用及产业生态发展。

市域 IPv6 应用及产业监管平台主要通过与各类系统、平台对接采集 IPv6 相关数据与信息，数据汇聚治理后为开发在线监测、需求发布等应用提供基础支撑。建设的市域 IPv6 应用及产业监管平台与市级各类网络和信息化系统的关系如图 8-3 所示。

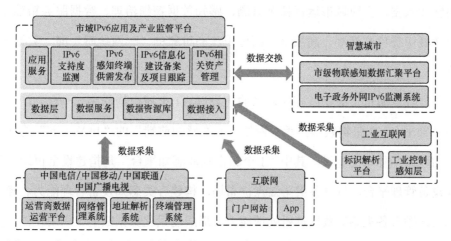

图8-3　市域IPv6应用及产业监管平台与市级各类网络和信息化系统的关系

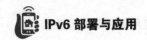

平台通过与智慧城市架构中的市级物联感知数据汇聚平台对接，采集各行业领域前端物联网终端类型、规模及对 IPv6 支持情况，对接电子政务外网 IPv6 监测系统，采集政务外网中用户终端、网络、流量等 IPv6 占比信息；与中国电信、中国移动、中国联通、中国广播电视建设的数据运营平台、网管系统、地址解析系统、终端管理系统等对接，采集运营商基础承载网络、CDN、云数据中心、固网用户、移动用户、链路流量等 IPv6 相关数据信息；通过互联网采集市域内全行业、各领域的网站、TOP50 App、互联网业务系统信息，导入 IPv6 支持度监测子系统形成的相关评测数据；接入工业互联网标识解析平台及工业企业的工控感知设备，为后续在工业领域推进异构终端的联网标准化建设中与 IPv6 技术的融合创新奠定基础。平台最后形成的 IPv6 数据资源库通过与智慧城市数据中枢的交换共享，形成 IPv6 主题库，为智慧城市各业务系统提供数据支撑。

3. 落实政府信息化建设对IPv6的支持

严格落实将支持 IPv6 规模部署和应用有关要求作为市政务信息系统政府采购管理、政务信息化项目审批审查的必要条件，特别是在市域物联感知体系的建设中引入 IPv6 技术，前端感知设施必须支持 IPv6。

物联感知体系作为新型智慧城市中的新型基础设施，通过泛在感知、充分联网、全量汇聚、全面治理、综合管理，归集"视觉、听觉、味觉、嗅觉、触觉"等各类感知数据，实现城市运行精确监测、感知数据精细治理、数据服务精准赋能，为智慧城市提供高标准、高质量、高可用、高可靠的"一网统感"的"数据要素"支持。

通常智慧城市市级物联感知体系的建设以"1 个城市物联感知平台、N 个感知设备基础平台、3 张物联感知承载网络、N 类感知前端"的"1+N+3+N"总体架构推进物联感知体系的建设。其中"1 个城市物联感知平台"是指建设全市统一物联感知设备管理平台，规划各类感知点位布局，构建各类感知设备管理能力、连接管理能力，融合各类感知数据解析处理能力，形成场景化数据赋能、应用使能，支撑智慧城市治理现代化。"N 个感知设备基础平台"指利旧、改造或新建多个感知设备基础平台，完成不同场景下各类感知设备的接入、数据存储、共享。不同的感知设备基础平台协同支撑智慧交通、智慧医疗、智慧水务、智慧教育等各类场景化应用，同时按照物联感知标准规范接入市级物联感知平台，通过物联感知平台将数据融合处理后共享给其他部门，支撑各类场景化应用。"3 张物联感知承载网络"指建设有线、无线、社会类 3 张物联感知承载网。利旧整合视频专网，建设覆盖全市的物联感知网；新建物联感知 5G 专网接入点，构建物联感知无线接入网，接入各类无线感知设备；依托互联网，通过 SD-WAN、公有云、专线、VPN 等方式接入社会类感知数据。各委办局数据中心及跨区域互联业务统一由市基础骨干传输网承载。"N 类感知前端"指建设整合各类场景化感知前端，丰富完善智慧交通、智慧医疗、智慧水务、智慧城管等各类场景的感知设备；统筹规划全市重点场所、重点区域视频监控等；接入管理社会类自建感知设备，扩大感知设备覆盖范围，增加感知数据接入种类。

架构上构建市、区两级物联感知平台，汇聚公共感知、专业感知、社会感知 3 类数据。市级统筹规划、制定标准、完善管理体制和运行机制；区级按需建设本级感知设备、接入网络、区级平台，并汇集到市级平台。

通常情况下市级物联感知体系主要包括的场景如表 8-1 所示。

表8-1　市级物联感体系主要包括的场景

序号	应用场景	主要内容
1	平安城市	进一步加强城市视频监控、人车卡口、无线射频识别等前端感知设备整合，建立一个覆盖整个城市的集成化、多功能、综合性治安防控网络，提升感知前端对人流、车辆的智能监测能力，构建完善的立体化治安防控体系
2	交通物流	全面推动全市智慧陆运、水运、机场和物流设施建设，扩建智能网联汽车和智能交通测试道路，推进智慧多功能杆建设，完成智慧火车站、智慧港口、智慧机场、智慧口岸的智能化设备的升级改造。建设健全的交通基础设施监测系统，强化城市道路智能化管理，打造车联网（智能网联汽车）协同服务综合监测平台
3	农业农村	加快推动农村地区水利、公路、电力、物流等基础设施数字化、智能化转型。建设一批数字农场、数字牧场、数字渔场，加强农村网络、冷链物流等设施建设，推动全市数字农业综合服务平台建设。推动国家级、省级数字乡村试点工程，优化完善乡村网络覆盖，加快乡村基础设施智慧化升级改造

序号	应用场景	主要内容
4	能源	加快水、电、气输送管网的基础设施智能化改造，保障全市供水、供电、供气安全。推进光谷能源互联网示范区，完善智慧能源综合管理平台，推进自来水、用电、天然气等数据采集和共享，联网整合全市智能水表、智能电表、智能燃气表，实现全市能源的有效监管
5	医疗	推动智慧医疗设施建设，推进市属综合性三级医院建设 5G 智慧医院，加快全市互联网医院建设和发展，结合智慧病房、远程会诊等需求，积极推进卫健专网前端感知设备的联网汇聚，完善数字化、网络化、智能化公共卫生应急管理系统的建设
6	城管	通过建设智慧城管综合管理平台，统筹开展桥梁、隧道、井盖、燃气加气站等智能监测设备的建设，整合城市市政公共设施资源，实现占道经营、燃气安全、桥隧安全等场景下动态感知、集中监控、智能报警、诊断分析、远程运维、实时协调的智慧化管理，提升城市市政管理效率和资源利用率
7	水利	构建市、区、乡三级互联互通水利信息网络，搭建智慧水务综合管理平台，强化"防洪水、排涝水"预报预警及指挥调度机制，在全市水库、湖泊、港渠和汽车隧道中部署水质、水文、渍水点等监测设备，实现防洪排涝全要素、全时段监控
8	环保	推进环境空气质量自动监测工程，地表水及饮用水源环境质量监测能力建设，土壤、地下水环境质量监测能力建设，生态环境监测能力建设，围绕空气环境、水环境、土壤环境等生态环境开展低功耗、小型化、智能化的多维度前端感知设备部署，提升环境感知能力和管理决策智能化水平
9	文旅	推动智慧文旅设施建设，建设市级文旅大数据应用，推动"一码游全城"，建设一批智慧景区，推动剧院剧场、图书馆、群艺馆、文化馆、博物馆、文物保护单位、旅游景区、名镇名村名街等重点场所感知终端建设
10	教育	推动智慧教育设施建设，创建国家智慧教育示范区，优化学校网络覆盖，推进市教育大数据应用体系、星级智慧校园和智慧教室建设
11	应急	加强应急感知网络建设，丰富感知设备类型和感知网络，加大监测预警感知设备建设，实现安全生产、自然灾害、应急资源等信息的采集，提高实时监测、动态分析、预测预警能力；一方面加强应急管理内部的感知数据归集；另一方面接入自然资源、水利、气象、农业、林业等相关单位的感知信息，实现各类应急数据资源的接入、汇聚

在市域物联感知体系建设中，构建了规范的物联网数据接入流程，通过制定数据接入标准、应用标准、共享标准，接入各市级委办局平台、区级物联感知平台和社会自建感知设备，同时进行数据存储、分析、探查、定义、对账等处理，按需归集至市智慧城市"城市大脑"。在应用及产业监管平台部署 IPv6 信息化建设备案及

绩效评估模块和 IPv6 感知终端供需发布模块。其中，IPv6 信息化建设备案及绩效评估模块主要围绕市级信息化建设项目审批环节，依托信息化手段对部门在信息化项目申报过程中 IPv6 技术的应用及软硬件支撑 IPv6 情况进行备案管理，并通过信息化流程管理功能建立绩效评估机制，督促各区、各相关部门在政府信息化建设中积极推进 IPv6 规模部署和应用工作；IPv6 感知终端供需发布模块将市级政府投资的信息化建设项目中物联网终端设备的数量、类型、IPv6 支持情况等数据汇聚并梳理成需求清单，通过政府投资引导市场需求，从而推动 IPv6 产业及其上下游相关产业的发展。

4. IPv6支持度在线监测

（1）电信运营商 IPv6 支持监测

总体来说，目前国内主流的电信运营商 IT 建设未采用统一的数据平台模式，网络设备、链路、用户、终端等数据信息都分布在综合网管系统、DHCP 地址分配系统、AAA 系统、终端管理系统。上述系统均基本完成 IPv6 升级改造，暂时不具备数据交换能力，需要针对不同的系统进行点对点的系统接口开发，并且由于上述系统采用省集中部署的模式，市域范围内的系统对接协调难度较大，初期可采用数据在线填报功能，开发定制填报页面满足运营商网络设备、链路、用户、终端等 IPv6 相关数据采集需求。后期待条件具备，采用系统对接的模式进行数据采集。

（2）网站、应用支持度在线监测

经过市场调研，自 2017 年中共中央办公厅、国务院办公厅印发《推进互联网协议第六版（IPv6）规模部署行动计划》以来，针对政府门户网站、中央企业门户网站、市内大型互联网门户网站，社交、视频、电商、搜索、游戏等应用提供 IPv6 支持度监测的系统被广泛应用，具备成熟的系统架构及配套的服务模式。

在 IPv6 应用及产业监管平台部署 IPv6 支持度在线监测模块，模块基于国家标准《网站 IPv6 支持度评测指标与测试方法》（YD/T 3118—2016）的详细要求，并根据运营商、网站类别、细分行业及网站元素进行精准的调测配置，以实现对目标监测网站的最精准检测。在模块运行过程中，可对目标测试网站的域名信息、网站协

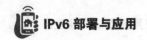

议、网站 IP、端口信息等进行配置，确保系统采用最快、最精准的方式完成以下标准检测。

① 网站 WWW 域名 IPv6 地址解析能力检测设置。

② 网站首页 IPv6 可访问能力检测设置。

③ 网站首页 IPv6 访问成功率＞80% 检测设置。

④ 网站首页 IPv6 与 IPv4 内容一致性＞80% 检测设置。

⑤ 网站首页 IPv6 与 IPv4 布局一致性＞80% 检测设置。

⑥ 网站是否支持 WWW 域名 IPv6 授权体系检测设置。

⑦ 网站二级链接 IPv6 支持率＞90% 检测设置。

⑧ 网站三级链接 IPv6 支持率＞90% 检测设置。

⑨ 网站 WWW 域名解析时延检测设置。

⑩ 网站首页 IPv6 访问时延检测设置。

⑪ 网站 IPv6 可访问稳定性检测设置。

5. 标准规范体系建立

协调组织市大数据协会、网络安全协会、软件行业协会等积极推进 IPv6 团体标准及地方标准制定工作，包括市级 IPv6 应用、生产、采购入围等相关标准、技术规范，并结合政务财政投资信息化建设项目支持 IPv6 相关政策，逐步激活 IPv6 软硬件市场需求，带动 IPv6 产业发展。此外在目前已经推行的各类通信、物联网、信息化等标准建立过程中积极引入 IPv6 相关功能要求，引导 IPv6 产业发展。

8.3.2　政策建议

政府推进市域 IPv6 技术发展的政策建议主要有以下几个方面。

（1）积极推动市电子政务外网升级改造项目，在网络全面支持 IPv6 的基础上，结合各部门行业专网与市电子政务外网的对接或整合工作，引入以 SRv6 为基础的 IPv6+ 技术体系，利用 IPv6+ 网络切片、随流检测、应用感知等技术，为各部门的各类信息化系统提供差异化质量保障，实现自动化、智能化的承载功能。

（2）探索并启动 IPv6 应用及产业监管平台建设，通过对接市级物联感知数据汇聚平台、运营商数据运营平台、网管系统、地址解析系统、终端管理系统，接入互联网采集市域内全行业、各领域的网站、TOP50 App、互联网业务系统信息，汇聚数据并建立市域 IPv6 基础信息库，在此基础上开发 IPv6 支持度监测、IPv6 感知终端供需发布、IPv6 信息化建设备案及项目跟踪等模块，通过信息化方式协助市政府在推动 IPv6 应用及产业发展中发挥更大的作用。

（3）严格将支持 IPv6 规模部署和应用有关要求作为市政务信息系统政府采购管理、政务信息化项目审批审查的必要条件，重点聚焦新建城市治理领域的物联网感知设施、通信网络设备、网络安全设备对 IPv6 的支持。

（4）推动市级大数据、网络安全、软件等行业协会制定市级 IPv6 应用、生产、采购入围等相关标准、技术规范，结合政务财政投资信息化建设项目支持 IPv6 相关政策，逐步激活 IPv6 软硬件市场需求，带动 IPv6 产业发展。

（5）引导和培育 IPv6+ 创新应用，由市网络安全和信息化委员会办公室牵头，联合市政务服务大数据局、市经济和信息化局等部门从政务信息化项目审批、智慧城市场景应用、培育数字经济企业发展等"源头"加强对 IPv6 发展布局。支持市域范围内大专院校相关科研机构进行 IPv6 应用创新和技术融合的探索。推动 IPv6 与人工智能、区块链、5G、工业互联网、物联网、北斗与卫星互联网等技术协同发展。

参考文献

[1] 闫建文. 互联网时代背景下的 IPv6 规模部署探析 [J]. 信息与电脑, 2018(15): 2.

[2] 马丹妮, 葛坚. 我国 IPv6 规模部署进展 [J]. 信息通信技术与政策, 2019(8): 5.

[3] 刘锦华. 全球 IPv6 推进迅速, 推进模式各有特色 [J]. 人民邮电报, 2019.07.

[4] 曾红玉. 下一代互联网 IPv6 的推广与发展 [J]. 信息与电脑, 2019(6): 2.

[5] 谢军建. 下一代互联网过渡技术在 IP 城域网的规模部署应用 [D]. 浙江工业大学, 2015.

[6] 甄清岚. 中国 IPv6 发展状况: 我国 IPv6 活跃用户数已达 1.30 亿 [J]. 通信世界全媒体, 2019.07.

[7] 林颖. 基于 IPv6 的下一代教育网过渡研究 [J]. 科技创新导报, 2014(35): 2.

[8] 王瑨, 余建斌. 推进互联网协议第六版规模部署行动计划 [N]. 人民日报, 2017.11.

[9] 姚娟, 闻琛阳. 门户网站 IPv6 改造的技术路线选择 [J]. 通信电源技术, 2019(2): 2.

[10] 杜平. IPv6 的技术原理及其在现网中的应用 [J]. 中国新通信, 2019, 21(20): 2.

[11] 田勇. IPv4 向 IPv6 网络演进的技术方案探讨 [J]. 金融科技时代, 2019, 27(5): 3.

[12] 邓忠. IPv4 向 IPv6 过渡技术探讨——双栈和 NAT44[J]. 信息通信, 2018(3): 2.

[13] 孙磊. 运营商 IPv6 演进技术方案探讨 [J]. 数字通信世界, 2017(5): 76-77.

[14] 张连成, 郭毅. IPv6 网络安全威胁分析 [J]. 信息通信技术, 2019, 13(6): 8.

[15] 李洪民. IPv4 IPv6 共存与过渡及 IVI 方法研究 [J]. 信息与电脑, 2011(2): 2.

[16] 刘熹, 王斌, 柳松. IPv6 的过渡技术在电子政务外网的应用研究 [J]. 信息系统工程, 2015(1): 2.

[17] 杨玲, 宋烜, 陈林, 等. 大型商业银行数据中心 IPv6 研究与实践 [J]. 中国金融电

脑, 2020(3): 5.

[18] 何相甫, 范志辉, 王辉, 等. IPv6 与 ZigBee 互联网关的设计与实现 [J]. 计算机工程, 2019, 45(7): 5.

[19] 卢旭红. 浅谈 IPv6 对网络安全的影响及在门户网站落地实践 [J]. 统计与管理, 2019(5): 4.

[20] 戴源. 下一代互联网 IPv6 过渡技术与部署实例 [M]. 北京：人民邮电出版社, 2014.

[21] 孙宇航. 浅谈"https"的原理和作用 [J]. 计算机产品与流通, 2020(1): 1.

[22] 陈晓静. 政府网站集约化建设模式探讨 [J]. 通信电源技术, 2020, 37(3): 2.

[23] 陈铮. 企业级网络系统向 IPv6 协议跃迁的技术演进路径研究 [J]. 中国高新科技, 2020(2): 2.

[24] 何立民. 5G+IPv6 成就物联网应用大时代 [J]. 单片机与嵌入式系统应用, 2019, 19(4): 3.

[25] 宋向东. 下一代互联网浪潮来袭 IPv6 与工业互联网成宠儿 [J]. 通信世界, 2018 (22): 28-29.

[26] 工业互联网发展行动计划（2018—2020 年）[R]. 工业和信息化部, 2018.

[27] 杨国良. 基于 IPv6 的工业互联网创新应用探讨 [J]. 科研信息化技术与应用, 2018, 9(1): 4.